电工自学速成

图解电工技能

韩雪涛 主编

韩广兴 吴瑛 副主编

中国电力出版社
CHINA ELECTRIC POWER PRESS

内 容 提 要

本书根据电工从业的技术特点将电工基础知识划分为9章，分别为电工安全规范、电工常用加工工具的特点与使用、电工检测仪表的特点与使用、导线的加工与连接、电气线路的敷设、常用电器部件的特点与检测、电气设备的安装、常用电工线路的检修、PLC与变频技术应用。

本书在“图解”的基础上，将“微视频”引入到电工基础知识的学习中，读者可以通过手机扫描书中相应知识点和技能点旁的“二维码”，即可通过手机播放的微视频完成学习。

本书面向广大从事电工电子安装、调试、维护与维修的初学者和从业技术人员；各大中专、职业院校及培训机构学员；电子电气爱好者。既可以作为电工技能培训用书，也可作为自学教材。

图书在版编目（C I P）数据

图解电工技能 / 韩雪涛主编 .-- 北京 : 中国电力出版社 , 2019.6
（电工自学速成）
ISBN 978-7-5198-3074-8

Ⅰ . ①图… Ⅱ . ①韩… Ⅲ . ①电工技术－图解 Ⅳ . ① TM-64

中国版本图书馆 CIP 数据核字 (2019) 第 067220 号

出版发行：中国电力出版社
地　　址：北京市东城区北京站西街19号（邮政编码100005）
网　　址：http://www.cepp.sgcc.com.cn
责任编辑：马淑范（010-63412397）
责任校对：太兴华
装帧设计：赵姗姗　左 铭
责任印制：杨晓东

印　　刷：北京博图彩色印刷有限公司
版　　次：2019年6月第一版
印　　次：2019年6月北京第一次印刷
开　　本：787毫米×1092毫米 16开本
印　　张：12.75
字　　数：257千字
印　　数：0001—3000册
定　　价：78.00元

前 言 preface

《图解电工技能》是一本系统讲解电工维修操作的专业技能图书。

随着社会整体电气化水平的提升，电工领域的就业空间越来越大，越来越多的人希望从事电工领域的相关工作，加之大量农村劳动力也逐渐转向电气技能型工作岗位，电工培训的用户数量和需求增加，为电工培训类图书需求也相应增加。

由于电工专业的特殊性，除具备专业的基础知识外，更重要的要有过硬的实操技能。如何能够在短时间内，突破条件限制，让读者通过图书的学习获得电工专业技能的提升成为电工技能培训的重大难题。

针对目前电工从业的技术特点和学习习惯，本书从入门培训入手，专门教授“电工技能”的“入门”。本书可与《电工自学速成图解电工基础知识》配合使用，可以达到最佳的学习效果，读者可根据个人需求有侧重的选择，既降低了学习成本，又使得学习目的更加明确，学习方式更加灵活。

1. 在策划风格上

本书摒弃了传统电工类图书的体系格局，从实用岗位需求出发，最大限度地满足学习者的从业需求。书中所涉及的知识内容以国家职业考核标准为依据，综合行业培训的技术特色，将电工从业中所涉及的实用知识进行合理的归纳、整合，突出实效性和实用性。确保所学的知识能够直接指导技能的提升。

2. 在表现方式上

图书采用“多媒体图解”+“微视频”的全新互动学习方式，在知识技能的讲述方面充分发挥多媒体的技术优势，运用图解的方式讲解电工维修操作的知识点和技能点。同时在重要知识点和技能点的位置配以“二维码”，读者在学习过程中可以通过手机扫描“二维码”，观看相应的教学视频。

3. 在内容编排上

本书在内容编排上进行大胆创新，将国家相关的职业标准与实际的岗位需求相结合，讲述内容注重技能性、实用性。知识讲解以实用、够用为原则，减少烦琐、枯燥的概念讲解和单纯的原理说明。所有知识都以技能为依托，通过案例引导。让读者通过学习真正做到技能的提升，真正能够指导就业和实际工作。

4. 在编写力量上

本书由数码维修工程师鉴定指导中心组织编写，由全国电子行业资深专家韩广兴教授亲自指导。编写人员有行业资深工程师、高级技师和一线教师。本书无处不渗透着专业团队在电工领域的经验和智慧，使读者在学习过程中如同有一群专家在身边指导，将学习和实践中需要注意的重点、难点一一化解，大大提升了学习效果。

5. 在增值服务上

为了更好地满足读者的需求，本书除了在图书的关键知识点和技能点引入“微视频”教学模式外，本书还得到了数码维修工程师鉴定指导中心的大力支持，读者可登录数码维修工程师的官方网站（www.chinadse.org）获得超值技术服务。网站提供了最新的行业信息大量的视频教学资源、图纸、手册等学习资料及技术论坛。读者凭借学习卡可随时了解最新的数码维修工程师考核培训信息；知晓电子电气领域的业界动态；实现远程在线视频学习；下载图纸、技术手册等学习资料。此外，读者还可以通过网站的技术交流平台进行技术交流和咨询。如果在学习和考核认证方面有什么问题，可通过以下方式与我们联系：

数码维修工程师鉴定指导中心

网址：http://www.chinadse.org

联系电话：022-83718162/83715667/13114807267

E-mail:chinadse@163.com

地址：天津市南开区榕苑路 4 号天发科技园 8-1-401

邮编：300384

编　者

目　录 contents

第 1 章 电工安全规范

1.1 触电的危害与种类

1.1.1 触电的危害

触电是电工作业中最常发生的，也是危害最大的一类事故。触电所造成的危害主要体现在当人体接触或接近带电体造成触电事故时，电流流经人体，对接触部位和人体内部器官等造成不同程度的伤害，甚至威胁到生命，造成严重的伤亡事故。

如图 1-1 所示，当人体接触设备的带电部分并形成电流通路的时候，就会有电流流过人体，从而造成触电。

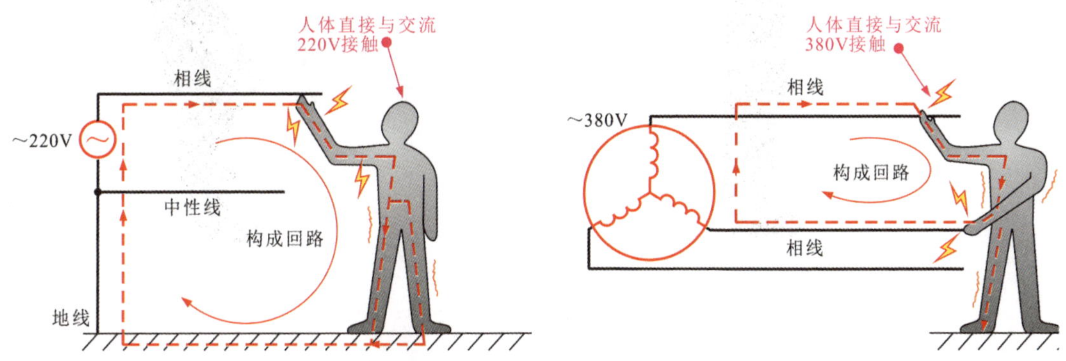

图 1-1 人体触电时形成的电流

提示说明

触电电流是造成人体伤害的主要原因，触电电流是有大小之分的，因此，触电引起的伤害也会不同。触电电流按照伤害大小可分为感觉电流、摆脱电流、伤害电流和致死电流。图 1-2 为触电的危害等级。

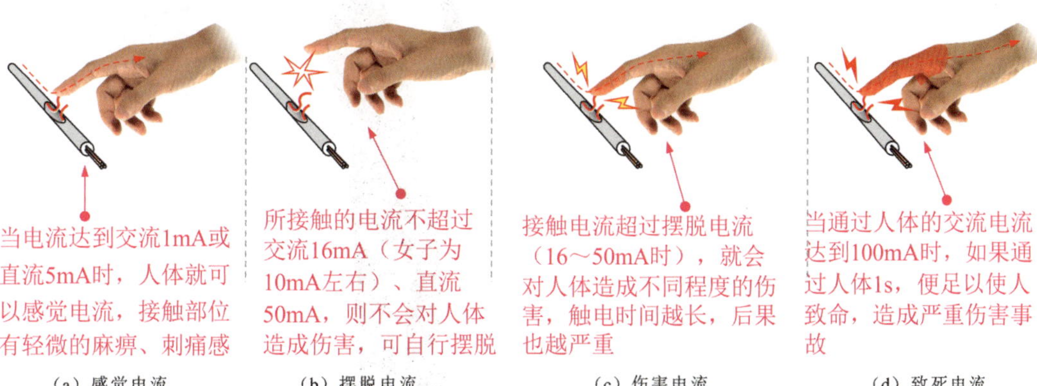

图 1-2 触电的危害等级

如图 1-3 所示，根据触电电流危害程度的不同，触电的危害主要表现为“电伤”和“电击”两大类。“电伤”主要是指电流通过人体某一部分或电弧效应而造成的人体表面伤害，主要表现烧伤或灼伤。一般情况下，虽然“电伤”不会直接造成十分严重伤害，但可能会因电伤造成精神紧张等情况，从而导致摔倒、坠落等二次事故，即间接造成严重危害，需要注意特别防范。“电击”是指电流通过人体内部而造成内部器官，如心脏、肺部和中枢神经等的损伤。特别是电流通过心脏时，危害性最大。相比较来说，“电击”比“电伤”造成的危害更大。

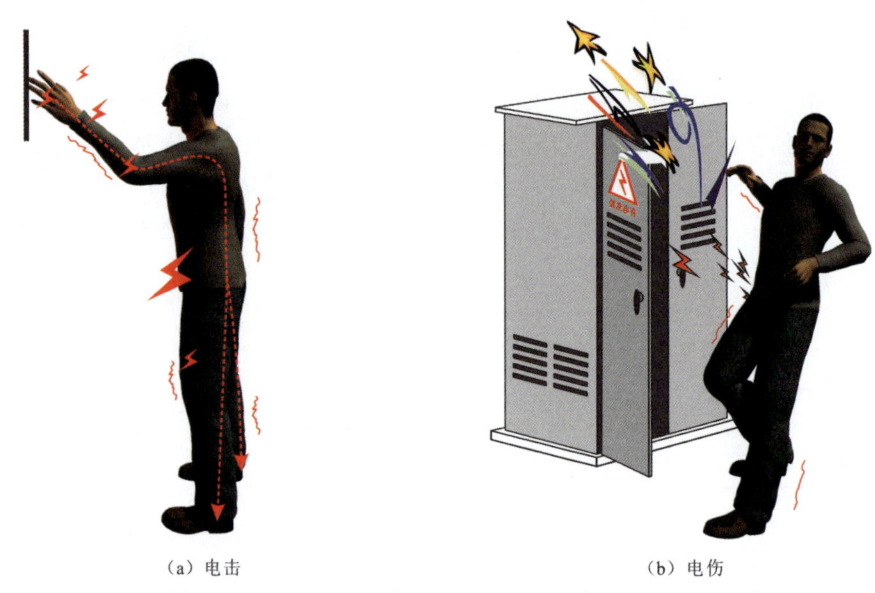

（a）电击　　（b）电伤

图 1-3　电击和电伤

1.1.2　单相触电

单相触电是指人体在地面上或其他接地体上，手或人体的某一部分触及三相线中的其中一根相线，在没有采用任何防范的情况下，电流就会从接触相线经过人体流入大地，这种情形称为单相触电。图 1-4 所示为单相触电。

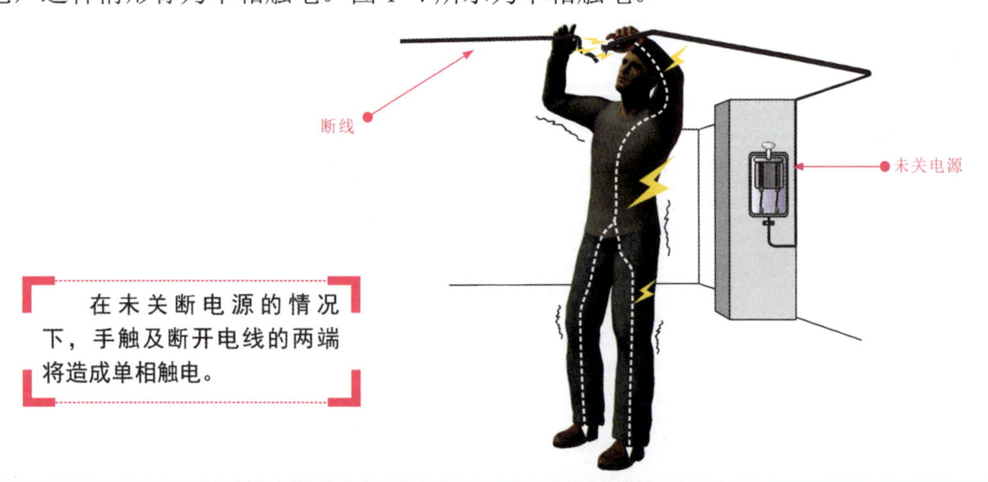

图 1-4 单相触电

1.1.3 两相触电

两相触电是指人体两处同时触及两相带电体（三根相线中的两根）所引起的触电事故。这时人体承受的是交流 380V 电压。其危险程度远大于单相触电，轻则导致烧伤或致残，严重会引起死亡。图 1-5 所示为两相触电。

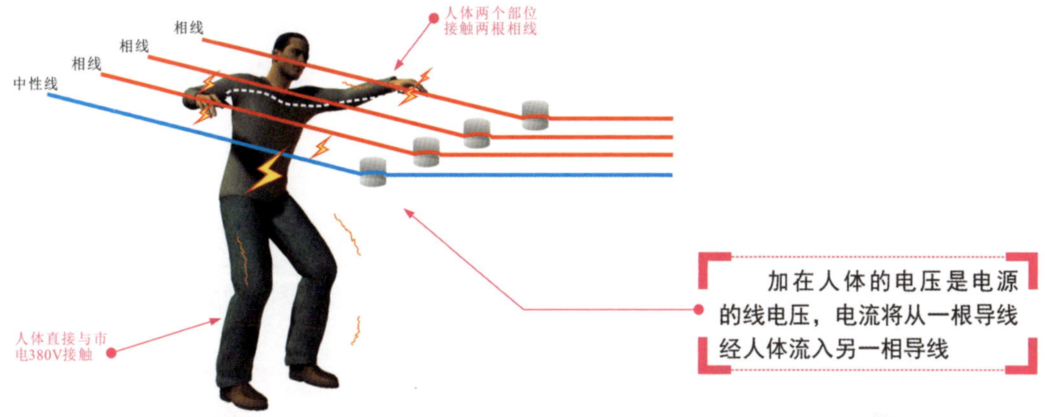

图 1-5 两相触电

1.1.4 跨步触电

当架空线路的一根高压相线断落在地上，电流便会从相线的落地点向大地流散，于是地面上以相线落地点为中心，形成了一个特定的带电区域半径（8 ～ 10m），离电线落地点越远，地面电位也越低。人进入带电区域后，当跨步前行时，由于前后两只脚所在地的电位不同，两脚前后间就有了电压，两条腿便形成了电流通路，这时就有电流通过人体，造成跨步触电。图 1-6 所示为跨步触电。

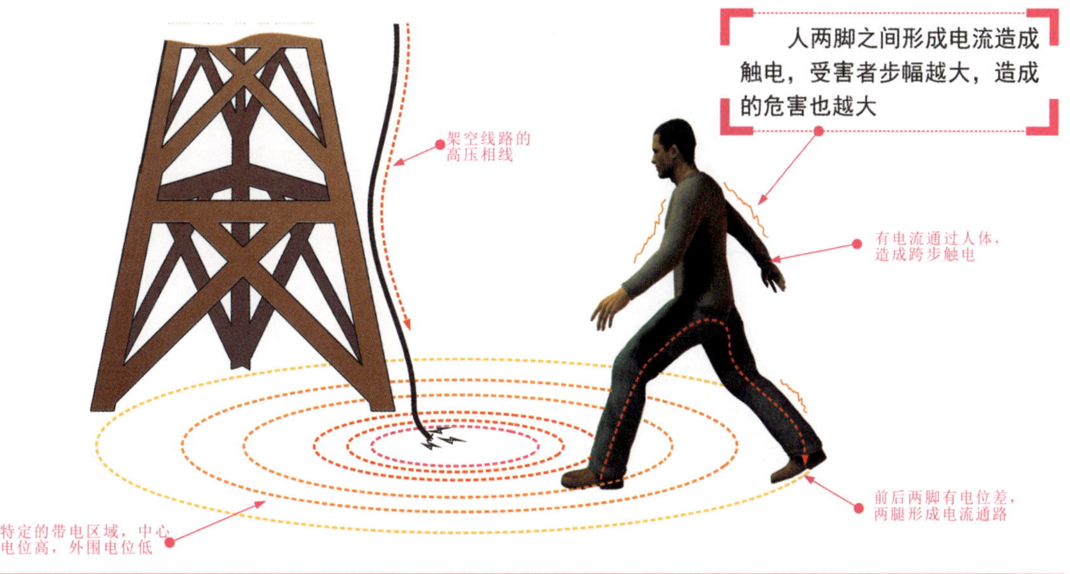

图 1-6 跨步触电

1.2 安全用电常识

1.2.1 良好的用电习惯

电工作业前必须建立好安全保护意识，了解安全用电的基本知识以及触电事故的发生原因。由于检修电工的作业环境存在漏电的情况，若工作人员操作触及或过分接近触电体，很可能造成触电事故。因此，检修电工应首先了解绝缘、屏护和间距的概念，具备安全保护意识。

1 绝缘

绝缘通常是指通过绝缘材料使带电体与带电体之间的接电体之间进行电气隔离，从而防止触电事故发生。图 1-7 所示为绝缘手套、绝缘鞋及各种维修工具的绝缘手柄，都是为了起到绝缘防护的目的。

图 1-7 绝缘手套、绝缘鞋及各种维修工作的绝缘手柄

提示说明

在选配绝缘装配或工具时，一定要符合作业环境的需求，并且应对绝缘工具进行定期检查，周期通常为一年左右，防护工具应当进行定期检测，定期试验周期通常为半年左右。常见防护工具的定期试验参数见表 1-1。

表 1-1 常见防护工具的定期试验参数

定期试验时间	防护工具	额定耐压（kV/min）	耐压时间（min）
6个月	低压绝缘手套	8	1
	高压绝缘手套	2.5	1
	绝缘鞋	15	5
12个月	高压验电器	105	1
	低压验电器	40	1
	绝缘棒	3倍电压	5

2 屏护

屏护通常是指使用防护装置将带电体所涉及的场所或区域范围进行防护隔离，防止电工操作人员和非电工人员因靠近带电体而引发触电事故。目前，常见的屏护防范措施有护盖屏护、围栏屏护、箱体屏护等，如图 1-8 所示。屏护装置应具备足够的机械强度和较好的耐火性能。若材质为金属材料，则必须采取接地（或接零）处理，以及防止屏护装置意外带电而造成触电事故。

图 1-8　屏蔽措施

变配电系统的工作电压不同，对屏护的要求也不同。通常室内围栏屏护高度不应低于 1.2m，室外围栏屏护高度不应低于 1.5m，栏条间距不应小于 0.2m。另外，针对不同的电气设备，屏护的安全距离也不相同。例如，10kV 的变配电设备，屏护与设备间的安全距离不应小于 0.35m；20 ～ 30kV 的变配电设备，屏护与设备间的安全距离不应小于 0.6m。

3 间距

间距一般是指电工作业时，自身及工具设备与带电体之间应保持的安全距离，带电体电压不同，类型不同，安装方式不同，电工人员作业时所需保持的间距也不一样，具体数值应严格遵守相应的操作规范。

1.2.2 触电防护措施

电工需严格按照电工操作的规程进行操作，如果不具备安全作业常识不能上岗工作，否则极易出现触电伤亡、火灾等重大事故。

1 悬挂安全警示牌

悬挂安全警示牌是电工作业中非常重要的安全防护措施，用以警示和防止操作人员误操作或超出工作范围，以保护人身安全。如图 1-9 所示，在电工作业中，电工操作人员应在相应的工作地点或范围内按照安全规范要求悬挂警示牌。通常，相应警示牌应悬挂或安装在需要警示的位置上，警示的内容必须与警示牌所表达的含义和内容相符合。

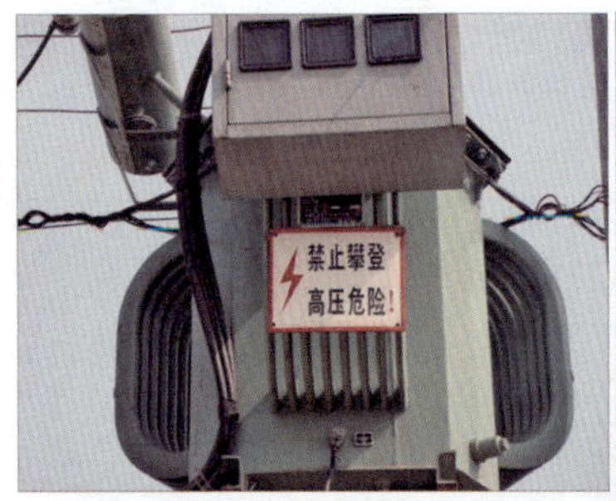

图 1-9 悬挂警示牌

警示牌悬挂时必须确保挂设牢固、可靠、醒目。除在作业工作中及时悬挂警示牌，在日常工作中电工也需要对警示牌进行基本维护，对损坏、缺失或不明显的警示牌予以更换、补充和重新装设。

提示说明

安全警示牌中不同的颜色也有着不同的含义，根据国家标准，安全标志中的安全色为红、蓝、黄、绿四种，含义见表 1-2。

表 1-2 警示牌中的颜色含义

颜色	含义
红	禁止、停止（也表示防火）
蓝	指令、必须遵守的规定
黄	警示、警告
绿	提示、安全状态、通行

2 装设围栏

围栏是一种对特定范围进行防护的装置，常与警示牌配合使用。

例如，在高压电气设备进行部分停电工作时，为防止操作人员或其他闲杂人员误进入带电部分或接近带电设备至危险距离时，可将带电部分用围栏进行防护，或将停电作业范围用围栏进行限制，并悬挂“止步，高压危险！”警示牌，用以限制和警示操作人员的活动范围，防止误登邻近带电设备，保障操作人员的人身安全。

又如一些正常运行的高压设备，为提示路人避让，周围设置围栏，防止靠近，保护人身安全。图 1-10 所示为装设的围栏及悬挂的小警示牌。

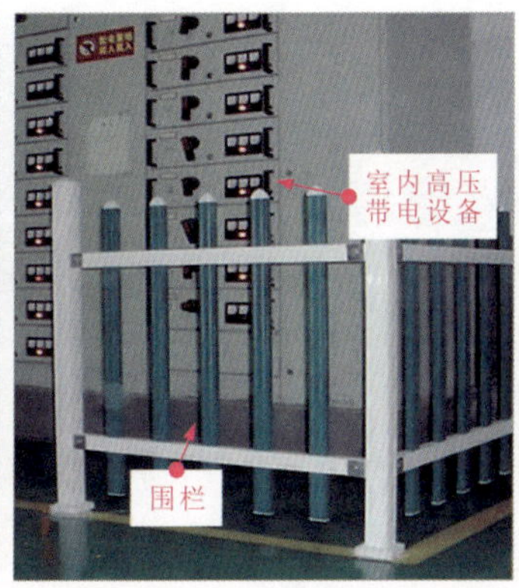

图 1-10 围栏及悬挂警示牌

提示说明

围栏的形状无具体要求，一般可根据实际需要选用。目前，常见的围栏主要有可伸缩式金属围栏、围网式围栏、立杆式围栏等，如图 1-11 所示。很多时候，围栏会与警示牌同时使用以提高警示效果。

图 1-11 警示牌中的颜色含义

3 低压作业安全防护常识

电工在对低压电器设备进行设备检修前应当先进行断电工作，图1-12所示为断电的操作演示。即先将楼道中配电箱中的断路器进行关断，然后再将室内配电盘上的断路器进行关断。

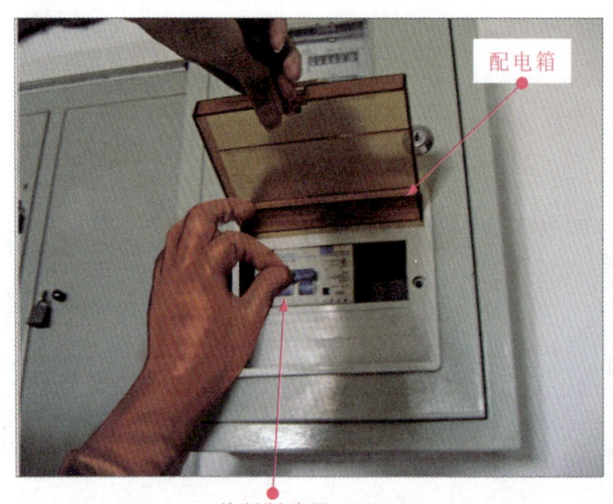

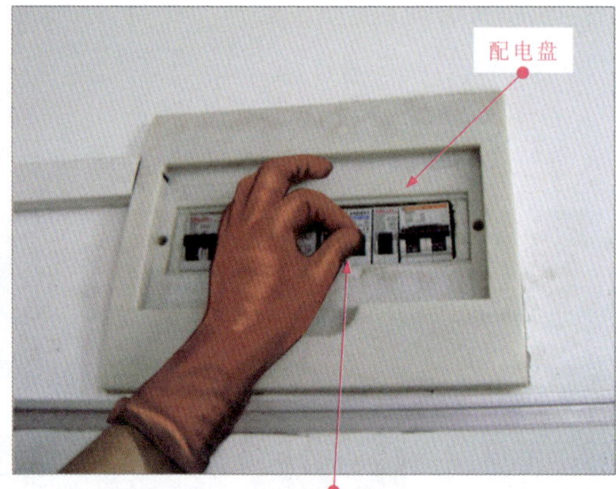

图1-12 断电的操作演示

检修操作时，在未使用试电笔检测前，不可随意触碰线缆和设备。图1-13所示为使用试电笔检测需进行检修的线缆和设备。

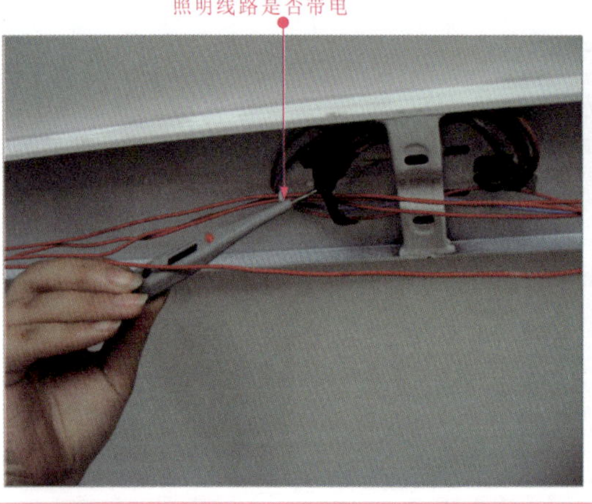

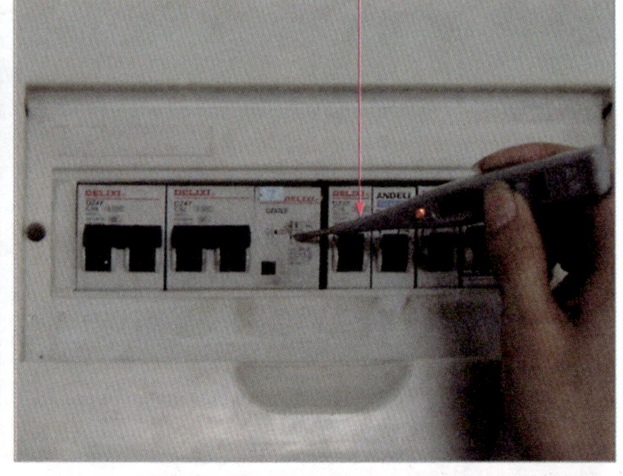

图1-13 低压验电操作演示

提示说明

试电笔是用于检验电气设备或线路是否带电的低压测试工具。只能用于检测低压，不可用于高压测量。而且不可代替螺钉旋具使用，否则极易造成试电笔的损坏，影响验电操作。试电笔的错误用法如图1-14所示。

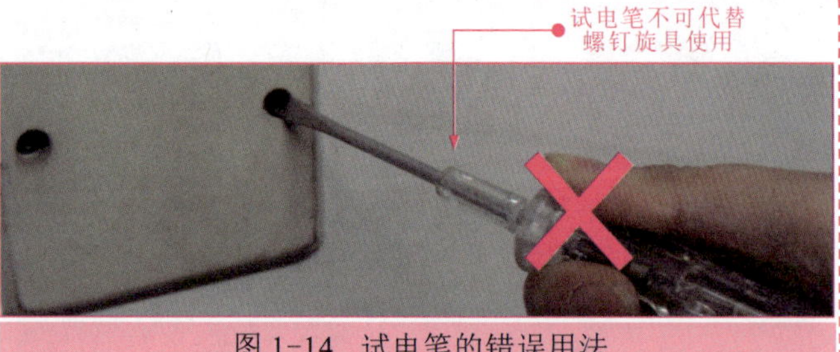

图1-14 试电笔的错误用法

在检修线路中，需要切断线缆时，不可以使用斜口钳等金属工具，同时将两根以上的线缆进行切断。图 1-15 所示为错误使用斜口钳切割带电的双股线缆，电流会通过斜口钳形成回流，造成线路短路，可能会导致连接的电气设备故障。

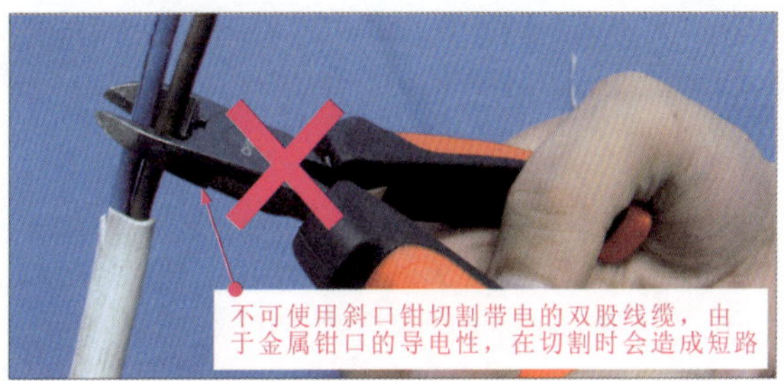

图 1-15 断线缆剪切的错误操作

4 高压作业安全防护常识

对高压线路进行检修前，应当根据线路中的故障现象提出明确的检修方案，包括作业方法、使用范围、人员组合、工具配备（绝缘工具、金属工具、个人防护工具、辅助安全工具）、作业程序、安全措施及注意事项，并且经上级审批后，方可进行操作。若对高压电力设备进行停电检修时，应当提前做出停电通知。

高压线路断电时，应当确保线路中的负载设备已经停止用电，然后先将高压断路器断开后，再将高压隔离开关断开；在接通高压时，应当先将高压隔离开关接通，然后再将断路器进行闭合。

在高压线缆进行检修操作前，应当对线缆进行接地处理，防止发生触电事故，如图 1-16 所示，将接地棒的一端挂至高压线缆上，然后经导线将其接地。

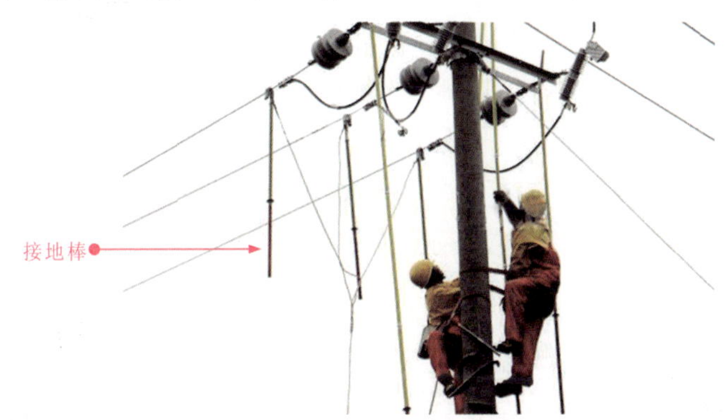

图 1-16 高压接地处理

提示说明

需在高压带电区域内部分停电工作时，检修人员与带电部分应保持安全距离，并需有人监护。检修人员与带电部分应保持的安全距离随额定电压的不同也有所不同，见表 1-3。

表 1-3 检修人员与带电部分的安全距离

线缆额定电压（kV）	≤10	20～35	44	60	110	220	330
线缆带电的安全距离（mm）	700	1000	1200	1500	1500	3000	4000
带电作业时检修人员与带电线缆之间的安全距离（mm）	400	600	600	700	1000	1800	2600

1.3 触电急救

1.3.1 低压触电环境的脱离

低压触电急救法是指触电者的触电电压低于1000V的急救方法。具体方法是让触电者迅速脱离电源，然后再进行救治。若救护者在开关附近，应当马上断开电源开关，然后再将触电者移开进行急救。图1-17所示为断开电源开关的急救演示。

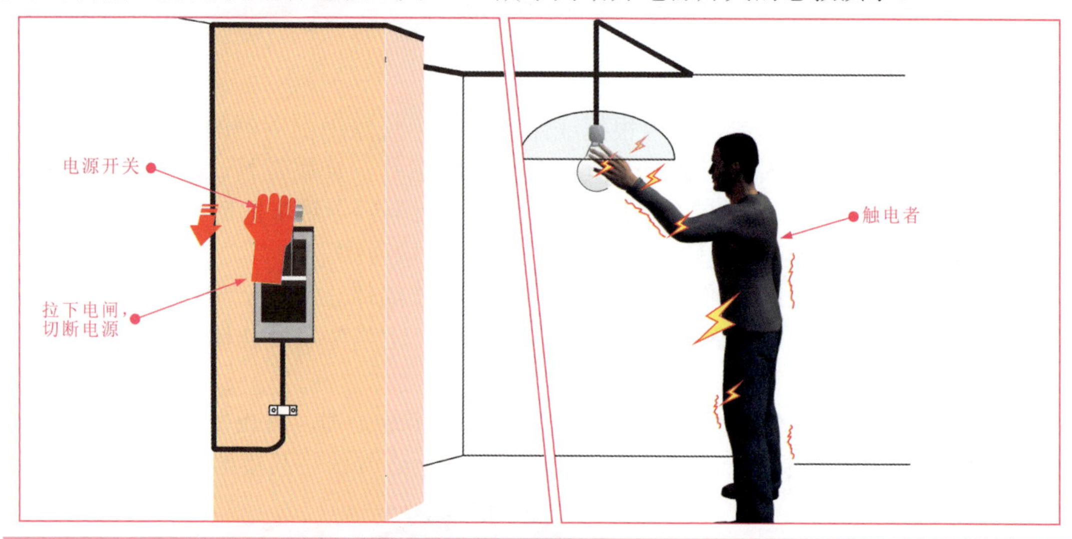

图1-17 断开电源开关的急救演示

若救护者离开关较远，无法及时关掉电源，切忌直接用手去拉触电者。在条件允许的情况下，需穿上绝缘鞋，戴上绝缘手套等防护措施来切断电线，从而断开电源。图1-18所示为切断电源线的急救演示。

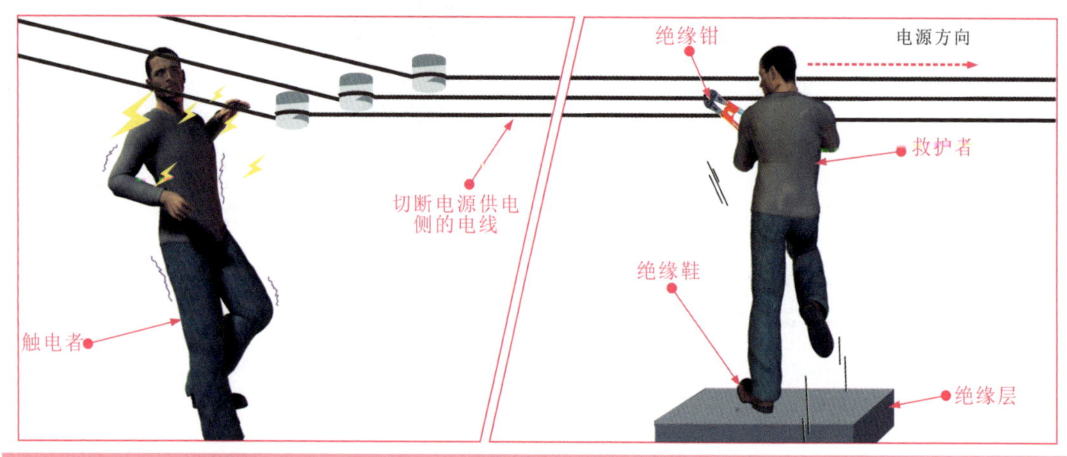

图1-18 切断电源线的急救演示

若触电者无法脱离电线，应利用绝缘物体使触电者与地面隔离。比如用干燥木板塞垫在触电者身体底部，直到身体全部隔离地面，这时救护者就可以将触电者脱离电线。将木板塞垫在触电者身下的急救方法如图1-19所示。

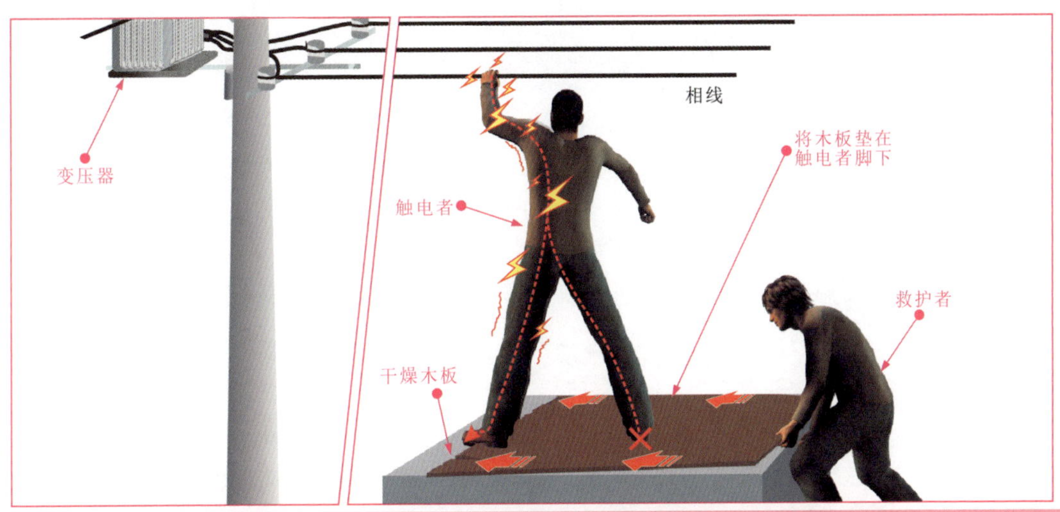

图 1-19 塞垫木板的急救演示

若电线压在触电者身上，可以利用干燥的木棍、竹竿、塑料制品、橡胶制品等绝缘物挑开触电者身上的电线。挑开电线的急救方法如图 1-20 所示。

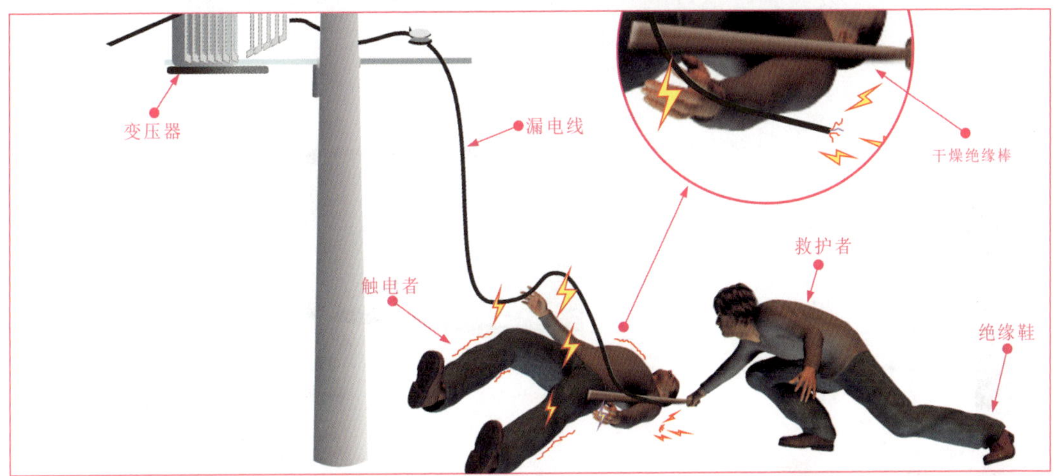

图 1-20 挑开电源线的急救演示

提示说明

如图 1-21 所示，在实施急救的时候，无论情况多么紧急，施救者也不要用手直接拉拽或触碰触电者，否则极易同时触电。

图 1-21 错误急救措施

1.3.2 高压触电环境的脱离

高压触电急救法是指电压达到 1000V 以上的高压线路和高压设备的触电事故急救方法。当发生高压触电事故时，其急救方法应比低压触电更加谨慎，因为高压已超出安全电压范围很多，接触高压时一定会发生触电事故，而且在不接触时，靠近高压也会发生触电事故。

一旦出现高压触电事故，应立即通知有关电力部门断电，在没有断电的情况下，不能接近触电者。否则，有可能会产生电弧，导致抢救者烧伤。

提示说明

在高压的情况下，一般的低压绝缘材料会失去绝缘效果，因此，不能用低压绝缘材料去接触带电部分，需利用高电压等级的绝缘工具拉开电源。例如，穿戴高压绝缘手套、高压绝缘鞋等。

若发现在高压设备附近有人触电，且不可盲目上前，可采取抛金属线（钢、铁、铜、铝等）急救的方法。即先将金属线的一端接地，然后抛另一端金属线，这里注意抛出的另一端金属线不要碰到触电者或其他人，同时救护者应与断线点保持 8 ～ 10m 的距离，以防跨步电压伤人。抛金属线的急救演示如图 1-22 所示。

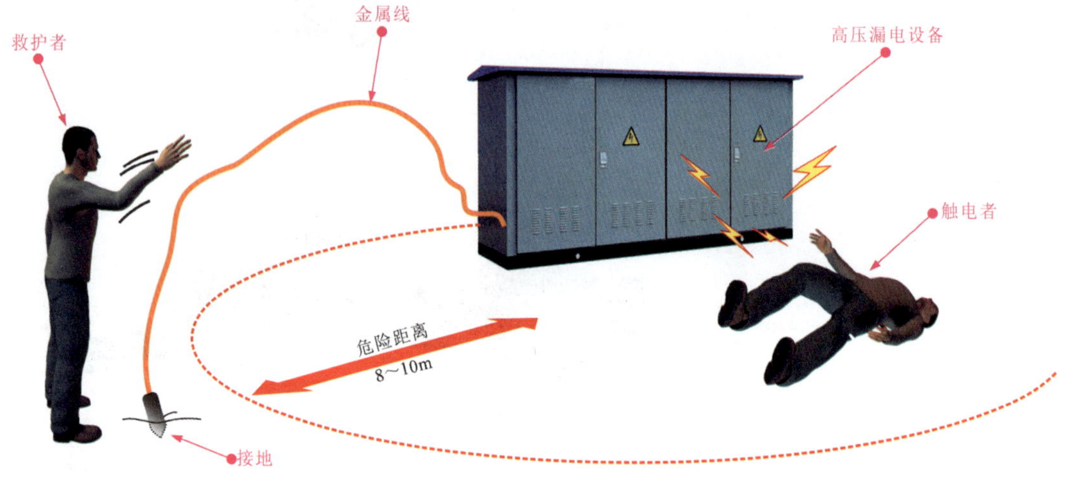

图 1-22　抛金属线急救演示

1.3.3 现场触电急救措施

当触电者脱离电源后，不要将其随便移动，应将触电者仰卧，并迅速解开触电者的衣服、腰带等保证其正常呼吸，疏散围观者，保证周围空气畅通，同时拨打 120 急救电话，以保证用最短的时间将触电者送往医院。做好以上准备工作后，就可以根据触电者的情况，做相应的救护了。

若触电者神志清醒，但有心慌、恶心、头痛、头昏、出冷汗、四肢发麻、全身无力等症状。这时应让触电者平躺在地，并仔细观察触电伤者，最好不要让触电者站立或行走。

当触电者已经失去知觉，但仍有轻微的呼吸及心跳，这时候应让触电者就地仰卧平躺，让气道通畅，把触电者衣服以及有碍于其呼吸的腰带等物解开帮助其呼吸。并且在 5s 内呼叫触电者或轻拍触电者肩部，以判断触电者意识是否丧失。在触电者神志不清时，不要摇动触电者的头部或呼叫触电者。若情况紧急，可采取一定的急救措施。

1 触电者身体状况的判断

当触电者意识丧失时，应在 10s 内观察并判断伤者呼吸及心跳情况，判断的方法如图 1-23 所示。观察判断时首先查看伤者的腹部、胸部等有无起伏动作，接着用耳朵贴近伤者的口鼻处，听伤者有无呼吸声音，最后是测嘴和鼻孔是否有呼气的气流，再用一手扶住伤者额头部，另一手膜颈部动脉判断有无脉搏跳动。经过判断后伤者无呼吸也无颈动脉动时，才可以判定伤者呼吸、心跳停止。

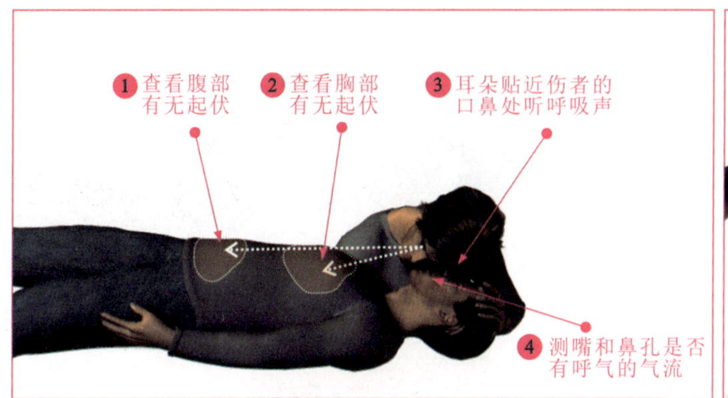

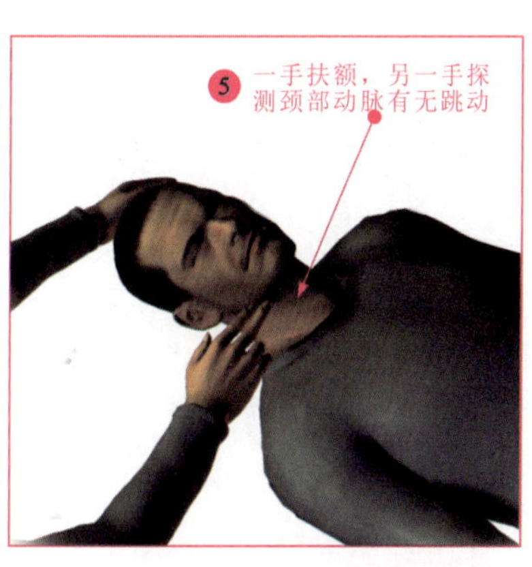

图 1-23 判断触电者身体状况

2 触电者身体状况的判断

通常情况下，当触电者无呼吸，但仍然有心跳时，应采用人工呼救法进行救治。首先使触电者仰卧，头部尽量后仰并迅速解开触电者衣服、腰带等，使触电者的胸部和腹部能够自由扩张。尽量将触电者头部后仰，鼻孔朝天，颈部伸直，图 1-24 所示为通畅气道的方法。

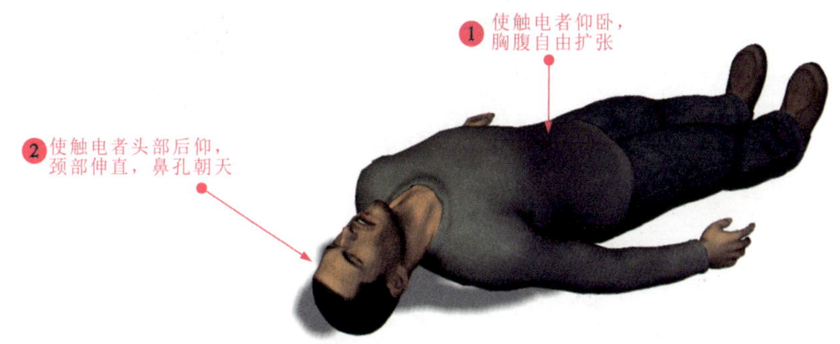

图 1-24 畅通气道

图 1-25 所示为托颈压额法（也称压额托颌法）。救护者站立或跪在伤者身体一侧，用一只手放在伤者前额并向下按压，同时另一手的食指和中指分别放在两侧下颌角处，并向上托起，使伤者头部后仰，气道即可开放。在实际操作中，此方法不仅效果可靠，而且省力、不会造成颈椎损伤，而且便于做人工呼吸。

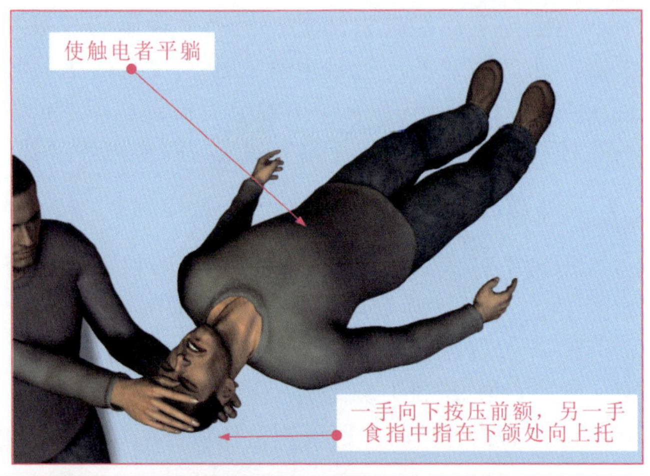

图 1-25 托颈压额法（也称压额托颈法）

图 1-26 所示为仰头抬颌法（也称压额提颌法）。若伤者无颈椎损伤，可首选此方法。救助者站立或跪在伤者身体一侧，用一只手放在伤者前额，并向下按压；同时另一只手向上提起伤者下颌，使得下颌向上抬起、头部后仰，气道即可开放。

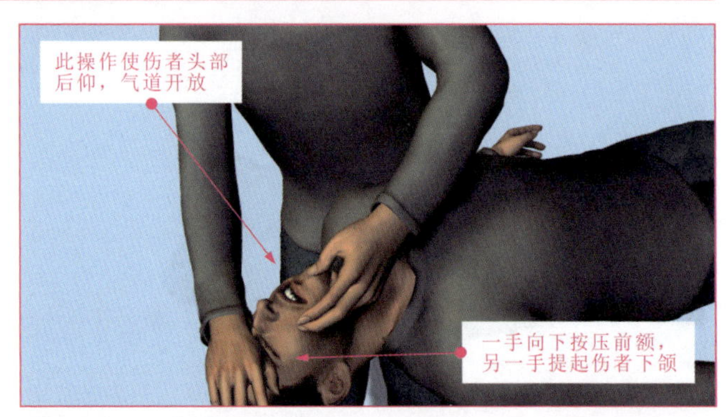

图 1-26 仰头抬颌法（也称压额抬颌法）

图 1-27 所示为托颌法（也称双手拉颌法）。若伤者已发生或怀疑颈椎损伤，选用此法可避免加重颈椎损伤，但不便于做人工呼吸。站立或跪在伤者头顶端，肘关节支撑在伤者仰卧的平面上，两手分别放在伤者额头两侧，分别用两手拉起伤者两侧的下颌角，使头部后仰，气道即可开放。

图 1-27 托颌法（也称双手拉颌法）

做完前期准备后，就能对触电者进行口对口的人工呼吸了，首先救护者深吸一口气之后，紧贴着触电者的嘴巴大口吹气，使其胸部膨胀，然后救护者换气，放开触电者的嘴鼻，使触电者自动呼气，如图 1-28 所示，如此反复进行上述操作，吹气时间为 2~3s，放松时间为 2~3s，5s 左右为一个循环。重复操作，中间不可间断，直到触电者苏醒为止。

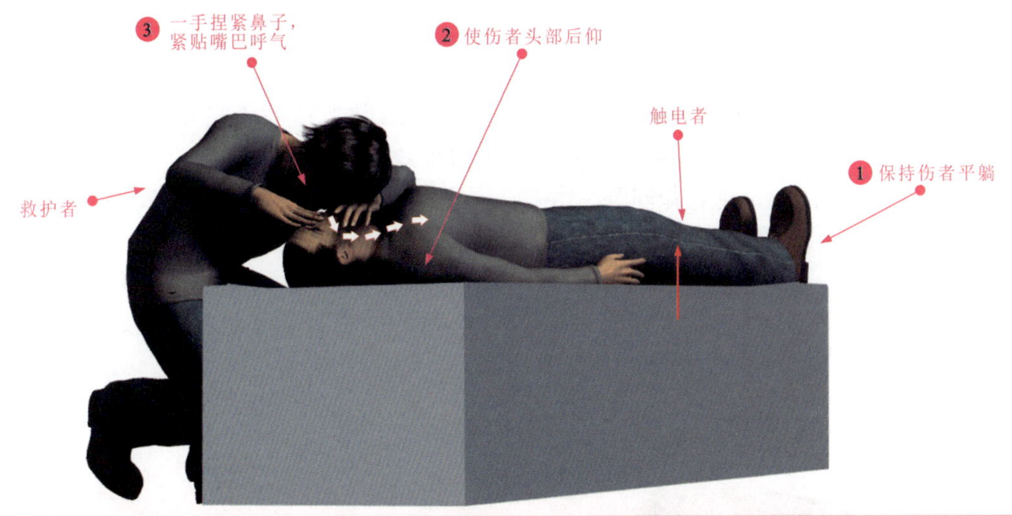

图 1-28　人工呼吸

3 牵手呼吸

如图 1-29 所示，若救护者嘴或鼻被电伤，无法对触电者进行口对口人工呼吸或口对鼻人工呼吸，也可以采用牵手呼吸法进行救治。

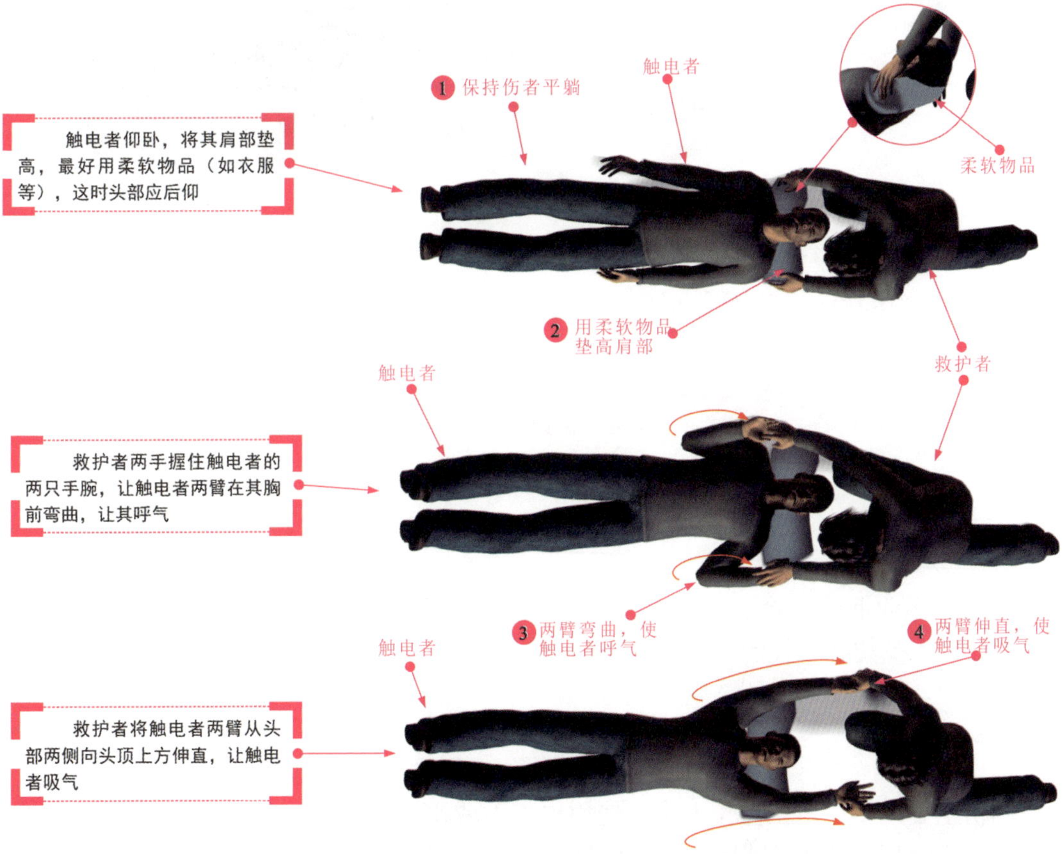

触电者仰卧，将其肩部垫高，最好用柔软物品（如衣服等），这时头部应后仰

① 保持伤者平躺

触电者

柔软物品

② 用柔软物品垫高肩部

救护者

触电者

救护者两手握住触电者的两只手腕，让触电者两臂在其胸前弯曲，让其呼气

③ 两臂弯曲，使触电者呼气

④ 两臂伸直，使触电者吸气

触电者

救护者将触电者两臂从头部两侧向头顶上方伸直，让触电者吸气

图 1-29　牵手呼吸

4 胸外心脏按压

胸外心脏按压是在触电者心音微弱、心跳停止或脉搏短而不规则的情况下使用的心脏复苏措施。该方法是帮助触电者恢复心跳的有效救助方法之一。

如图 1-30 所示，将触电者仰卧，并松开衣服和腰带，使触电者头部稍后仰，然后救护者需跪在触电者腰部两侧或跪在触电者一侧，将救护者左手掌放在触电者心脏上方（胸骨处），中指对准其颈部凹陷的下端，救护者将右手掌压在左手掌上，用力垂直向下挤压。向下压时间为 2~3s 左右，然后松开，松开时间大约为 2~3s 左右（5s 左右为一个循环）。重复操作，中间不可中断，直到触电者恢复心跳为止。

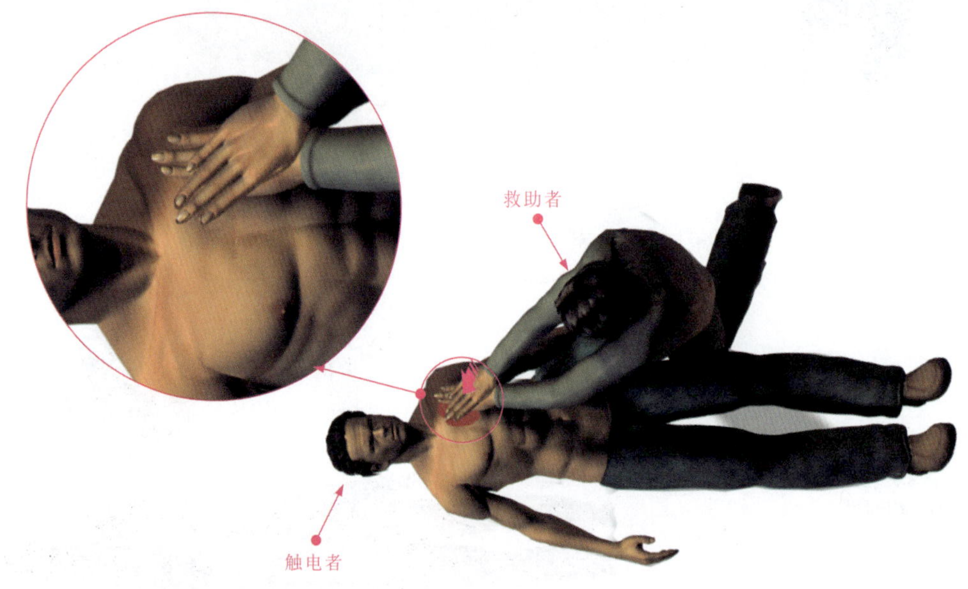

图 1-30 胸外心脏按压复苏

1.4 外伤急救与电气灭火

1.4.1 外伤急救

在电工作业期间，除了触电事故，外伤也是常见伤害之一，掌握外伤的急救措施是电工操作人员的必备技能。外伤主要分为割伤和摔伤两种。

1 割伤急救

割伤主要发生在电工操作人员在使用电工刀或钳子等尖锐的利器时割伤或划伤。

割伤出血时，需要在割伤的部位用棉球蘸取少量的酒精或盐水将伤口清洗干净，另外，为了保护伤口，用纱布（或干净的毛巾等）包扎，图 1-31 为包扎伤口的急救演示。

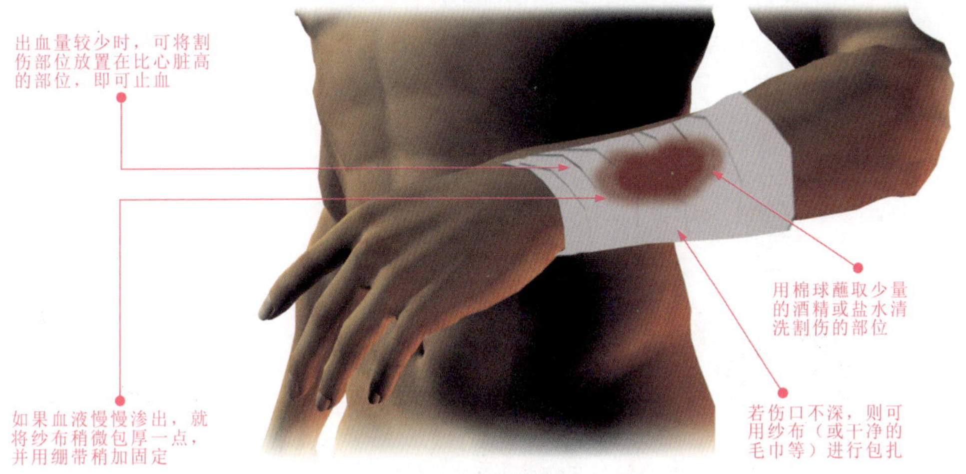

图 1-31 包扎伤口的急救演示

2 摔伤急救

摔伤急救的原则是先抢救，后固定，在搬运伤者时，应注意防止伤情加重或伤口污染。如有条件，应及时送医治疗。若情况紧急，可采取必要的急救措施。

图 1-32 所示为摔伤出血的急救演示。这种情况应立即采取止血措施，防止伤者因失血过多导致休克。

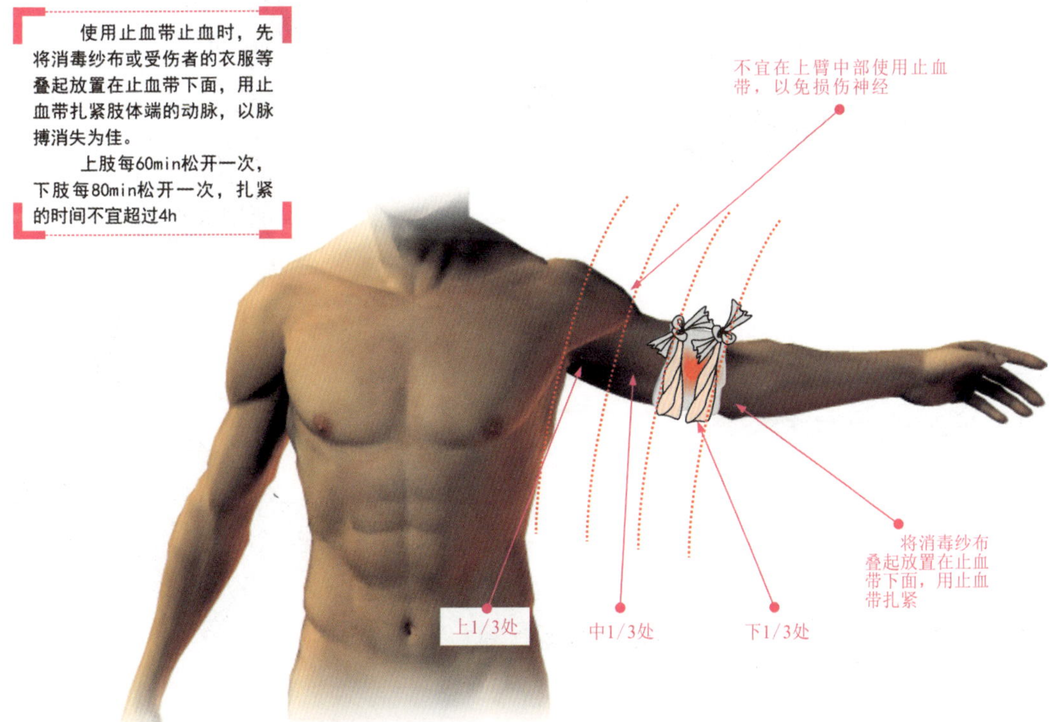

图 1-32 摔伤出血的急救演示

若伤者是从高处坠落或被挤压等，则可能有胸腹内脏破裂出血。从外观看伤者并无出血，常表现为脸色苍白、脉搏细弱、全身出冷汗、烦躁不安甚至神志不清等休克症状，应让伤者迅速躺平，使用椅子将下肢垫高，并让肢体保持温暖，速送医院救治。若在送往医院的路途时间较长，可给伤者饮用少量的糖盐水。图 1-33 所示为高处坠落的急救演示。

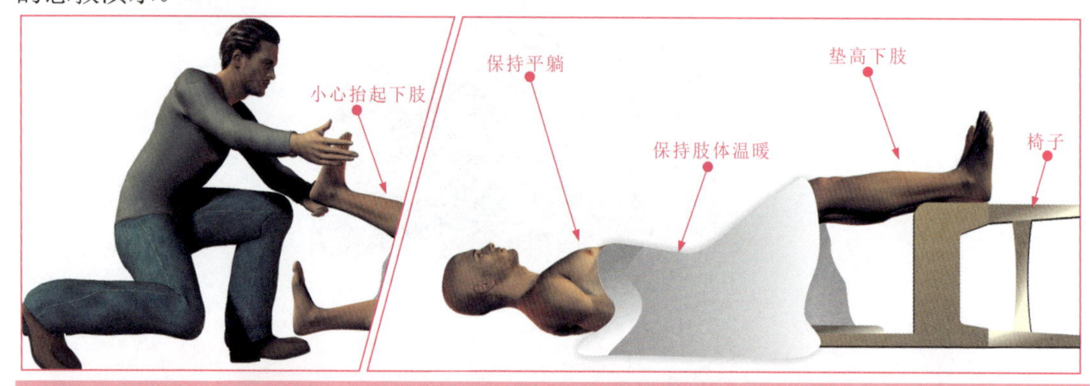

图 1-33　高处坠落的急救演示

若伤者属于肢体骨折，可以使用夹板、木棍、竹竿等将断骨上、下两个关节固定，以减少疼痛，防止伤势恶化。图 1-34 所示为肢体骨折的急救演示。

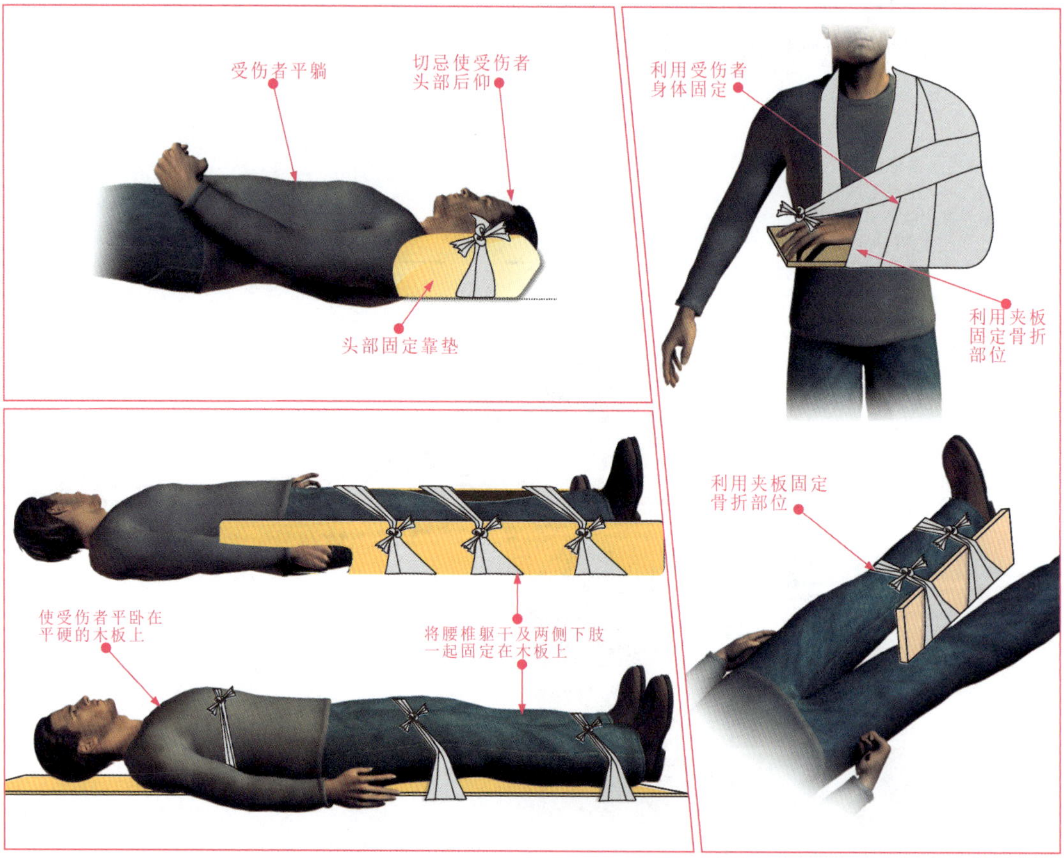

图 1-34　肢体骨折的急救演示

1.4.2 烧伤急救

在电工作业过程中，烧伤也是比较常见的一类事故。线路的老化、设备的短路、安装不当、负载过重、散热不良以及人为因素等情况都可能导致火灾事故的发生。发生火灾时避免不了烧伤，对烧伤部位需要进行及时处理。图 1-35 所示为烧伤部位的急救演示。

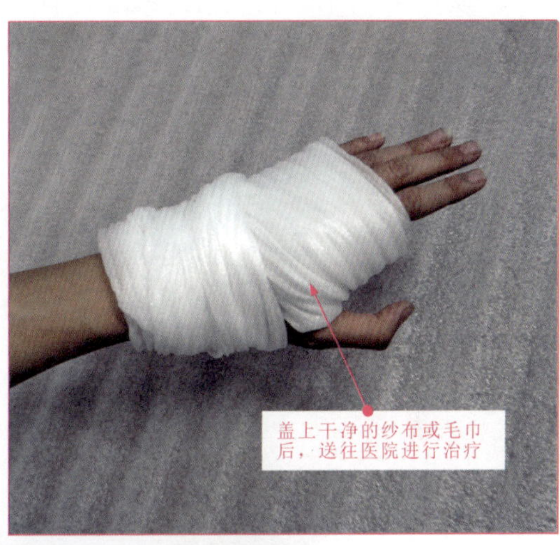

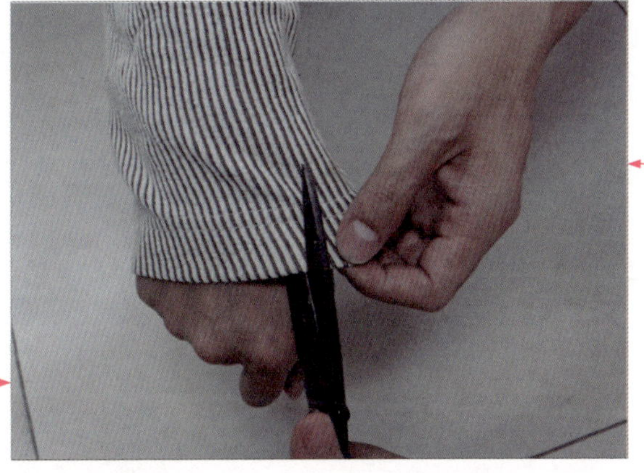

图 1-35 烧伤部位的急救演示

在烧伤不严重的情况下，可用冷水对烧伤部位进行冲洗，通过降温缓解疼痛。烧伤严重时，需要立刻送往医院救治。为防止伤口感染，在简单降温处理后，应及时盖上干净的纱布或毛巾，然后送往医院进行专业治疗。

一般而言，烧伤者被烧伤的面积越大、深度越深，则治疗起来越困难。因此，在烧伤急救时，快速、有效地灭火是非常必要的，同时可以降低烧伤者的烧伤程度。

提示说明

救护人员在救助时，可以用身边不易燃的物体，如浸水后的毯子、大衣、棉被等迅速覆盖着火处，使其与空气隔绝，从而达到灭火的目的。救护人员若自己没有烧伤，则在进行火灾扑救时尽量使用干粉灭火器，切忌用泼水的方式救火，否则可能会引发触电危险。

1.4.3 电气灭火的应急处理

电气火灾通常是指由于电气设备或电气线路操作、使用或维护不当而直接或间接引发的火灾事故。一旦发生电气火灾事故，应及时切断电源，拨打火警电话 119 报警，并使用身边的灭火器灭火。

如图 1-36 所示，灭火时，应保持有效喷射距离和安全角度（不超过 45°），对火点由远及近，猛烈喷射，并用手控制喷管（头）左右、上下来回扫射，与此同时，快速推进，保持灭火剂猛烈喷射的状态，直至将火扑灭。

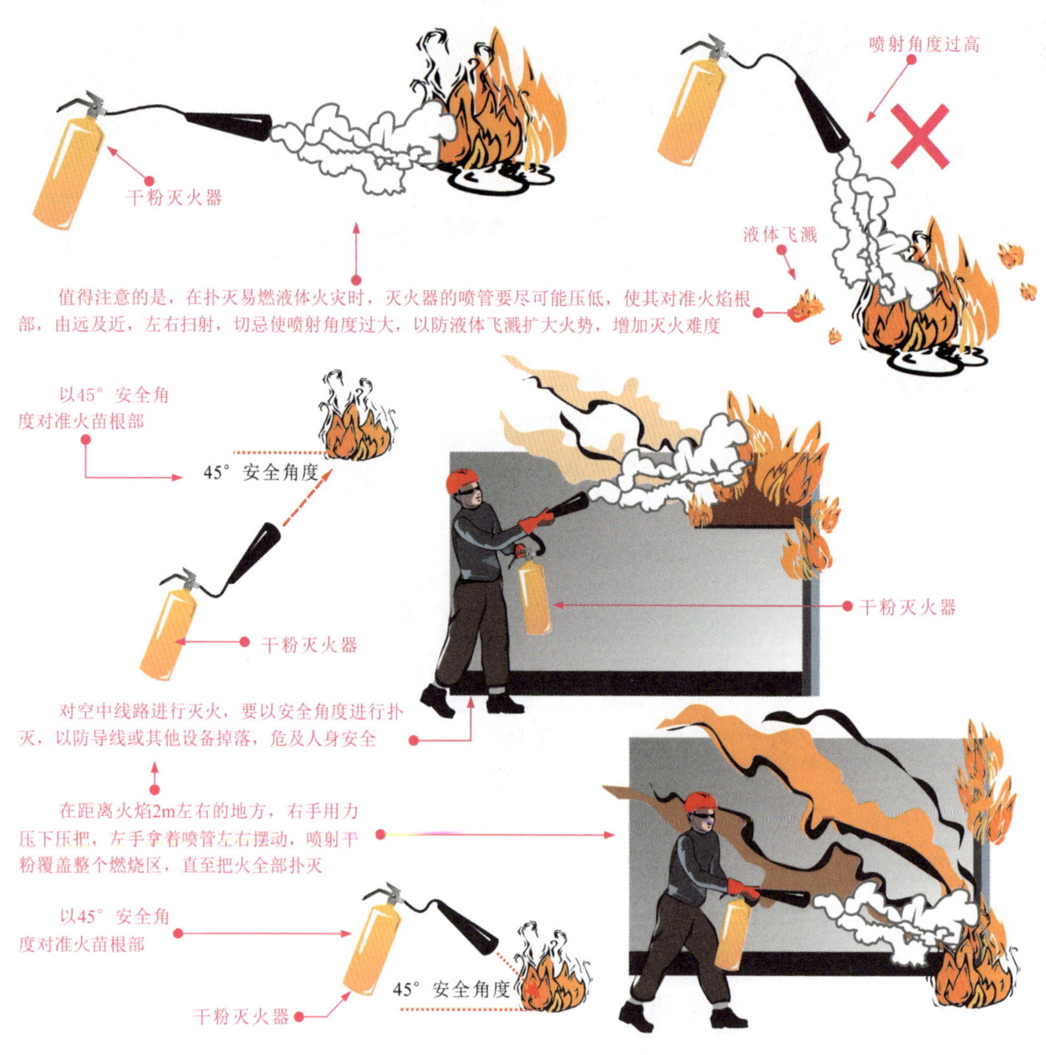

图 1-36 电气灭火的规范操作

提示说明

一般来说，对于电气线路引起的火灾，应选择干粉灭火器、二氧化碳灭火器、二氟一氯一溴甲烷灭火器（1211 灭火器）或二氟二溴甲烷灭火器，这些灭火器中的灭火剂不具有导电性。

第 2 章　电工常用加工工具的特点与使用

2.1　钳子的特点与使用方法

在电工操作中，钳子在导线加工、线缆弯制、设备安装等场合都有广泛的应用。要想学会使用钳子，首先，要了解钳子的结构组成和种类特点。然后，要掌握钳子在使用中的规范标准及注意事项。只有这样才能用好钳子，下面，我们具体介绍钳子的种类及使用。

2.1.1　认识钳子

从结构上看钳子主要是由钳头和钳柄两部分构成。根据钳头设计和功能上的区别，钳子又可以分为钢丝钳、斜口钳、尖嘴钳、剥线钳、压线钳以及网线钳等，如图 2-1 所示。

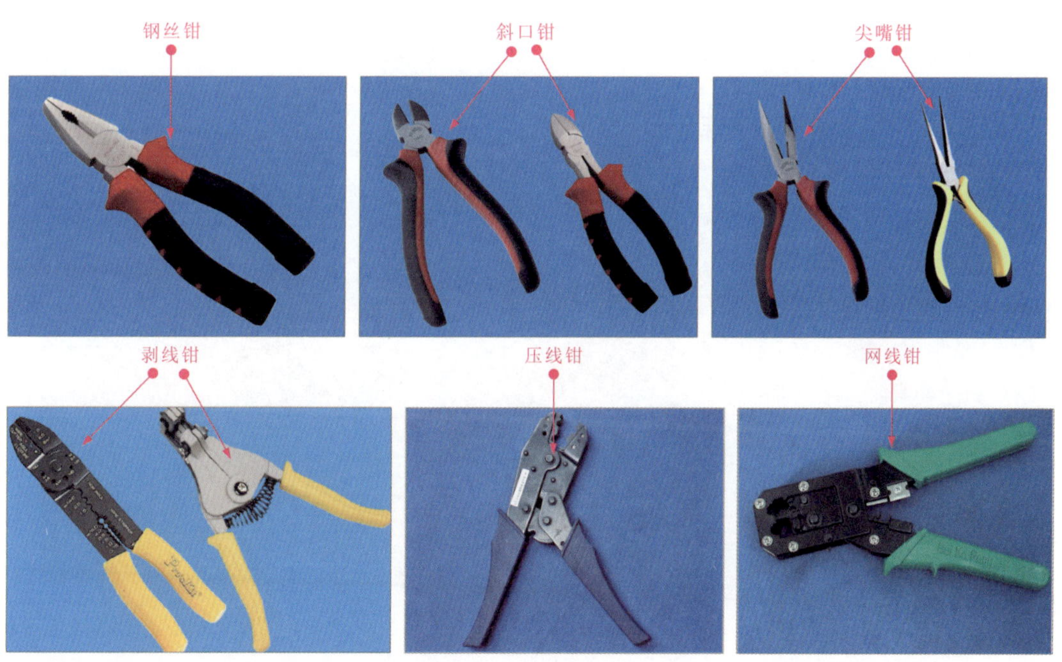

图 2-1　各种钳子的实物外形

1　钢丝钳

钢丝钳又叫老虎钳，主要用于线缆的剪切、绝缘层的剥削、线芯的弯折、螺母的松动和紧固等。钢丝钳的钳头又可以分为钳口、齿口、刀口和铡口，在钳柄处是由绝缘套保护，如图 2-2 所示。

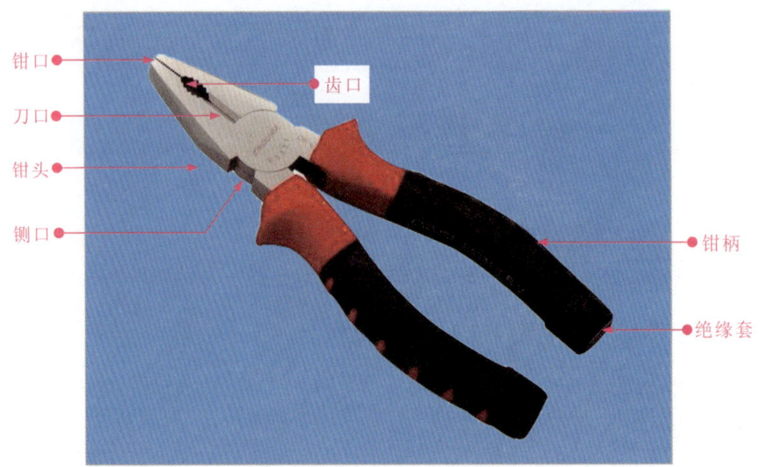

图 2-2 钢丝钳的外形

提示说明

使用钢丝钳时应先查看绝缘手柄上是否标有耐压值，并检查绝缘手柄上是否有破损处，如未标有耐压值或有破损现象，证明此钢丝钳不可带电进行作业；若标有耐压值，则需进一步查看耐压值是否符合工作环境，若工作环境超出钢丝钳钳柄绝缘套的耐压范围，则不能进行带电使用，否则极易引发触电事故。如图 2-3 所示，钢丝钳的耐压值通常标注在绝缘套上，该图中的钢丝钳耐压值为“1000V”，表明可以在“1000V”电压值内进行耐压工作。

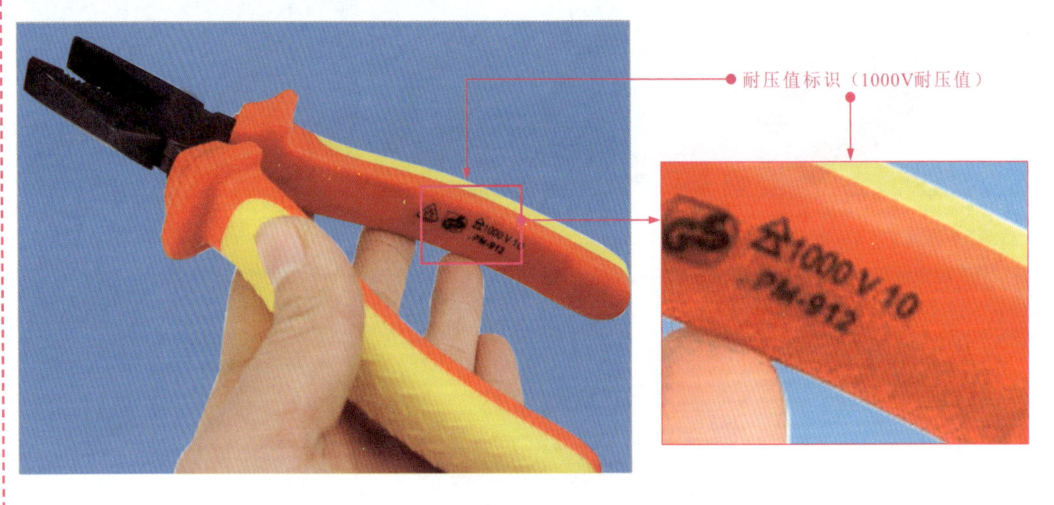

图 2-3 钢丝钳钳柄上的耐压值

2 斜口钳

斜口钳又叫偏口钳，主要用于线缆绝缘皮的剥削或线缆的剪切操作。斜口钳的钳头部位为偏斜式的刀口，可以贴近导线或金属的根部进行切割。斜口钳可以按照尺寸进行划分，比较常见的尺寸有 4 寸、5 寸、6 寸、7 寸、8 寸五个尺寸，如图 2-4 所示。

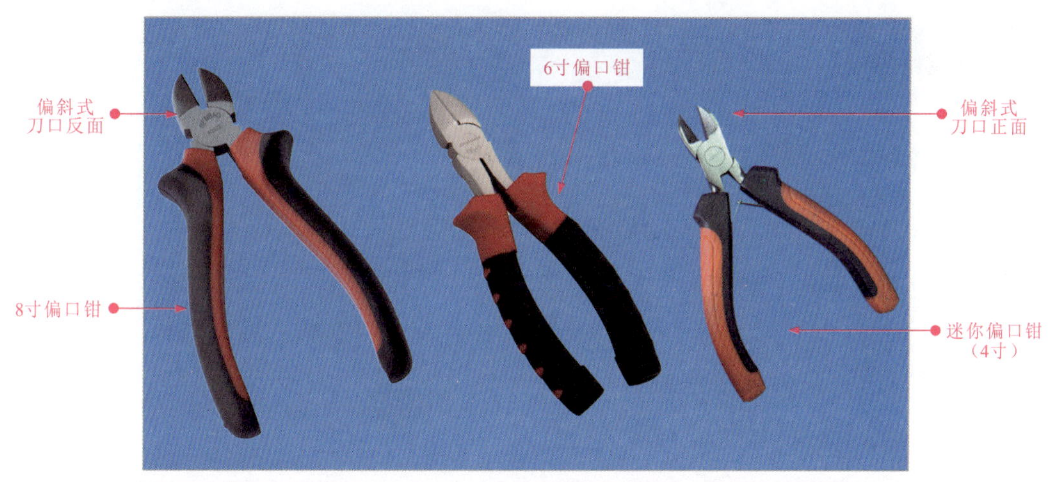

图 2-4 斜口钳的种类

3 尖嘴钳

尖嘴钳的钳头部分较细，可以在较小的空间里进行操作。可以分为带有刀口的尖嘴钳、无刀口的尖嘴钳和迷你尖嘴钳，如图 2-5 所示。带有刀口的尖嘴钳可以用来切割较细的导线、剥离导线的塑料绝缘层、将单股导线接头弯环以及夹捏较细的物体等；无刀口的尖嘴钳只能用来弯折导线的接头以及夹捏较细的物体等。

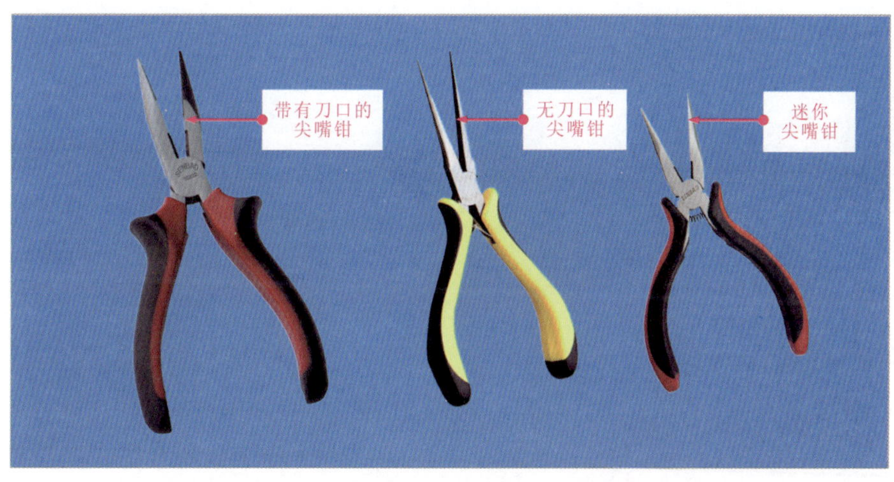

图 2-5 尖嘴钳的种类

4 剥线钳

剥线钳主要是用来剥除线缆的绝缘层，在电工操作中常使用的剥线钳可以分为压接式剥线钳和自动剥线钳两种，如图 2-6 所示。压接式剥线钳上端有不同型号线缆的剥线口，一般有 0.5 ～ 4.5 mm；自动剥线钳的钳头部分左右两端，一端的钳口为平滑，一端钳口有 0.5 ～ 3 mm 多个切口，平滑钳口用于卡紧导线，多个切口用于切割和剥落导线的绝缘层。

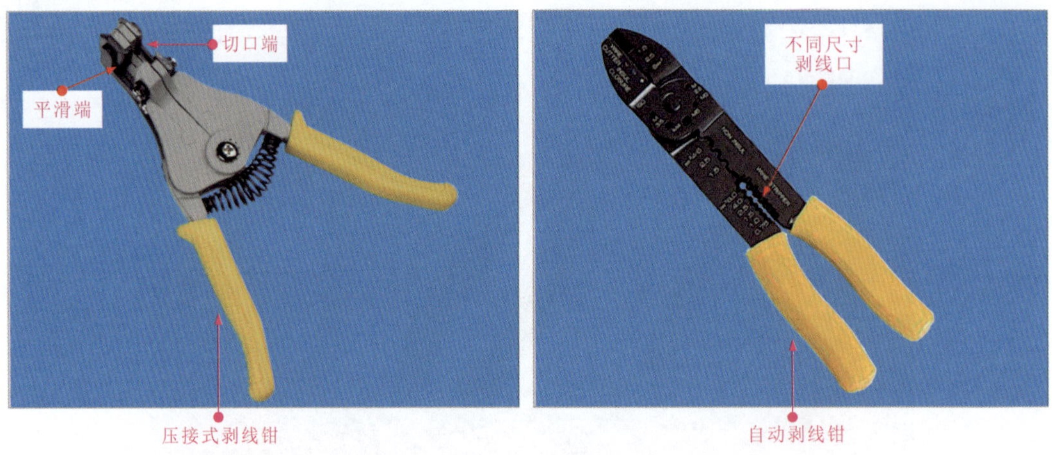

图 2-6　剥线钳的种类

5　压线钳

压线钳在电工操作中主要是用于线缆与连接头的加工。压线钳根据压接的连接件的大小不同，内置的压接孔也有所不同，如图 2-7 所示。压线钳根据压接孔直径的不同来进行区分。

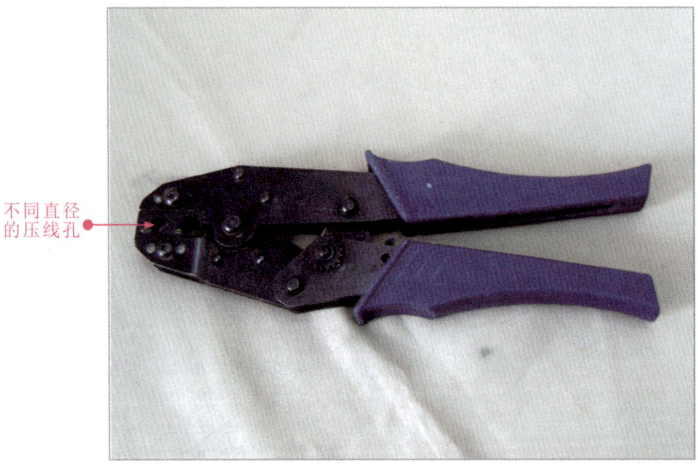

图 2-7　压线钳的外形

6　网线钳

网线钳专用于网线水晶头的加工与电话线水晶头的加工，在网线钳的钳头部分有水晶头加工口，可以根据水晶头的型号选择网线钳，在钳柄处也会附带刀口，便于切割网线。网线钳是根据水晶头加工口的型号进行区分，一般分为 RJ45 接口的网线钳和 RJ11 接口的网线钳，也有一些网线钳已经将该两种接口全部包括，如图 2-8 所示。

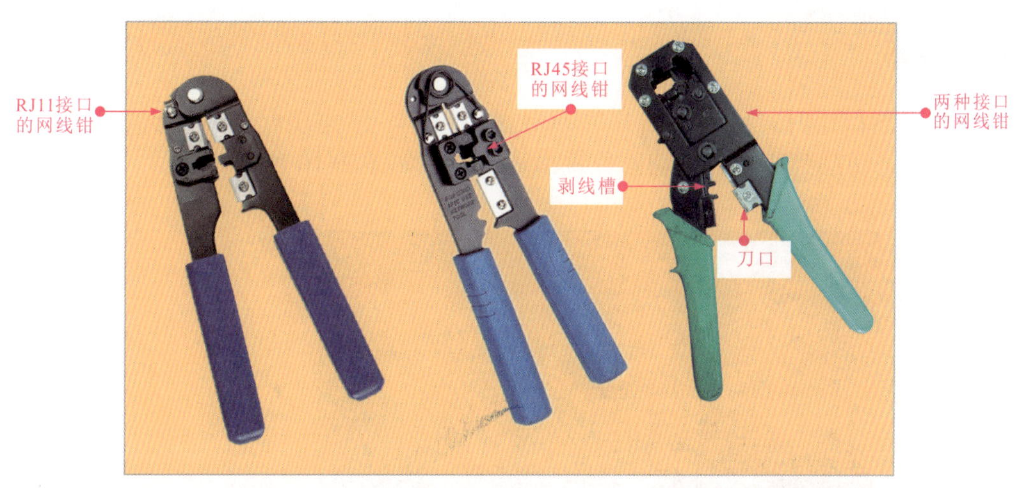

图 2-8　网线钳的种类

2.1.2　钳子的使用方法

在电工操作中，钳子的使用规范是较为重要的，只有按照使用规范进行使用时，才能保证电工操作人员本身的安全以及电工设备的安全，否则可能导致钳子发生损坏还会导致电工设备发生故障，严重时可能威胁电工操作人员的人身安全。下面，就为大家介绍不同种类钳子的使用规范，以便大家更好的使用钳子。

1　钢丝钳

在使用钢丝钳时，一般多采用右手操作，使钢丝钳的钳口朝内，便于控制钳切的部位。可以使用钢丝钳钳口弯绞导线，齿口可以用于紧固或拧松螺母，刀口可以用于修剪导线以及拔取铁钉，铡口可以用于铡切较细的导线或金属丝，如图 2-9 所示。

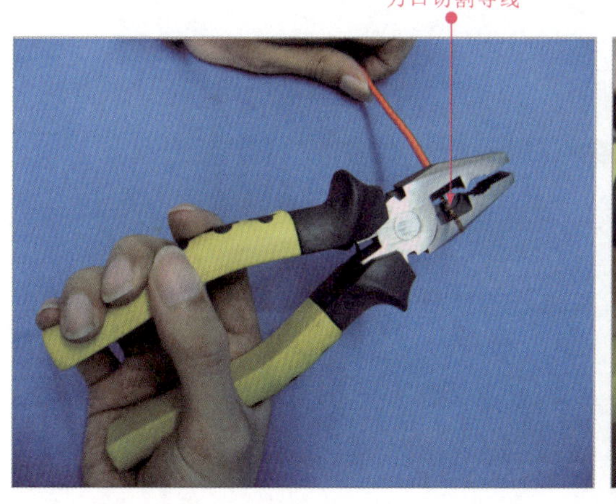

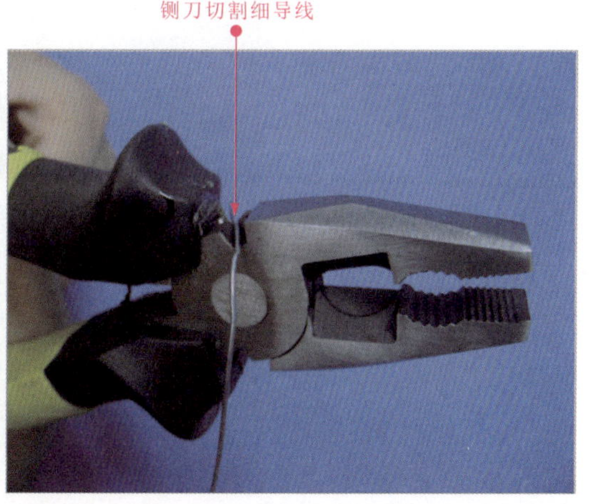

图 2-9　钢丝钳的使用

2 斜口钳

在使用斜口钳时，应将偏斜式的刀口正面朝上，背面靠近需要切割导线的位置，这样可以准确切割到位，防止切割位置出现偏差，如图 2-10 所示。

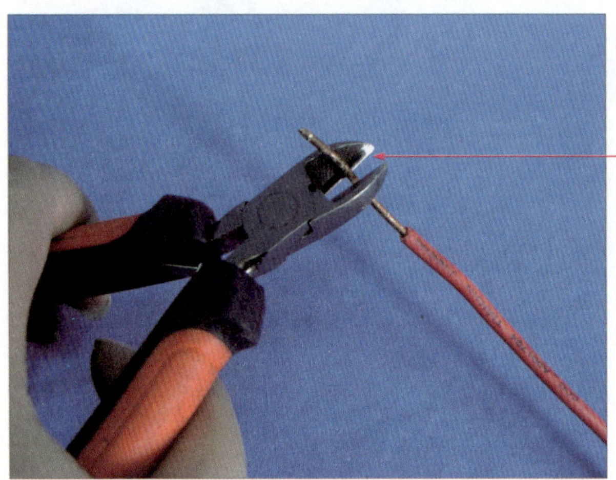

图 2-10 斜口钳的使用方法

提示说明

斜口钳不可切割双股带电线缆，因为所有钳子的钳头均为金属材质，具有一定的导电性能，若使用斜口钳去切割带电的双股线缆时会导致线路短路，严重时会导致该线缆连接的设备损坏，如图 2-11 所示。

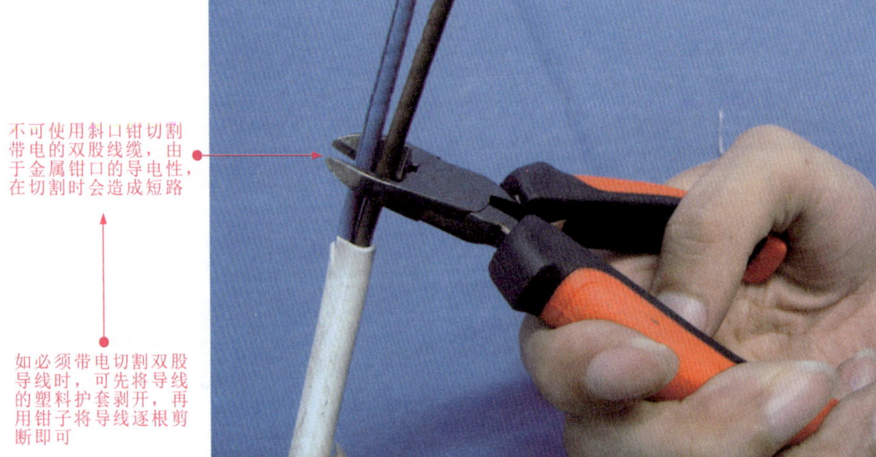

图 2-11 斜口钳的错误使用

3 尖嘴钳

在使用尖嘴钳时，一般使用右手握住钳柄，不可以将钳头对向自己。可以用钳头上的刀口修整导线，在使用钳口夹住导线的接线端子，并对其进行修整固定，如图 2-12 所示。

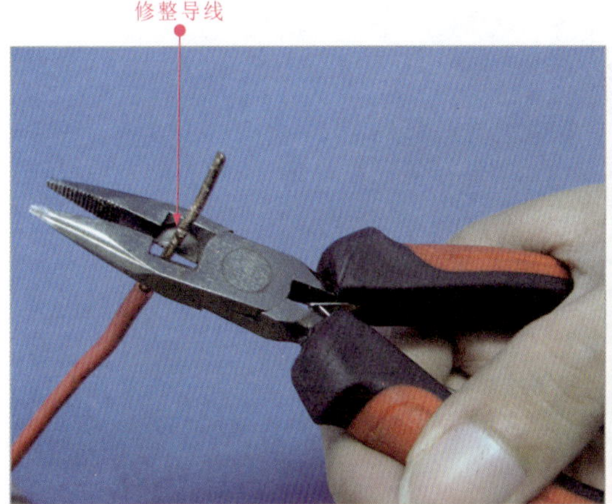

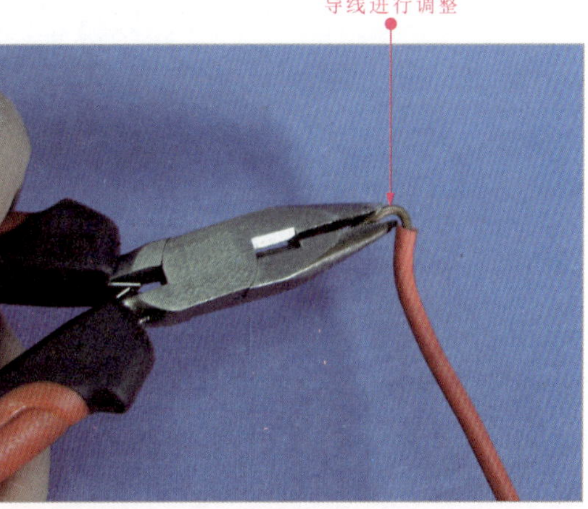

图 2-12 尖嘴钳的使用方法

提示说明

由于尖嘴钳的钳头较尖，不可以用其夹捏或切割较大的物体，会导致钳口裂开或钳刃会崩口；也不可以使用钳柄当作锤子使用或者敲击钳柄，这样会导致尖嘴钳手柄的绝缘层破损、折断。

4 剥线钳

在使用剥线钳进行剥线时，一般会根据导线选择合适的尺寸的切口，将导线放入该切口中，按下剥线钳的钳柄，即可将绝缘层割断，再次紧按手柄时，钳口分开加大，切口端将绝缘层与导线芯分离，如图 2-13 所示。

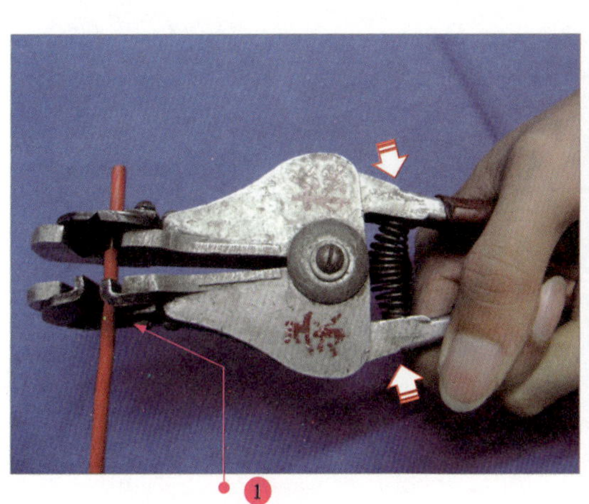

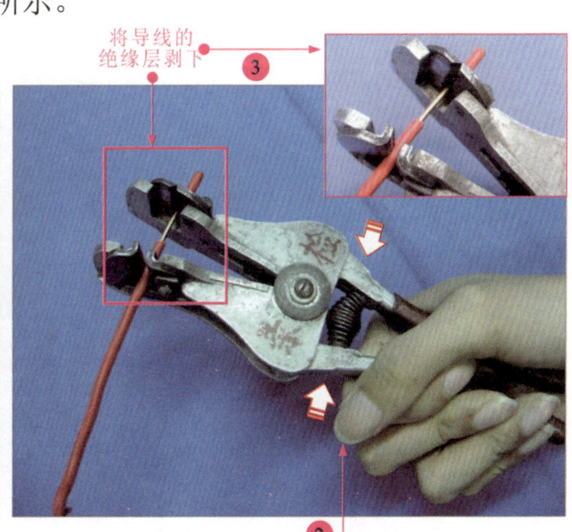

图 2-13 剥线钳的使用方法

提示说明

在使用剥线钳时，若没有选择正确的切口，当切口选择过小时，会导致导线芯与绝缘层一同割断，当切口选择过大时，会导致线芯与绝缘层无法分离，如图 2-14 所示。

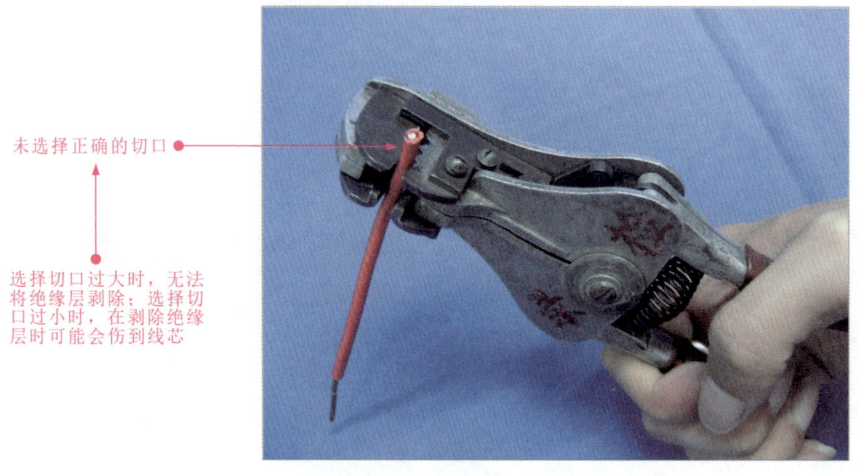

图 2-14 剥线钳的错误使用

5 压线钳

在使用压线钳时，一般使用右手握住压线钳手柄，将需要连接的线缆和连接头插接后，放入压线钳合适的卡口中，向下按压即可，如图 2-15 所示。

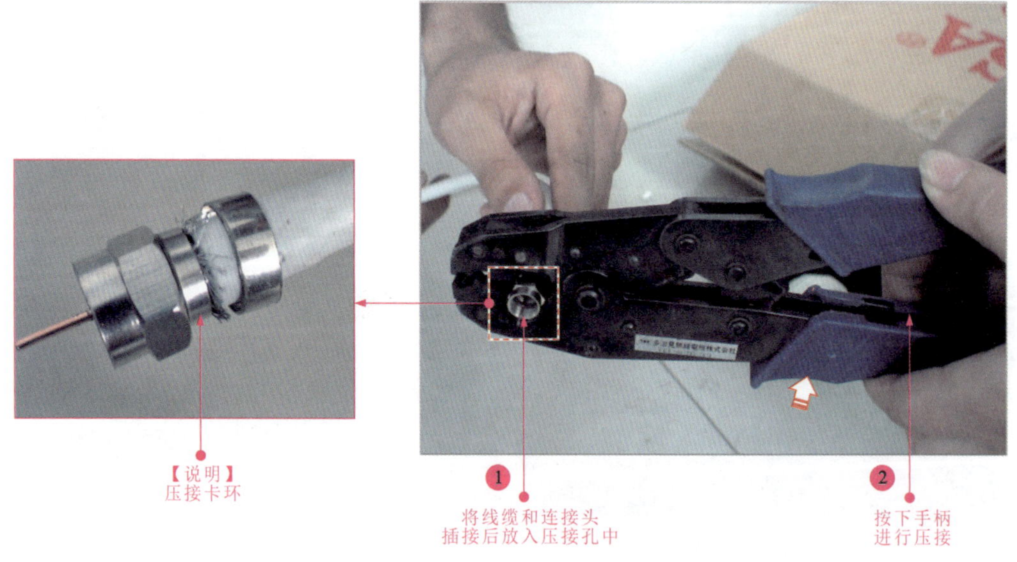

图 2-15 压线钳的使用方法

提示说明

环形压线钳的钳口在未使用时，是紧锁着的，若需将其打开，应用力向内按下钳柄即可，切不可直接向外掰动钳柄，以免对压线钳造成损伤，如图 2-16 所示。

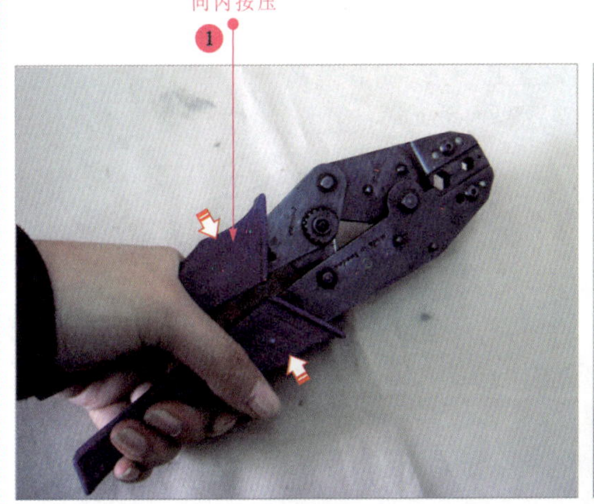

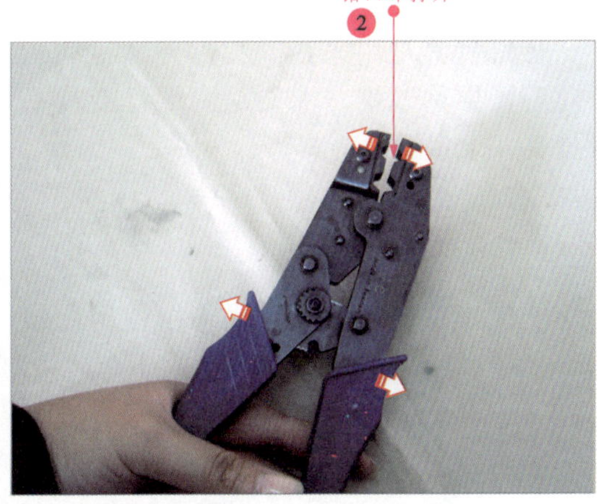

图 2-16　环形压线钳使用时的注意事项

6 网线钳

在使用网线钳时，应先使用钳柄处的刀口对网线的绝缘层进行剥落，将网线按顺序插入水晶头中，然后将其放置于网线钳对应的水晶头接口中，用力向下按压网线钳钳柄，此时钳头上的动片向上推动，即可将水晶头中的金属导体嵌入网线中，如图 2-17 所示。

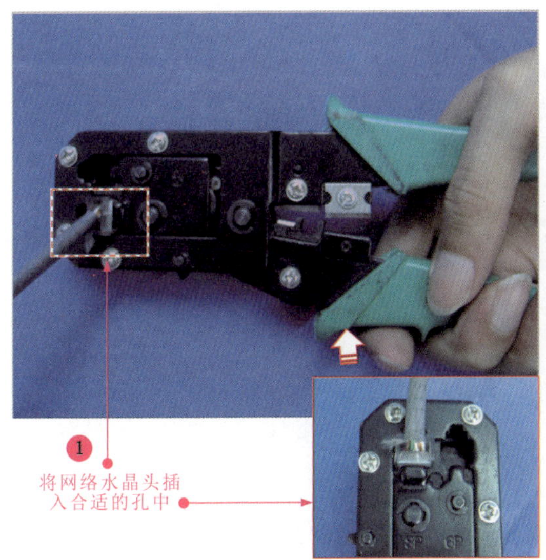

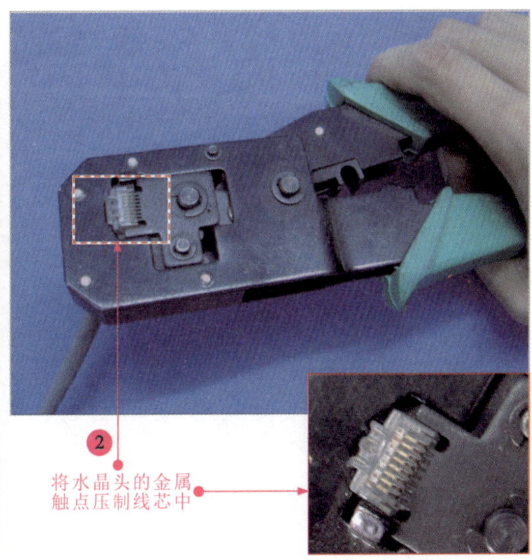

图 2-17　网线钳的使用方法

2.2 螺钉旋具的特点与使用方法

2.2.1 认识螺钉旋具

螺钉旋具是用来紧固和拆卸螺钉的工具，是电工必备工具之一。螺钉旋具又称为螺丝刀，俗称改锥，主要是由螺钉旋具头与手柄构成，常使用到的螺钉旋具有一字螺钉旋具、十字螺钉旋具等。

1 一字螺钉旋具

一字螺钉旋具是电工操作中使用比较广泛的加工工具，一字螺钉旋具由绝缘手柄和一字螺钉旋具头构成，一字螺钉旋具头为薄楔形头，如图 2-18 所示。

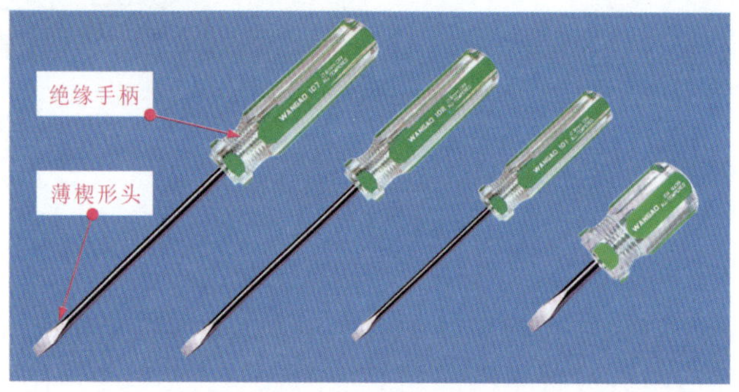

图 2-18 一字螺钉旋具的种类

2 十字螺钉旋具

十字螺钉旋具的刀头是由两个薄楔形片十字交叉构成，不同型号的十字螺钉可以用其螺钉旋具拆卸。如图 2-19 所示。

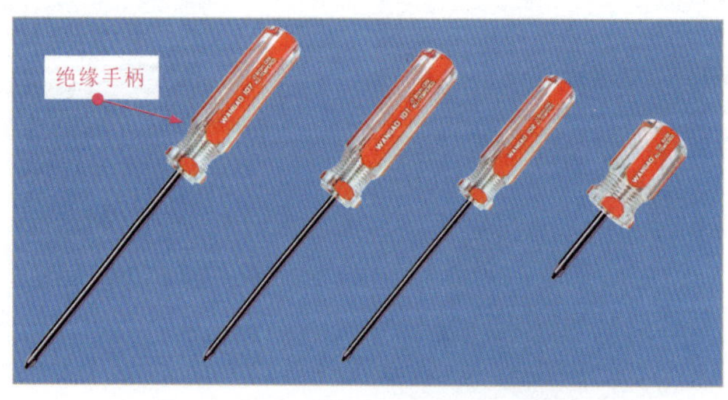

图 2-19 十字螺钉旋具的种类

提示说明

由于一字螺钉旋具和十字螺钉旋具在使用时，会受到刀头尺寸的限制，需要配很多把不同型号的螺钉旋具，并且需要人工进行转动。目前市场上推出了多功能的电动螺钉旋具，电动螺钉旋具将螺钉旋具的手柄改为带有连接电源的手柄，将原来固定的刀头改为插槽，插槽可以受电力控制转动，配上不同的螺钉旋具头可更方便的使用，如图 2-20 所示。

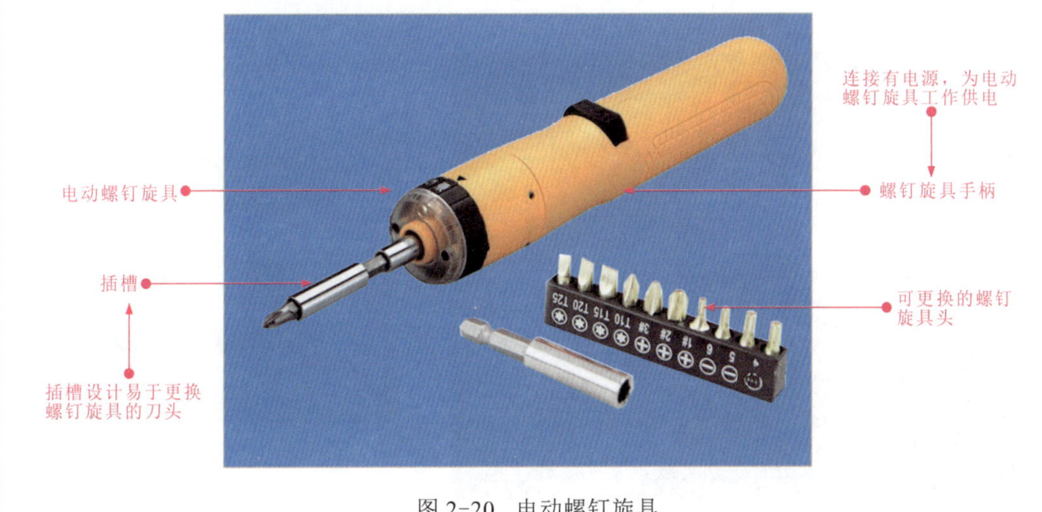

图 2-20 电动螺钉旋具

2.2.2 螺钉旋具的使用方法

1 一字螺钉旋具

在使用一字螺钉旋具时，需要看清一字螺钉的卡槽大小，然后选择与卡槽相匹配的一字螺钉旋具，使用右手握住一字螺钉旋具的刀柄，然后将刀头垂直插入一字螺钉的卡槽中，旋转一字螺钉旋具即可，如图 2-21 所示。

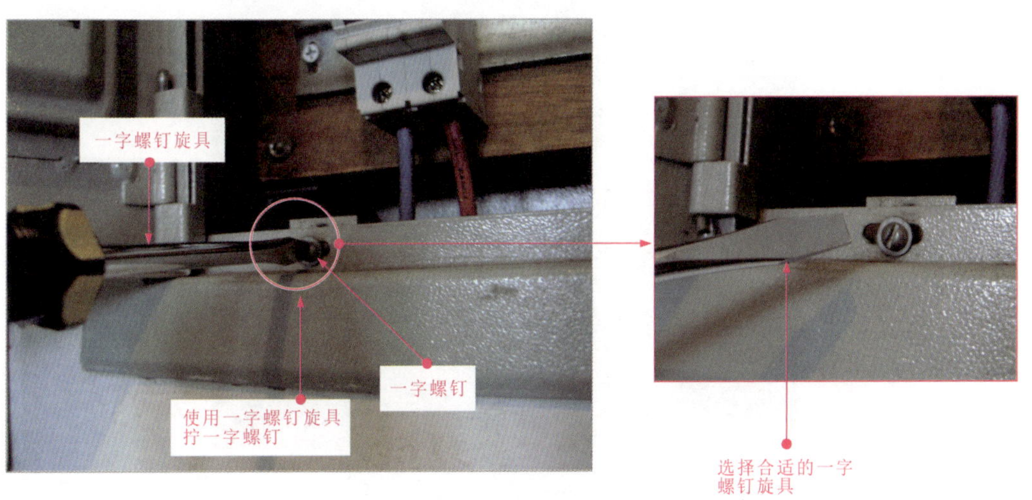

图 2-21 一字螺钉旋具的使用方法

2 十字螺钉旋具

在使用十字螺钉旋具时，也需要看十字螺钉的卡槽大小，然后选择与卡槽相匹配的十字螺钉旋具，使用右手握住十字螺钉旋具的刀柄，然后将刀头垂直插入十字螺钉的卡槽中，旋转十字螺钉旋具即可，如图 1-22 所示。

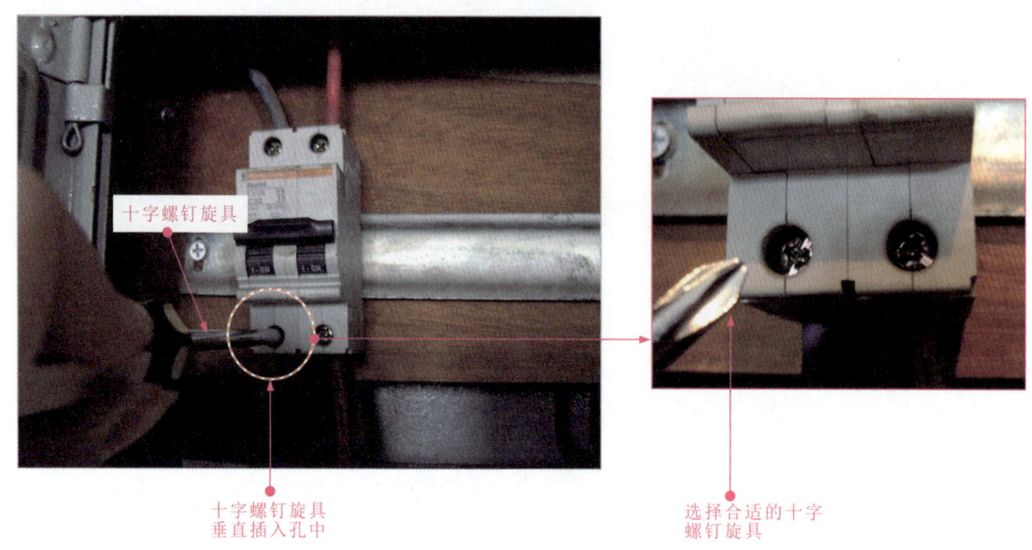

图 2-22 十字螺钉旋具的使用方法

提示说明

使用螺钉旋具时，没有对刀头进行选择，使用不合适的螺钉旋具拧螺钉时，会导致螺钉旋具的刀头受损或导致螺钉上的卡槽损坏，如图 2-23 所示。

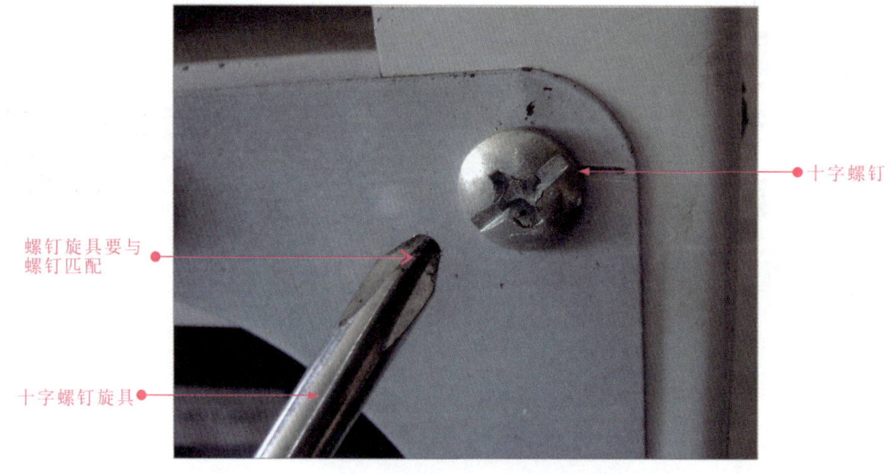

图 2-23 错误使用螺钉旋具

2.3 电工刀的特点与使用方法

2.3.1 认识电工刀

在电工操作中，电工刀是用于剥削导线和切割物体的工具。电工刀是由刀柄与刀片两部分组成的。电工刀的刀片一般可以收缩在刀柄中，有折叠式和收缩式，两种电工刀之间，只是样式有所不同，但其功能都相同，如图 2-24 所示。

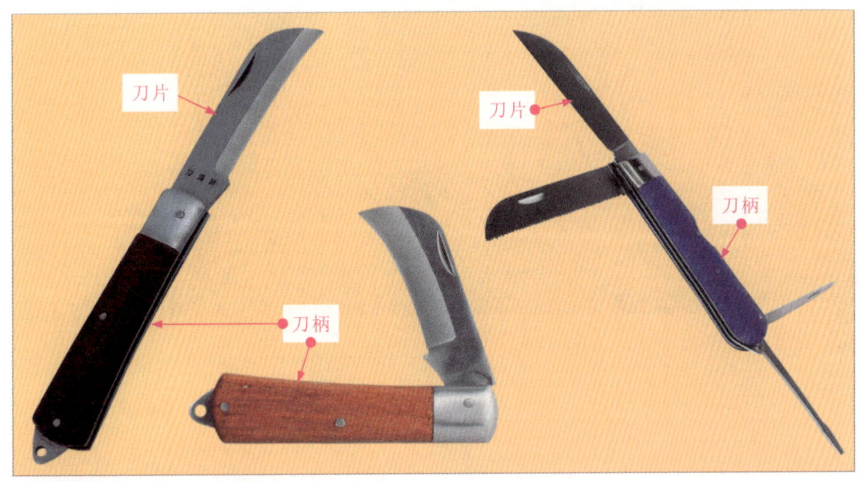

图 2-24 电工刀的种类

2.3.2 电工刀使用方法

在电工操作中，我们经常使用电工刀对导线等物品进行切割，规范地使用电工刀不仅可以保证导线等物品的正常使用，同时也保护了我们的自身安全。

在使用电工刀时，应当手握住电工刀的手柄，将刀片以 45° 角切入，不应把刀片垂直对着导线剥削绝缘层。使用电工刀削木榫、竹榫时，应当一手持木榫，电工刀同样以 45° 角切入，如图 2-25 所示。

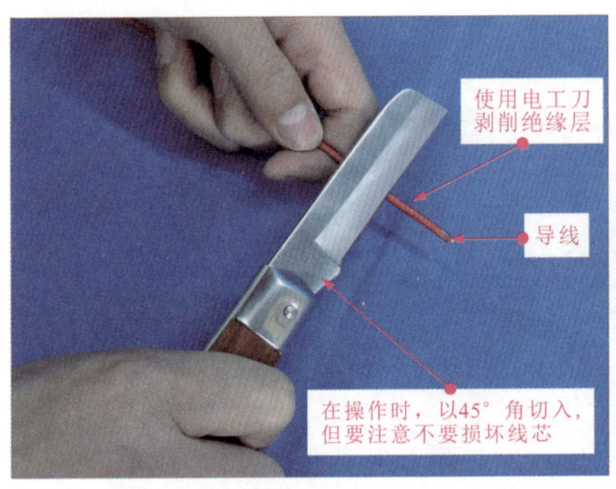

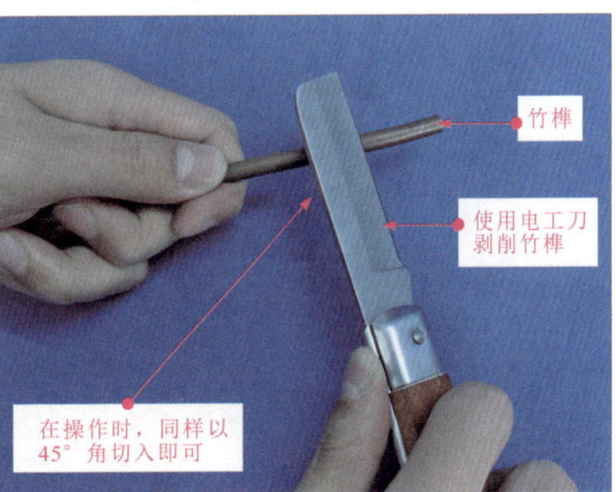

图 2-25 电工刀的使用方法

提示说明

有些学员在使用电工刀进行操作后，未将电工刀的刀片收入刀柄中，随意乱放，这种不好的习惯可能会给自己或他人的安全带来威胁，如图 2-26 所示。

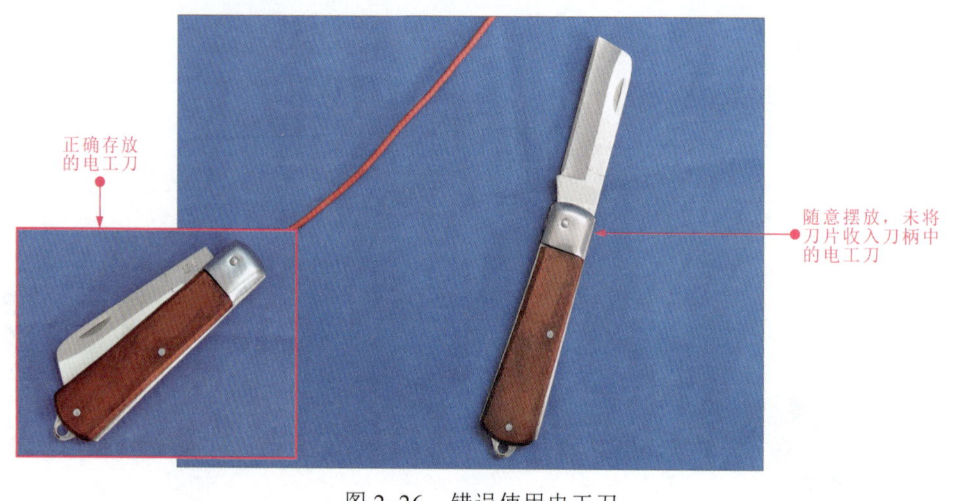

图 2-26 错误使用电工刀

2.4 扳手的特点与使用方法

2.4.1 认识扳手

在电工操作中，扳手常用于紧固和拆卸螺钉或螺母。在扳手的柄部一端或两端带有夹柄，用于施加外力。在日常操作中常使用的扳手有活口扳手和固定扳手等。

1 活口扳手

活口扳手是由扳口、蜗轮和手柄等组成。推动蜗轮时，即可调整，改变扳口的大小。活口扳手也有尺寸之分，尺寸较小的活口扳手可以用于狭小的空间，尺寸较大的活口扳手可以用于较大的螺钉和螺母的拆卸和紧固，如图 2-27 所示。

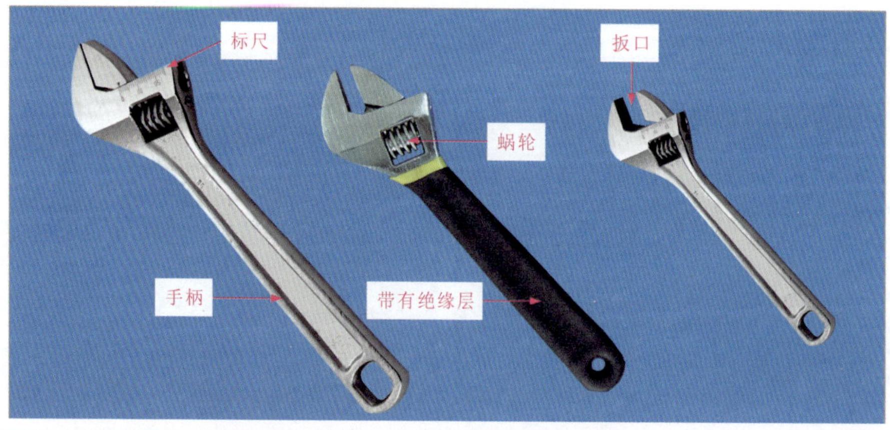

图 2-27 活口扳手的种类

2 固定扳手

（1）开口扳手。开口扳手的两端通常带有开口的夹柄，夹柄的大小与扳口的大小成正比。开口扳手上带有尺寸的标识，开口扳手的尺寸与螺母的尺寸是相对应的，如图 2-28 所示。

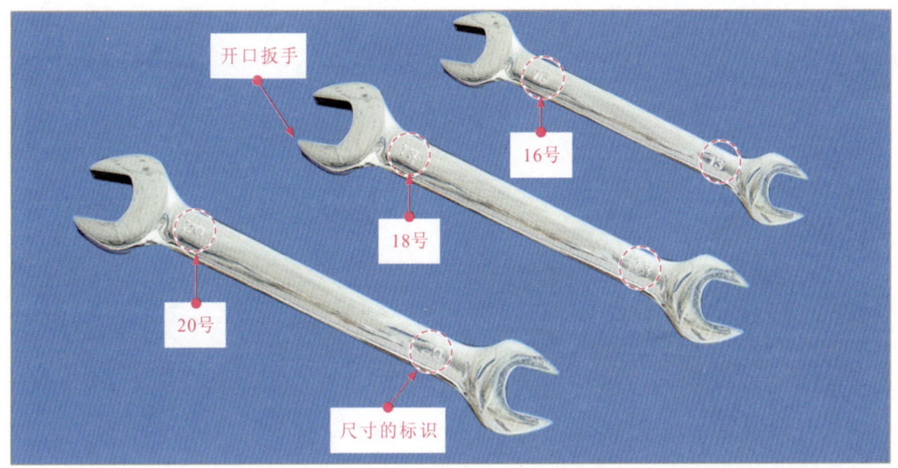

图 2-28　开口扳手的种类

开口扳手尺寸与螺母型号的对应关系，见表 2-1 所列。

表 2-1　开口扳手与螺母型号对应尺寸

开口扳手尺寸mm	7	8	10	14	17	19	22	24	27	32	35	41	45
螺母型号	M4	M5	M6	M8	M10	M12	M14	M16	M18	M22	M24	M27	M30

（2）梅花棘轮扳手。梅花棘轮扳手的两端通常带有环形的六角孔或十二角孔的工作端，适用于工作空间狭小，使用较为灵敏，如图 2-29 所示。梅花棘轮扳手工段端不可以进行改变，所以在使用中需要配置整套梅花棘轮扳手。

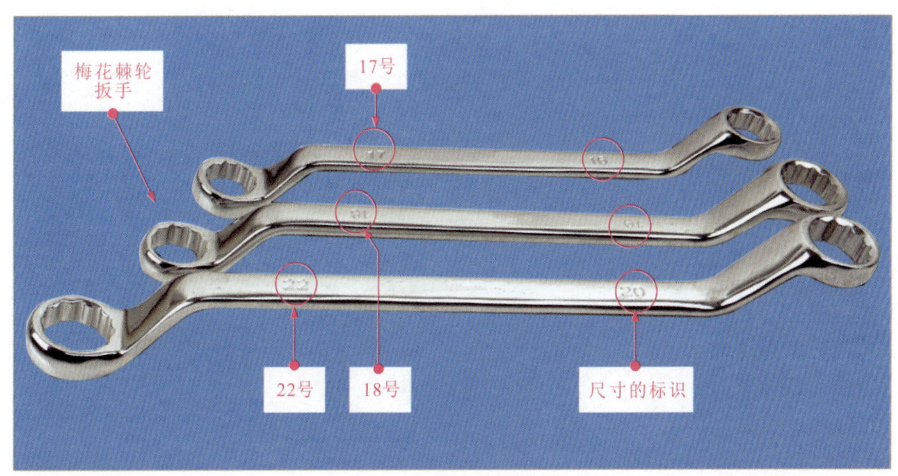

图 2-29　梅花棘轮扳手的种类

提示说明

现在已经有比较先进的电动梅花棘轮扳手，外形与梅花棘轮扳手相似，但其六角孔或十二角孔是嵌入扳手主体中的，并且有专门的控制开关，该控制开关可以控制十二角孔自己转动，使其可以自动将螺母紧固或拆卸，可以在狭小的环境中使用，并且不需要人工在推动扳手转动，如图 2-30 所示。

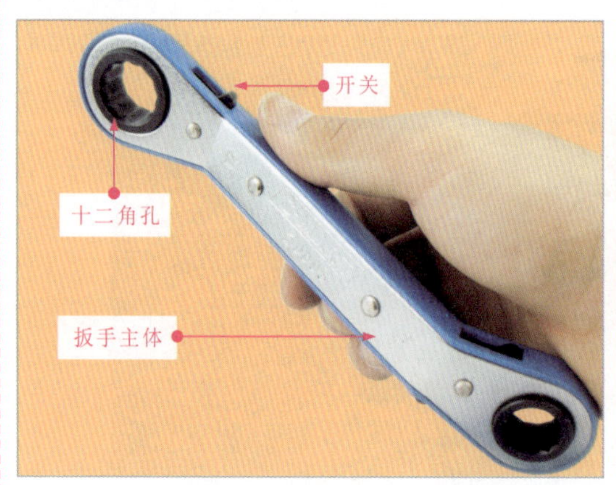

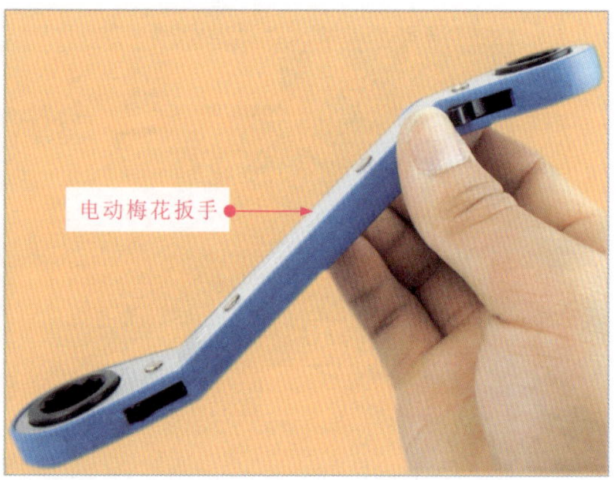

图 2-30 电动梅花棘轮扳手

2.4.2 扳手的使用方法

在电工操作中，正确规范的使用扳手是较为重要的。只有按照使用规范进行使用时，才能保证电工操作人员本身的安全以及电工设备的安全，下面，具体介绍活口扳手、固定扳手的使用方法。

1 活口扳手的使用

在使用活口扳手时，应当查看需要紧固和拆卸的螺母大小，然后将活口扳手卡住螺母，然后使用大拇指调节蜗轮，调节使扳口的大小确定。当其确定后，可以将手握住活口扳手的手柄，进行转动，如图 2-31 所示。

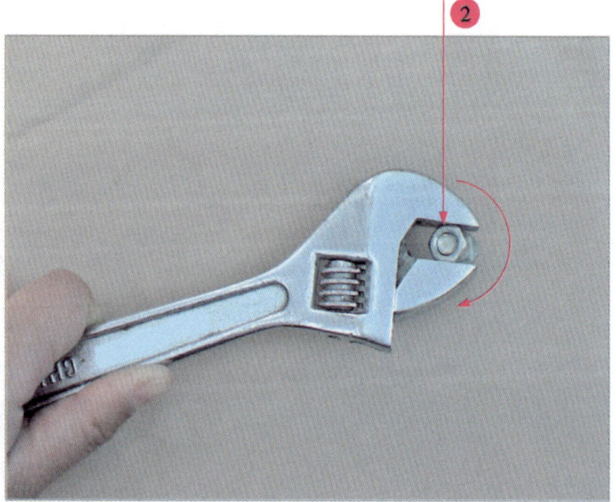

图 2-31 活口扳手的使用规范

提示说明

在电工操作中，不可以使用无绝缘层的扳手进行带电操作，因为扳手本身的金属体导电性强，可能导致工作人员触电。

2 固定扳手的使用

规范的使用开口扳手。在使用开口扳手时，开口扳手只能用于与其卡口相对应的螺母，使用开口扳手夹柄夹住需要紧固或拆卸的螺母，用手握住手柄，与螺母成水平状态，转动开口扳手的手柄，如图 2-32 所示。

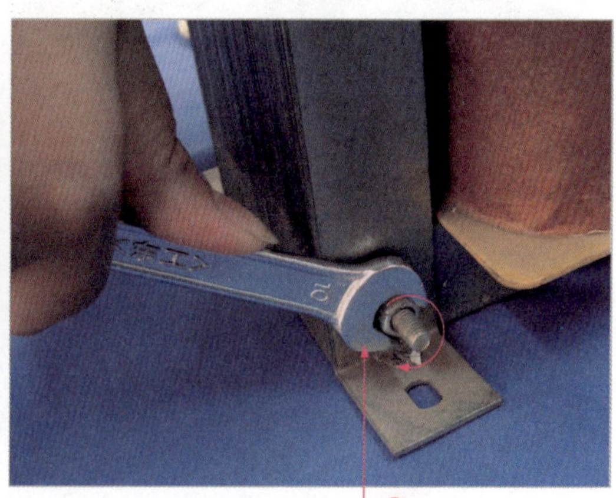

图 2-32 开口扳手的使用规范

提示说明

将开口扳手垂直于螺母，转动开口扳手手柄，这样会导致开口扳手无法拧动螺母，可能会导致螺母损坏，如图 2-33 所示。

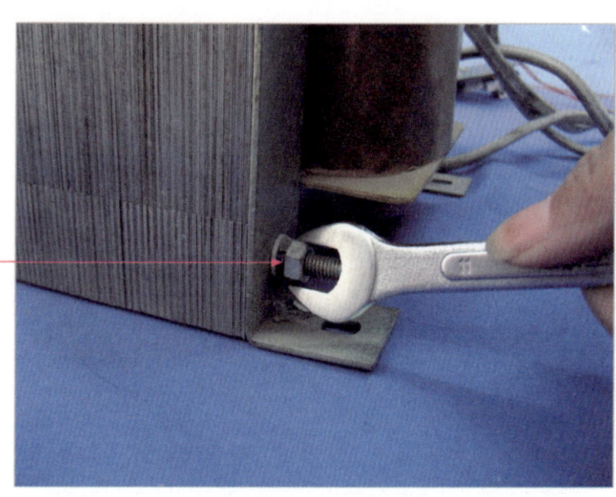

图 2-33 错误使用开口扳手

3 梅花棘轮板手的使用

在使用梅花棘轮扳手时，也应先查看螺母的尺寸，选择合适尺寸的梅花棘轮扳手。然后将梅花棘轮扳手的环孔套在螺母外，转动梅花棘轮扳手的手柄即可， 如图 3-34 所示。

图 2-34　梅花棘轮扳手的使用规范

2.5　管路加工工具的特点与使用方法

2.5.1　认识管路加工工具

在电工操作中，管路加工工具是用于对管路进行加工处理的工具。电工操作中，常常需要将管路进行切割或将管路弯曲，所以常会使用到切管器和弯管器。

1 切管器

切管器是管路切割的工具，比较常见的旋转式切管器和手握式切管器，多用于切割导线敷设的 PVC 管路，旋转式切管器可以调节切口的大小，适用于切割较细管路；手握式切管器适合切除较粗的管路，如图 2-35 所示。

2 弯管器

弯管器是将管路弯曲加工的工具，主要用来弯曲 PVC 管与钢管等。在电工操作中常见的弯管器可以分为手动弯管器和电动弯管器等，如图 2-36 所示。

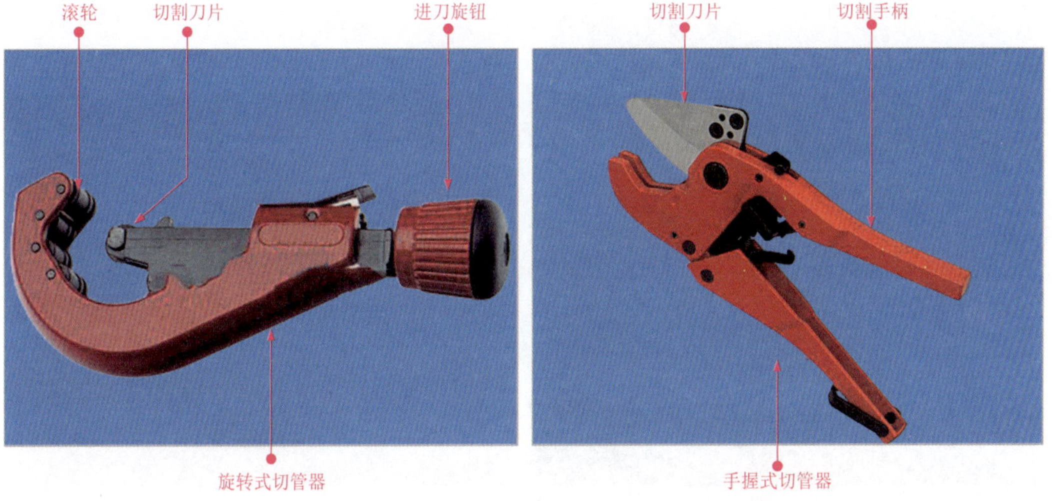

图 2-35 切管器的种类

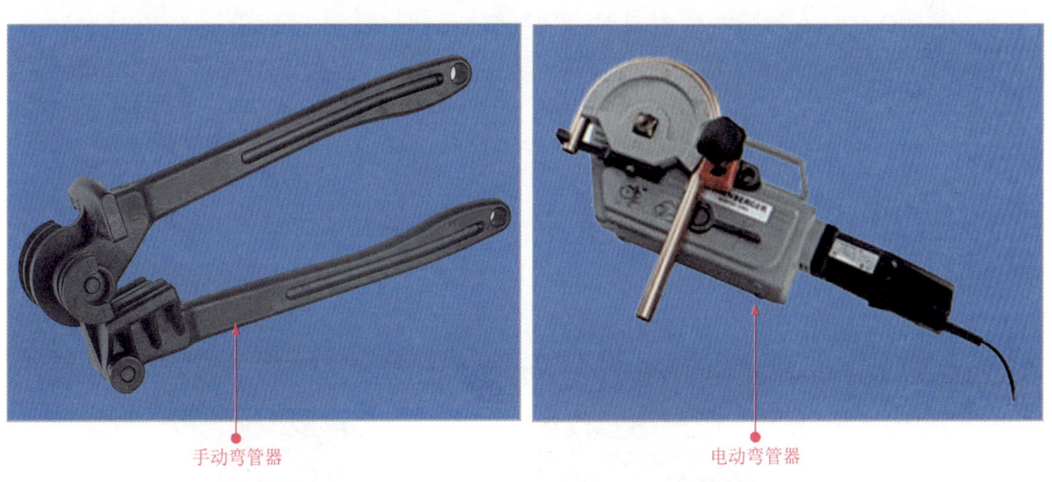

图 2-36 弯管器的种类

2.5.2 管路加工工具的使用方法

切管器和弯管器的使用规范十分重要，只有按照使用规范，正确进行操作才能保证管路的完整并达到预期的处理效果。

1 切管器的使用方法

（1）旋转式切管器。在使用旋转时切管器时，应当将管路加在切割刀片与滚轮之间，旋转进刀旋钮使刀片夹紧管路，垂直顺时针旋转切管器，直至管路切断即可，如图 2-37 所示。

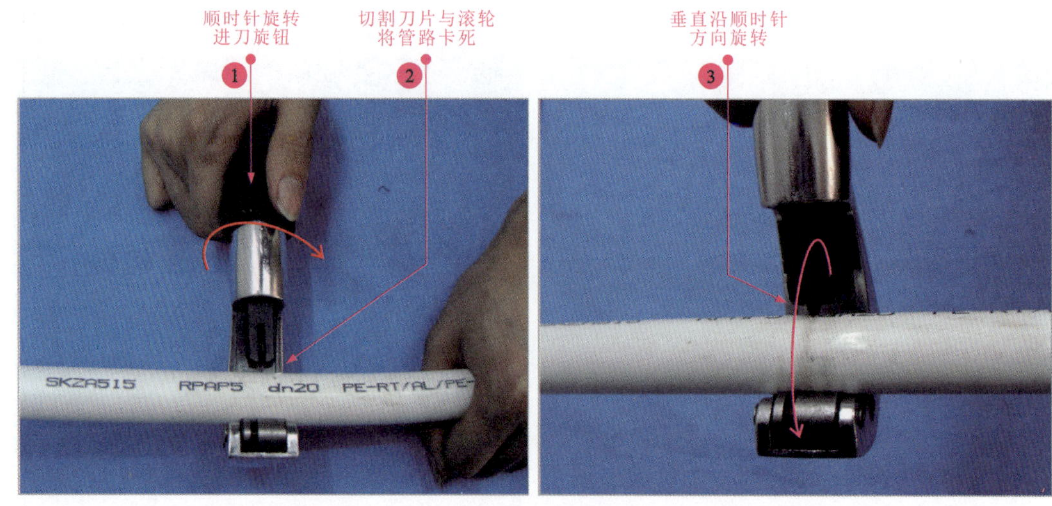

图 2-37 旋转式切管器的使用方法

（2）手握式切管器。在使用手握式切管器时，将需要切割的管路放置到切管器的管口中，调节至管路需要切割的位置。在调节位置时，应确保管路水平或垂直，若放置切割后的管口出现歪斜，应多次按压切管器的手柄，直至管路切断，如图 2-38 所示。

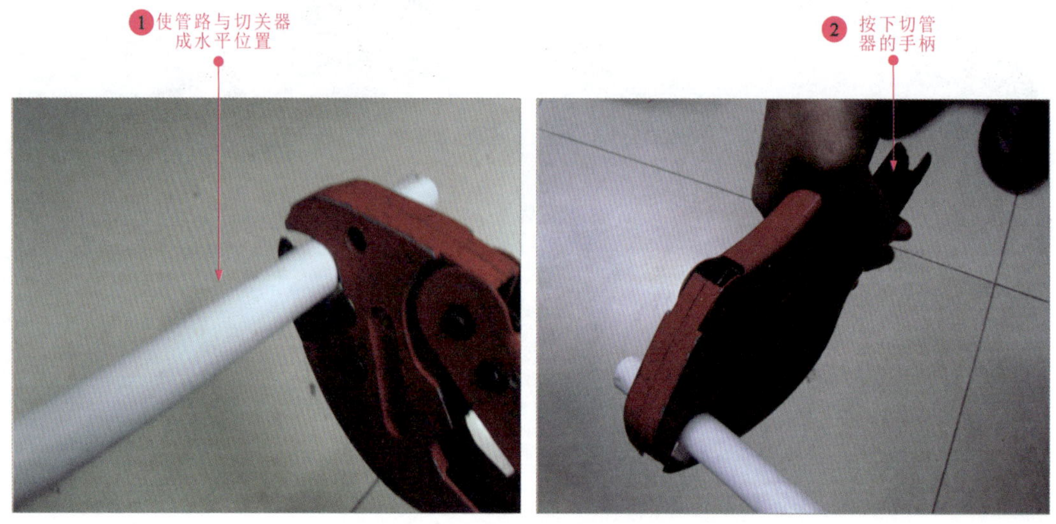

图 2-38 手握式切管器的使用方法

2 弯管器的使用方法

（1）手动弯管器。在使用手动弯管器时，应当查看管需要弯管的角度，将弯管器的手柄打开，然后将需要加工的管路放入弯管器中，一只手握住弯管器的手柄，另一只手握住弯管器的压柄，向内用力弯压。在弯管器上带有角度标识，当直至需要的角度后，松开压柄，即可将加工后的管路取出，如图 2-39 所示。

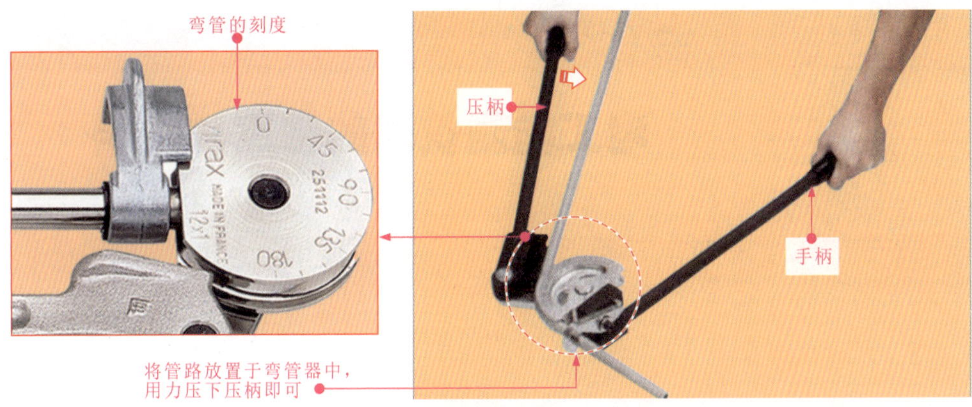

图 2-39 普通弯管器的使用规范

（2）电动弯管器。在使用电动弯管器时，应先观察需要弯管的角度，将合适角度的弯管轮更换至弯管器上，然后将管路固定在弯管器上，按下弯管器的弯管按钮，即可完成弯管工作，如图 2-40 所示。

图 2-40 电动弯管器的使用方法

提示说明

现在使用较为广泛的电动弯管器中，液压型电动弯管器是使用较为广泛的弯管器，它与电动弯管器相似，同样有不同的弯管轮，用于弯制不同角度的管路，但其不同的时利用液压为动力，使其可以对管路进行弯压，如图 2-41 所示。

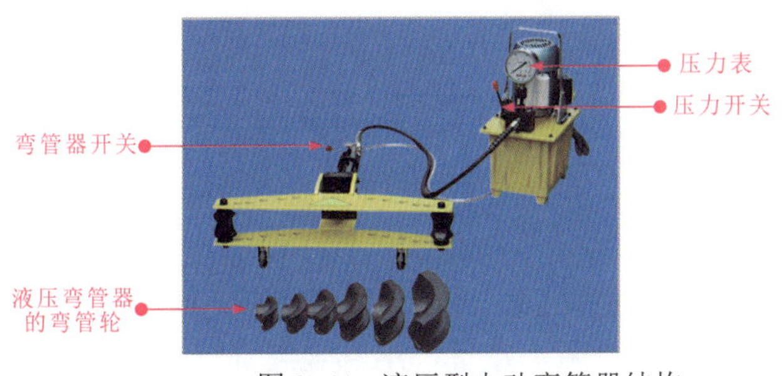

图 2-41 液压型电动弯管器结构

第 3 章　电工检测仪表的特点与使用

3.1　验电器的特点与使用方法

3.1.1　认识验电器

验电器是电工工作中常常使用的检测仪表之一，用于检测线导线和电气设备是否带电的检测工具。

在电工操作中，验电器可以分为高压验电器和低压验电器两种。

1　高压验电器

图 3-1 所示为高压验电器。高压验电器多用检测 500 V 以上的高压，高压验电器还可以分为接触式高压验电器和非接触式（感应式）高压验电器。接触式高压验电器是由手柄、金属感应探头、指示灯等构成；非接触式高压验电器是由手柄、感应测试端、开关按钮、指示灯或扬声器等构成。

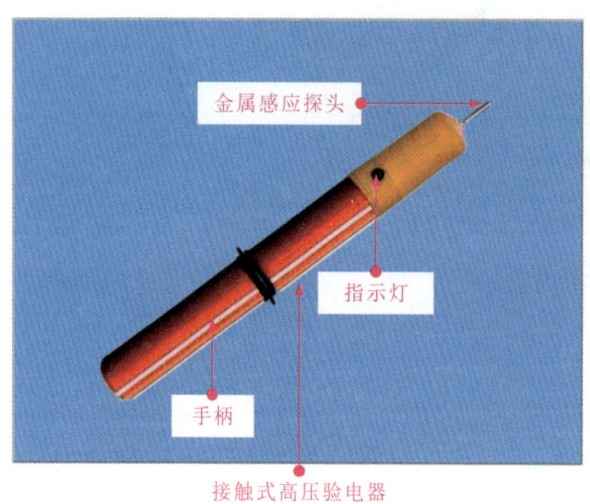

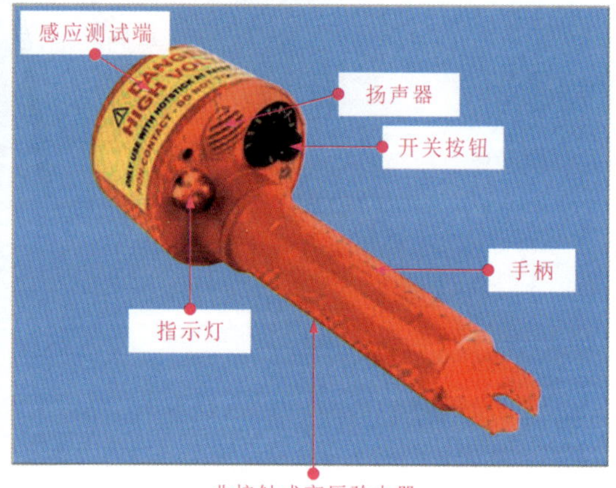

图 3-1　高压验电器的种类特点

2　低压验电器

低压验电器多用于检测 12 ～ 500 V 的低压，低压验电器的外形较小，便于携带，多设计为螺丝刀形或钢笔形，低压验电器可以分为低压氖管验电器与低压电子验电器。低压氖管验电器是由金属探头、电阻、氖管、尾部金属部分以及弹簧等构成；低压电子验电器是由金属探头、指示灯、显示屏、按钮等构成。图 3-2 所示为低压验电器。

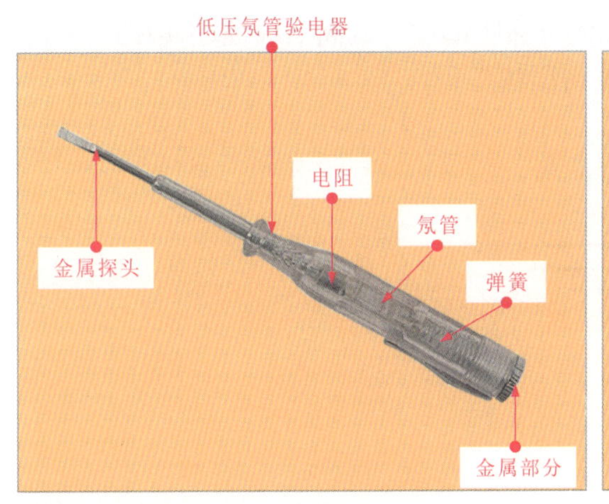

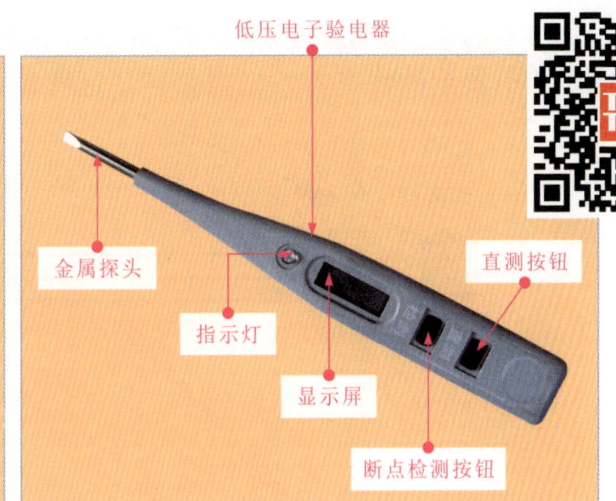

图 3-2 低压验电器的种类

提示说明

目前，市场还有比较新型的感应式低压验电器。它的功能和使用方法与低压电子验电器的使用规范方法基本相同，如图 3-3 所示。

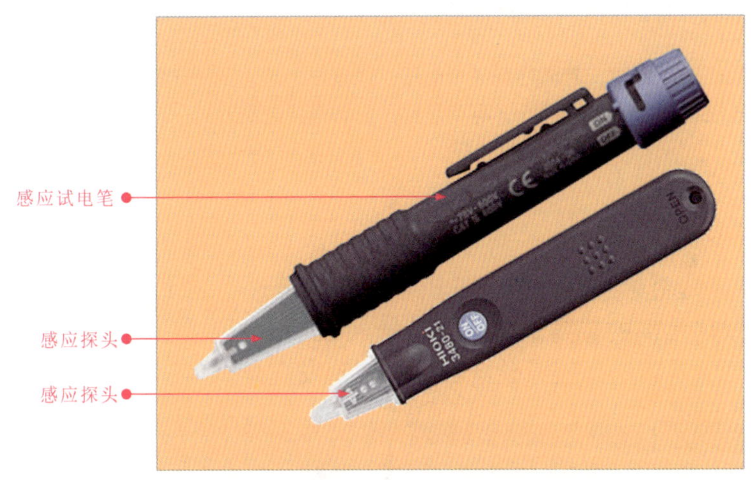

图 3-3 感应式低压验电器

3.1.2 验电器的使用方法

在电工的操作中，利用验电器进行检测时，只有在严格遵守验电器的操作规范的基础上，才能保证电工操作人员本身的安全以及检测工具的安全，否则可能导致检测工具发生损坏，还会导致被检测的电气设备发生故障，严重时还可能发生触电事故，危及电工操作人员的人身安全。

1 高压验电器

在使用高压验电器时，高压验电器的手柄长度不够时，可以使用绝缘物体延长手柄，应用佩戴绝缘手套的手去握住高压验电器的手柄，不可以将手越过护环，再将高压验电器的金属探头接触待测高压线缆，或使用感应部位靠近高压线缆，如图 3-4 所示，高压验电器上的蜂鸣器发出报警声，证明该高压线缆正常。

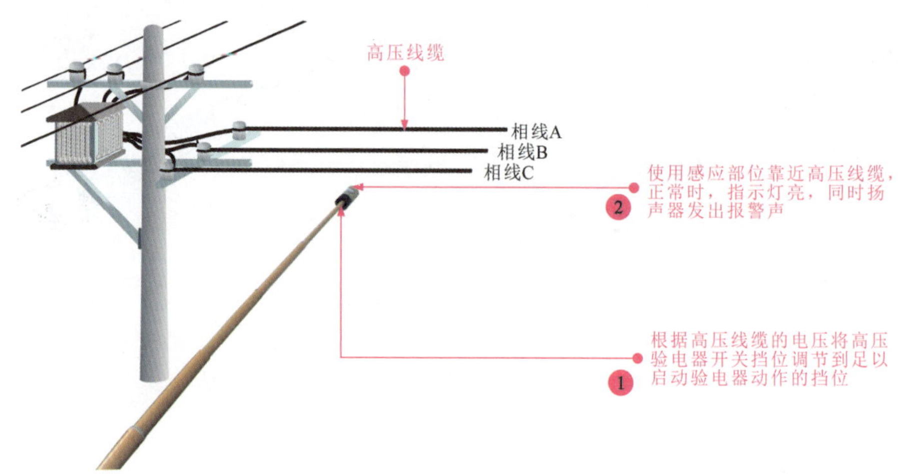

图 3-4 高压验电器的使用方法

提示说明

使用高压非接触式验电器时，若需检测某个电压，该电压必须达到所选挡位的启动电压，非接触高压验电器越靠近高压线缆，启动电压越低，距离越远，启动电压越高。

2 低压验电器

（1）检测插座是否带电。在使用低压氖管验电器时，应使用一只手握住氖管低压验电器，大拇指按住尾部的金属部分，将其插入 220V 电源插座的相线孔中，如图 3-5 所示，正常时，可以看到低压氖管验电器中的氖管发亮光，证明该电源插座带电。

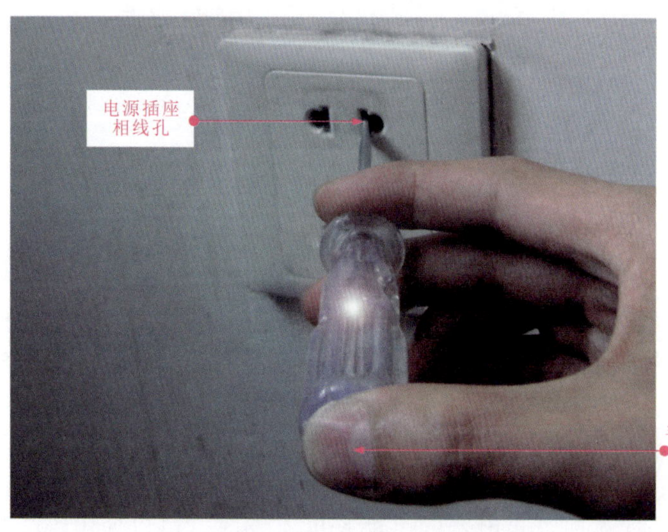

图 3-5 低压氖管验电器的使用方法

提示说明

在使用低压氖管验电器检测时，未将拇指接触低压氖管验电器的尾部金属部分，氖管不亮，无法正确判断该电源是否带电。在检测时，也不可以用手触摸低压氖管验电器的金属检测端，这样会造成触电事故的发生，对人体造成伤害，如图 3-6 所示。

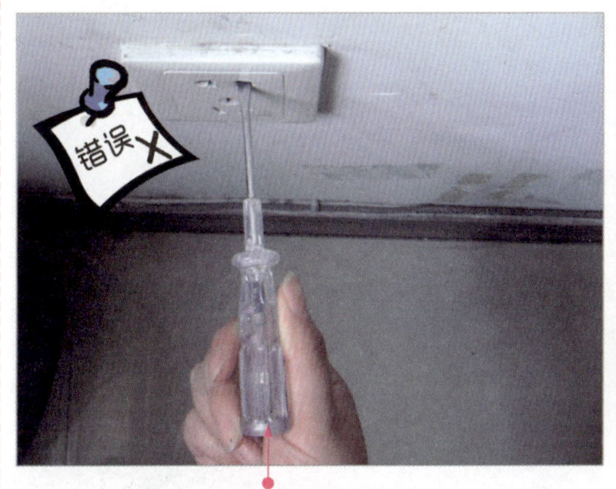

图 3-6 低压氖管验电器的错误使用

（2）区分相线、中性线。使用低压电子验电器时，可以按住电子试电笔上的“直测按钮”，将其插入相线孔时，低压电子验电器的显示屏上即会显示出测量的电压，指示灯亮；当其插入中性线孔时，低压电子验电器的显示屏上无电压显示，指示灯不亮，如图 3-7 所示。

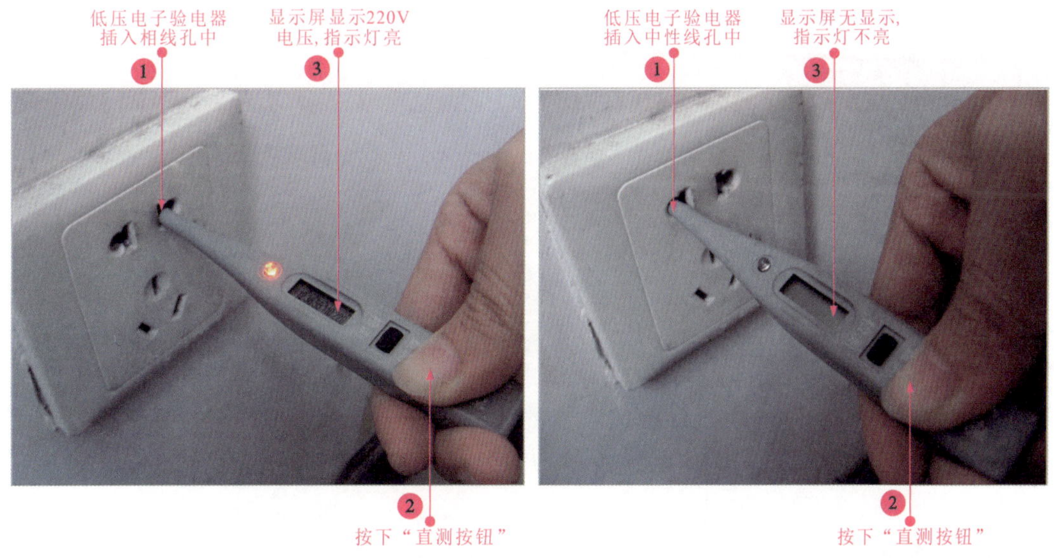

图 3-7 低压电子验电器的使用方法

（3）检测线缆中是否存在断点。低压电子验电器还可以用于检测线缆中是否存在断点，将待测线缆连接在相线上。说明该点为线缆的断点，如图 3-8 所示。

按下低压电子验电器上的“检测按钮”，将低压电子验电器的金属探头靠近线缆，进行移动，显示屏上会出现“ϟ”时说明该段线缆正常，当低压电子验电器检测的地方“ϟ”标识消失，表明该部位有断路情况。

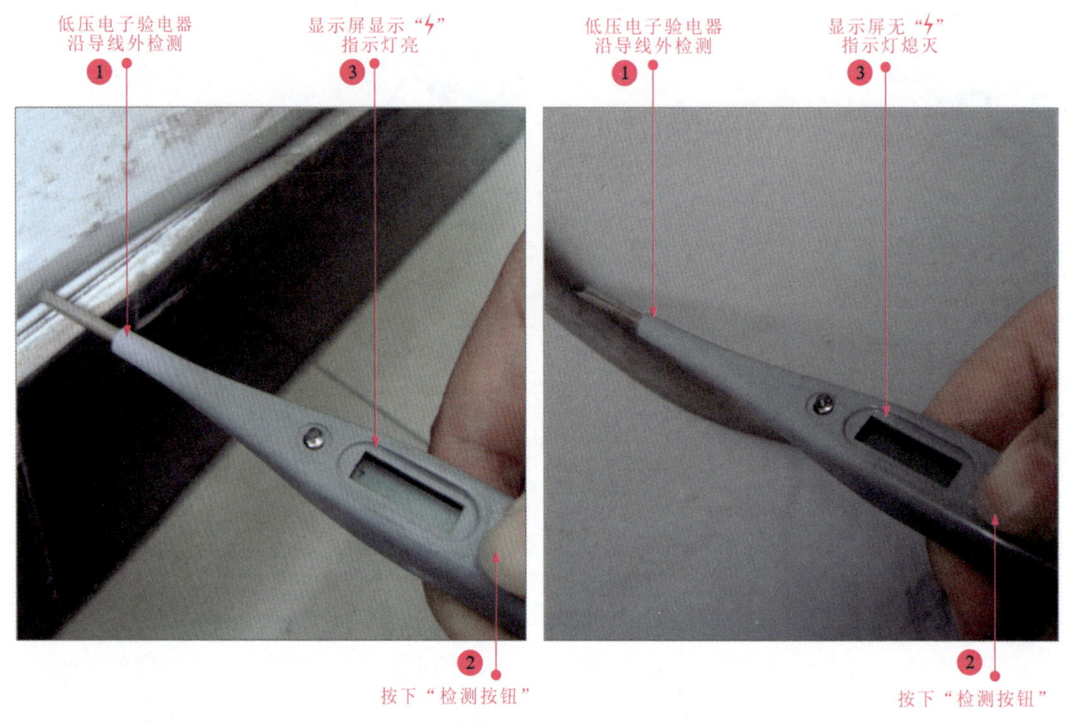

图 3-8 使用电子验电器检测断点

3.2 万用表的特点与使用方法

3.2.1 认识万用表

万用表是一种多功能、多量程的便携式检测工具，主要用于电气设备、供配电设备以及电动机的检测工作。一般的万用表具备直流电流、交流电流、直流电压、交流电压和电阻值等检测挡位，还有一些万用表的功能更强大，可以测量三极管的放大倍数、信号频率、电感和电容器的值以及放大器的放大量（分贝值：dB）等。万用表是电工工作中常用的检测仪表，万用表通常可分为指针式万用表和数字式万用表。

1 指针式万用表

指针式万用表又称为模拟万用表，响应速度较快，内阻较小，但测量精度较低。它是由指针刻度盘、功能旋钮、表头校正钮、零欧姆调节旋钮、表笔连接端、表笔等构成。图 3-9 所示为指针式万用表的实物外形。

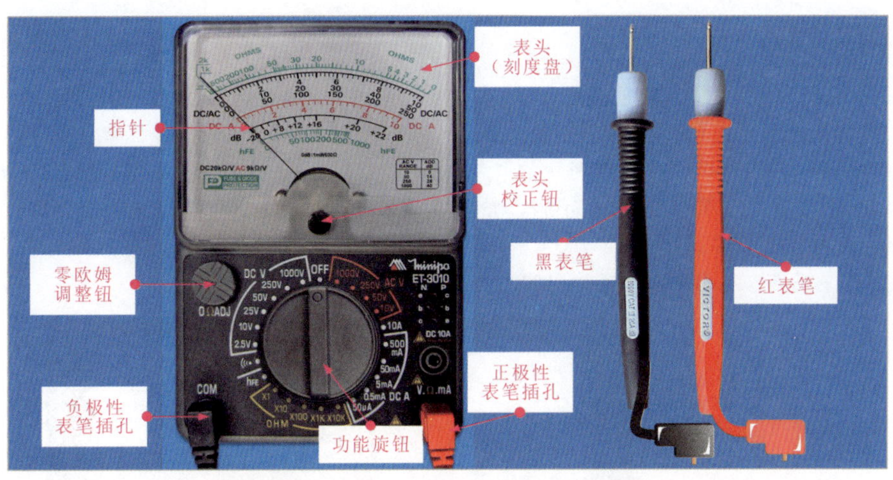

图 3-9 指针式万用表的实物外形

提示说明

若对电路中的电流和电压进行检测时，无法得知待测电压和电流的大小时，应将指针式万用表的量程调整为最大挡位，这样可避免待测电流或电压过大导致万用表损坏。

图 3-10 所示为指针式万用表的量程旋钮和连接插孔，当量程旋钮调至“OFF”挡为关闭挡；当量程旋钮调整至“DC V”区域中的挡位中，表示检测直流电压；当量程旋钮调整至“AC V”区域中的挡位中，表示检测交流电压；当量程旋钮调整至“•))”挡时，表示检测通断测试；当量程旋钮调整至“h_{FE}”挡时，表示检测晶体管放大倍数；当量程旋钮调至“OHM”挡，表示检测电阻值；当量程旋钮调制“DC A”挡，表示检测直流电流（0～500mA）；当量程旋钮调制至“10A”挡，表示检测 0.5～10A 以下的直流电流。指针式万用表共有三类连接插孔：公共端“COM”表示负极用于连接黑表笔，“V. Ω. mA”表示检测电压、电阻以及毫安级电流的连接插孔，连接红表笔；“DC 10A”表示检测 10A 以内的大电流使用的插孔，连接红表笔。

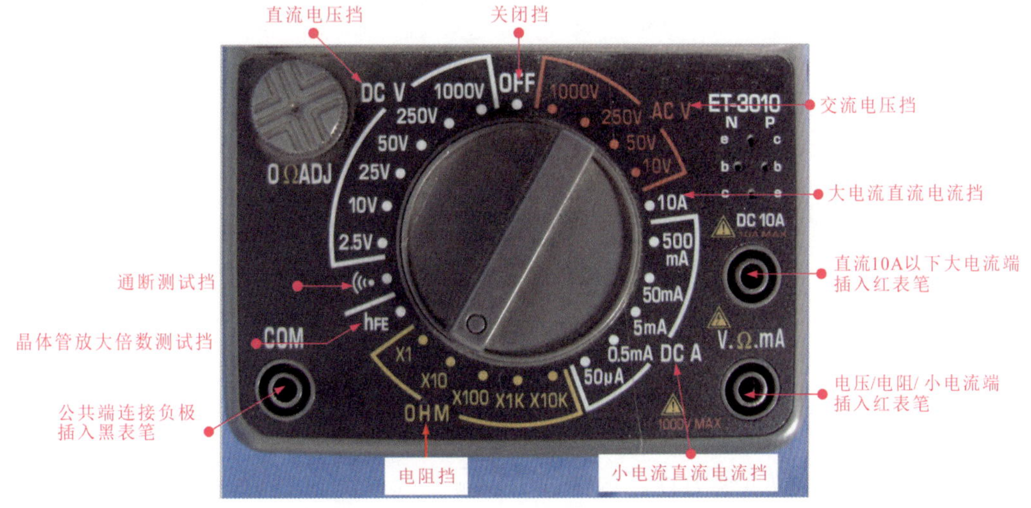

图 3-10 指针式万用表的量程旋钮和连接插孔

提示说明

图 3-11 所示为指针式万用表的刻度盘与指针。刻度盘可以分为电阻刻度线，电阻刻度值分布从右到左，刻度线最右侧为 0，最左侧为无穷大；交流 / 直流电压刻度线，在其上端标有"DC/AC"，刻度值分布从左到右，左端为 0，右端为可检测的最大数值；直流电流测试刻度线，在其上端标有"DC A"，刻度值从左到右分布，左端为 0，右端为可检测的最大直流电流；分贝数刻度线，在其上端标有"dB"，刻度线的左端为"-20"右端为"+22"表示量程范围；晶体管放大倍数刻度线，在其上端标有"hFE"，刻度值由左至右分布，左端为 0，右端为 1000。

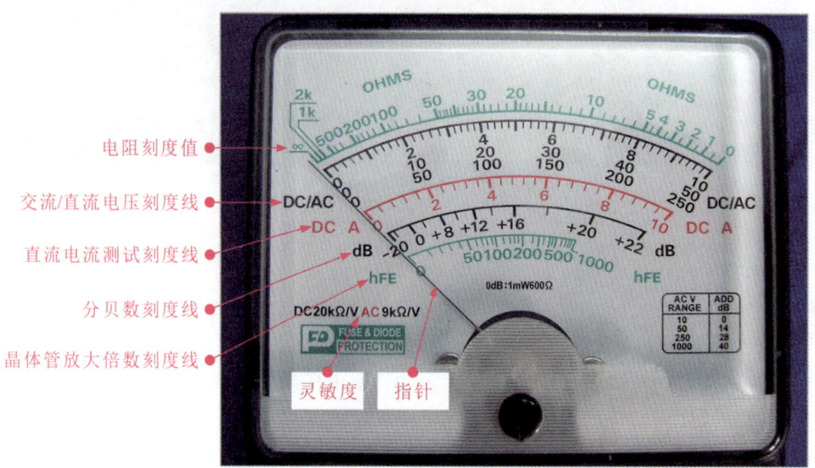

图 3-11 刻度盘与指针外形

指针式万用表检测时的直流电压、交流电压、直流电流、晶体管放大倍数以及低频电压（分贝数）等最大刻度数值见表 3-1。

表 3-1 典型指针式万用表的最大刻度值

测量项目	最大刻度值
直流电压（V）	2.5、10、25、50、250、1000
交流电压（V）	10、50、250、1000
直流电流	50μA、0.5 mA、5 mA、50 mA、500 mA、10A
低频电压（分贝，数dB）	−20～+22（AC 10 V范围）
	−6～+36（AC 50 V范围）
	8～+50（AC 250 V范围）
	20～+62（AC 100 V范围）
晶体管放大倍数	0～1000

2 数字式万用表

数字式万用表读数直观方便，内阻较大，测量精度高。它是由液晶显示屏、量程旋钮、表笔接端、电源按键、峰值保持按键、背光灯按键、交 / 直流切断键等构成。图 3-12 所示为数字式万用表的实物外形。

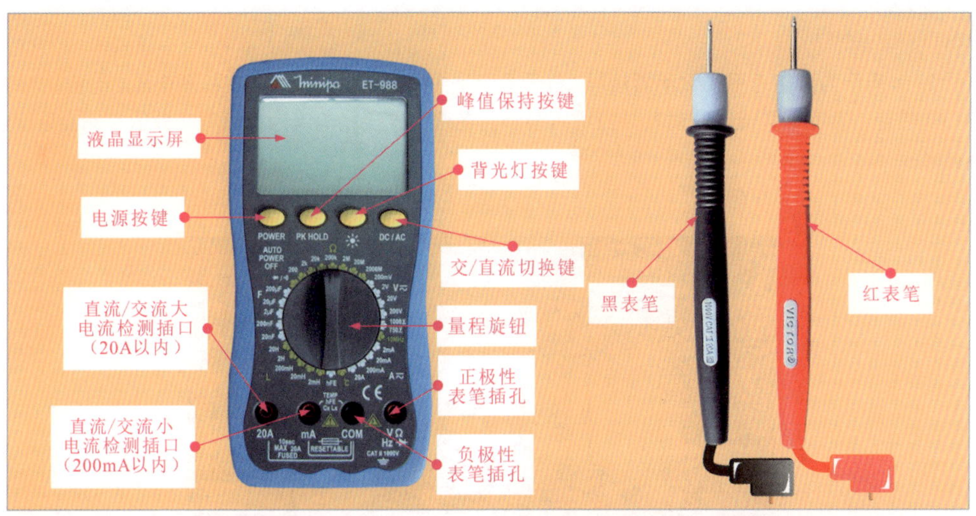

图 3-12 数字式万用表的实物外形

提示说明

图 3-13 所示为数字式万用表的量程旋钮，“—▶|—/•))”挡表示检测二极管以及通断测试；“Ω”区域中的挡位，表示检测电阻值；“V”区域中的挡位中，表示检测电压；“10MHz”挡，表示检测频率；“℃”挡，表示检测温度；“hFE”挡时，表示检测晶体管放大倍数；“L”挡，表示检测电感量；“F”挡，表示检测电容量。数字式万用表共有四个连接插孔：公共端“COM”，表示负极用于连接黑表笔；“20A”电流端，用于检测 20A 以下的电流检测，连接红表笔；“mA”电流端，用于检测 200mA 以下的电流检测，连接红表笔；“V Ω Hz”端为电阻、电压、频率和二极管检测插孔，连接红表笔。

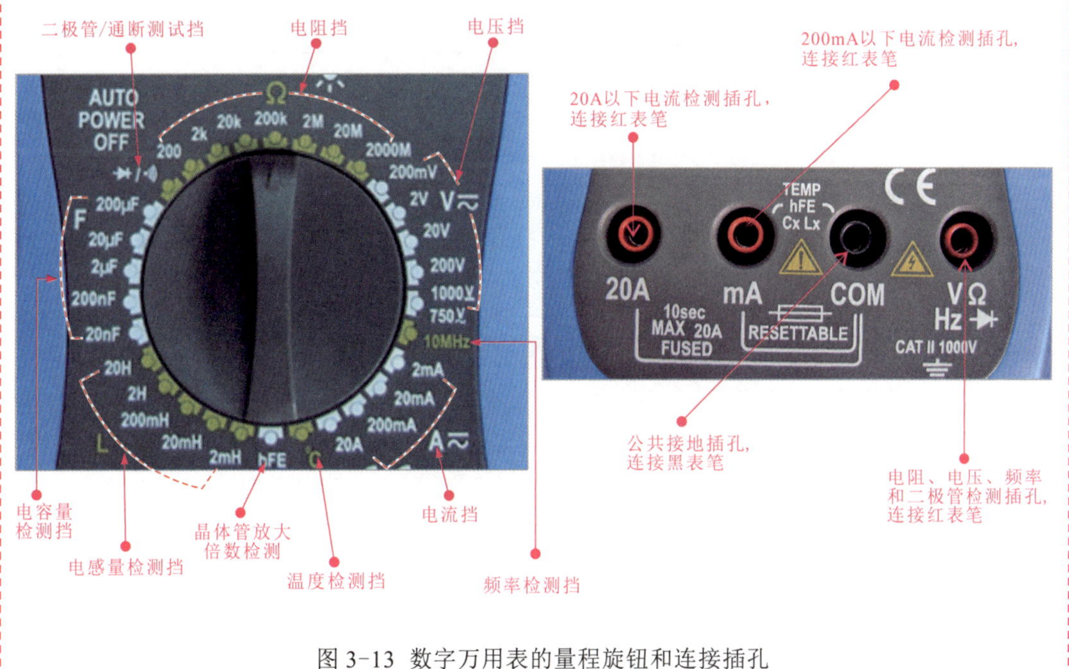

图 3-13 数字万用表的量程旋钮和连接插孔

提示说明

图 3-14 所示为数字万用的数字显示屏，位于显示屏中间的为检测数值；在检测电压、电流、电容量、频率、电感量、温度等数值时，对其单位进行显示；在检测电压和电流为负值时，数值左侧会显示负极的标识。

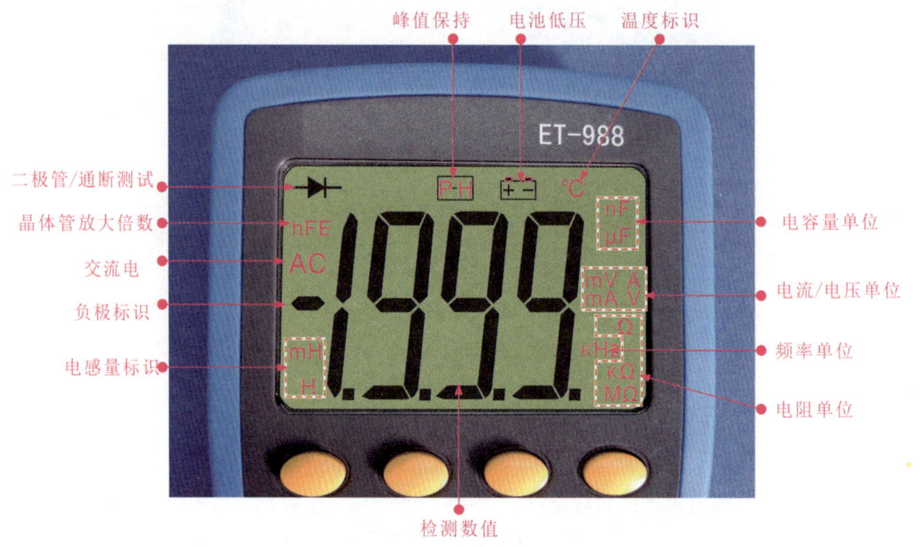

图 3-14　数字显示屏

表 3-2 所列为数字显示屏显示符号的意义。

表 3-2　数字显示屏显示符号的意义

符号	说明
℃	进行温度检测时的标识符号
[+ -]	电池电量低时进行显示提示
[P-H]	峰值保持（锁定检测数值）
mH H	电感量标识以及单位
mV A mA V	电流、电压的标识以及单位
nF μF	电容标识以及电容量单位
Ω kΩ MΩ	电阻标识以及电阻值单位
▶|	二极管测试挡/通断测试挡的标识
▬	负极性标识
1.9.9.9	检测数值
AC	交流标识符号
hFE	晶体管放的倍数的标识
kHz	频率检测的表示以及单位

提示说明

电工操作中常常会使用电流表和电压表，用于测量电流量和电压量。目前，电流表和电压表已经成为指示性的测量仪表，电流表常采用串联与电路进行连接，电压表常采用并联与电路进行连接。不止是万用表可以检测电流和电压，也可以使用专用的电流表和电压表进行检测，如图 3-15 所示为电流表在控制箱上的安装外形

控制箱上。

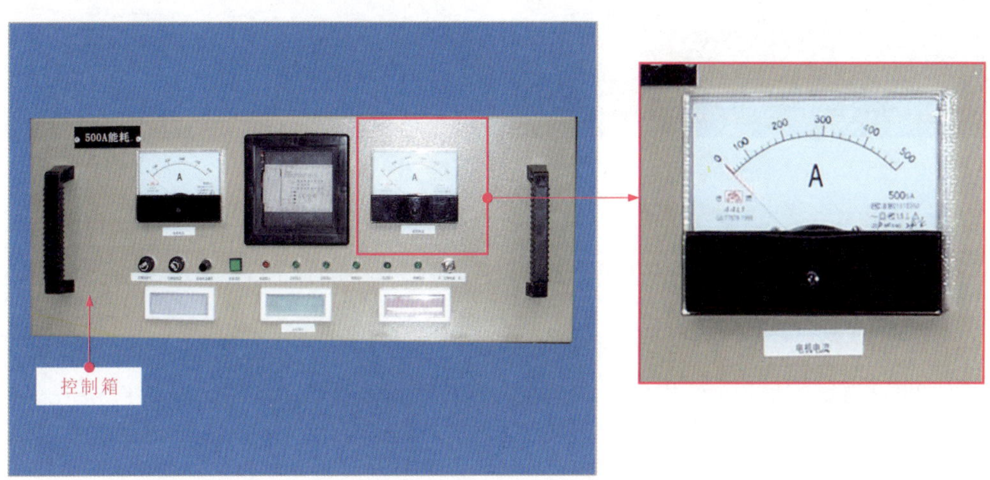

图 3-15　电流表在控制箱上的安装外形

3.2.2　万用表的使用方法

利用万用表进行检测时，要严格按照万用表的操作规范进行使用，也必须遵守万用表使用的注意事项。这样才可以保证万用表本身不受损坏，也可以保证万用表检测的电气设备等不受损坏，并且可以保证操作人员的人身安全。

1　指针式万用表

在电工操作中，通常可使用指针式万用表对电路的电流、电压、电阻进行测试，在使用不同的挡位进行检测时，应当严格遵守操作规范。

（1）使用指针式万用表检测电压的方法。指针式万用表的电压挡可以分为直流电压与交流电压，分别对两种电压进行检测。

1） 检查待测设备的额定电压。在使用指针式万用表检测被测设备或电路的电压值时，应当先估计一下其电压的范围和极性再选择量程，如果不能估计电压值则应选择大电压量程，进行检测，然后再逐步改变量程。防止高压损坏万用表。

2） 调整指针式万用表挡位和连接检测表笔。例如检测一个 6 ～ 9 V 的电池电压，将指针式万用表的挡位调整为“DC 10 V”，并将黑表笔插入指针式万用表公共端“COM”孔中，将红表笔插入指针式万用表 “V. Ω .mA” 孔中，如图 3-16 所示。

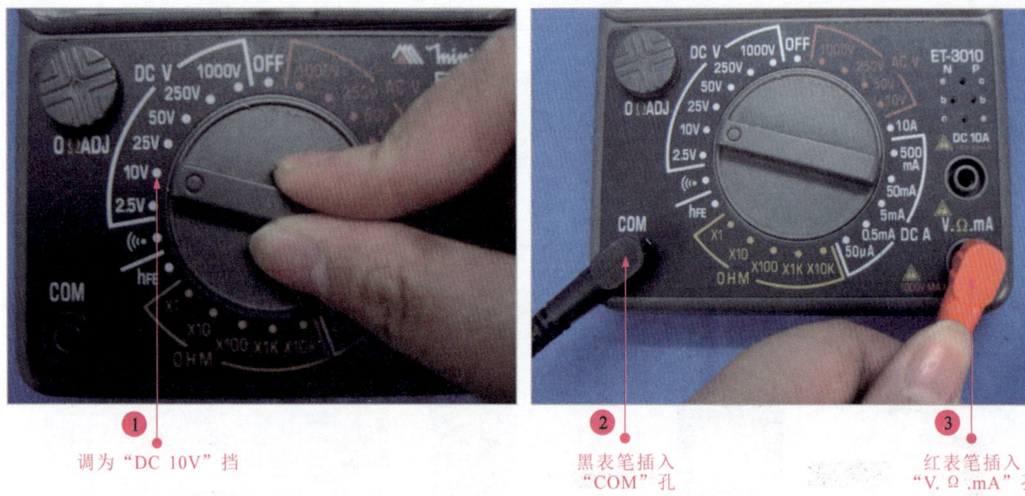

图 3-16 调整万用表挡位并连接表笔

提示说明

若待测电压可能会达到 1000V 左右时，则电工人员应当佩戴绝缘手套，并且选择单手持高压探头进行检测。普通表笔的引线绝缘性能无法承受 1000V 左右的高压，所以应选择高压探头进行检测，高压探头可以分为直流和交流两种，但从外形无法进行区分，只能通过标识区分，如图 3-17 所示。

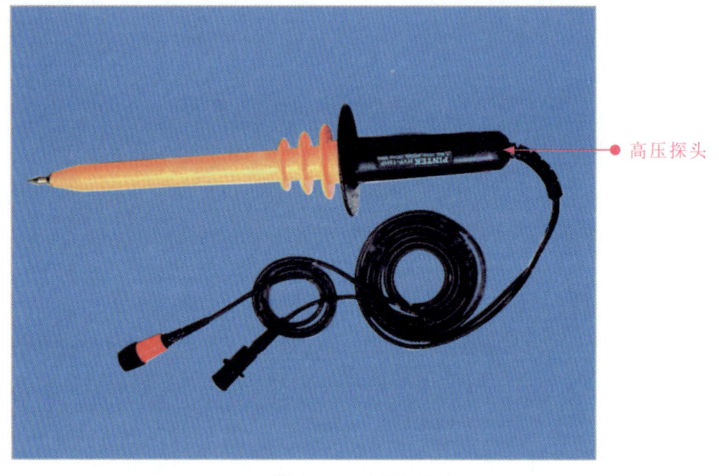

图 3-17 高压探头

3）指针式万用表测量电压。当调整好指针式万用表的挡位并连好检测表笔后，应将指针式万用表水平放置在桌子上，将黑表笔接到电池的负极端，将红表笔接到电池的正极端，如图 3-18 所示。此时可根据表盘的刻度读取指针式万用表上的读数。

提示说明

在使用指针式万用表测量电压时，若检测中，指针万用表的指针向反方向偏转时，应立即停止检测，表明极性不对，应调换表笔。

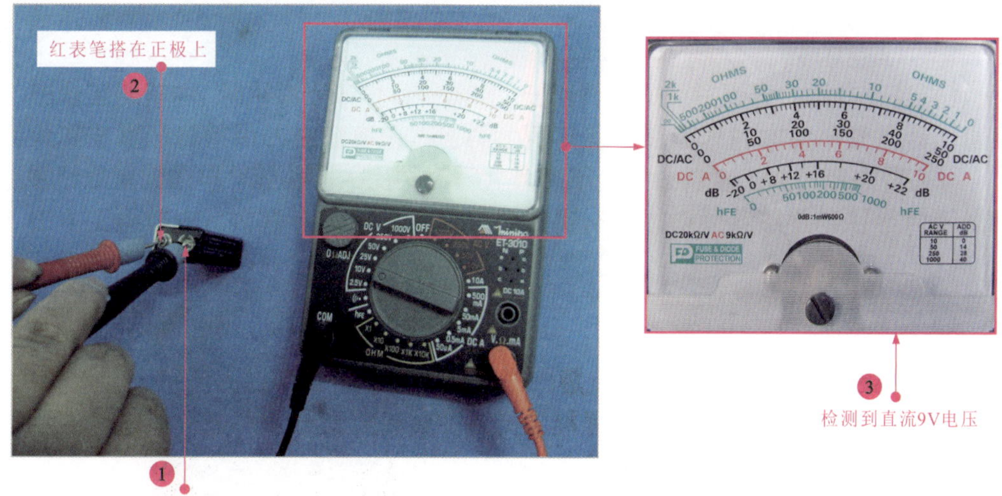

图 3-18　指针式万用表测量电压

（2）指针式万用表检测电流的方法。指针式万用表可以通过与电路串联，检测直流电流，当电流量在 500 mA 以下时，可以使用万用表的“DC A”小电流直流挡，当电流量超过 500 mA 小于 10 A 时，可以使用专用的“10 A”大电流挡进行检测。

1） 调整指针式万用表挡位和连接表笔。将指针式万用表的挡位调整为“50 mA”挡，并将黑表笔插入指针式万用表公共端“COM”孔中，将红表笔插入指针式万用表“V. Ω .mA”孔中，如图 3-19 所示。

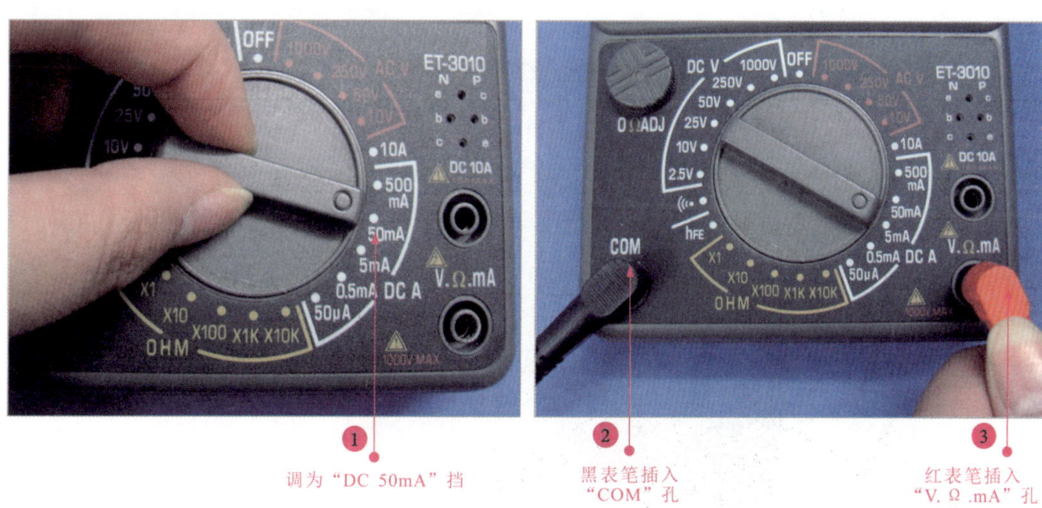

图 3-19　调整万用表挡位并连接表笔

提示说明

有些指针式万用表只具有直流电流检测挡位，在需要检测待测设备的电流时，必须要确定该设备通过的电流为直流电流，方可使用。

2）指针式万用表测量电流。当调整好指针式万用表的挡位并连好检测表笔后，应当将指针式万用表水平放置，再将红表笔搭在正极端，黑表笔搭在负极端，以串联的方式接入电路中检测电流，如图 3-20 所示。

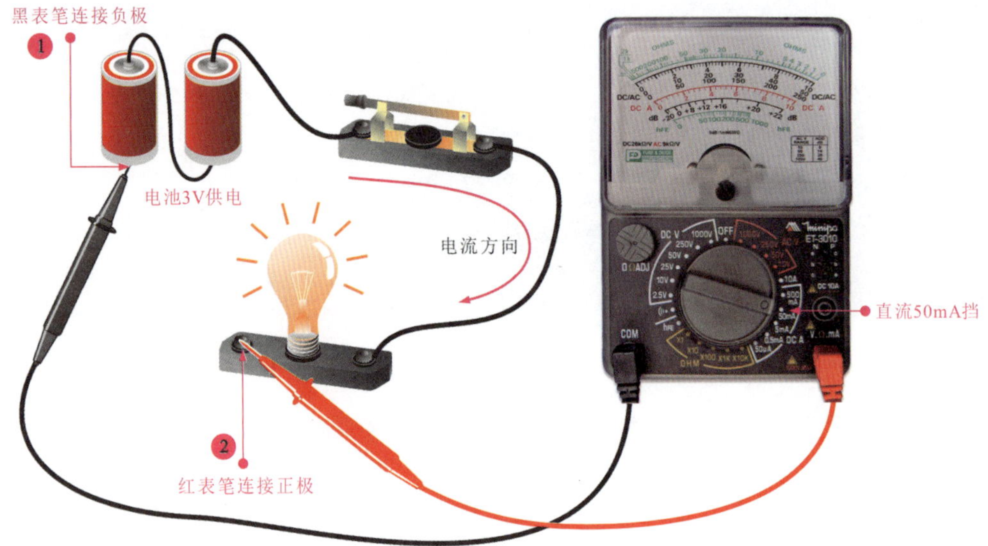

图 3-20 指针式万用表测量电流

提示说明

在使用指针式万用表检测电流时，将万用表垂直摆放或将其倾斜摆放，这样会导致读数发生偏差，如图 3-21 所示。

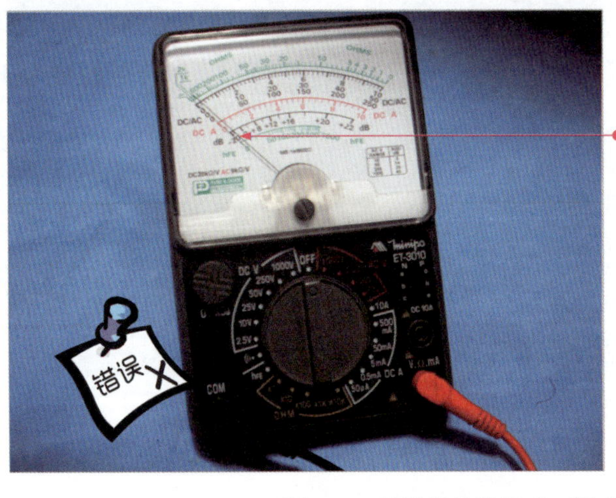

图 3-21 错误摆放指针式万用表

（3）指针式万用表检测电阻的方法。指针式万用表的电阻挡可以用于检测电气设备中电路或元器件的阻值，被测电路元器件电阻值的测量需在断电的状态下进行，否则会损坏万用表或电路器件，操作时应当严格遵守操作规范。

1）根据待测设备调整指针式万用表的挡位并连接表笔。需要使用指针式万用表检测电阻时，应当选择合适的挡位，读数才能准确。检测时再将黑表笔插入指针式万用表公共端“COM”孔，红表笔插入指针式万用表“V. Ω .mA”孔中即可，如图 3-22 所示。

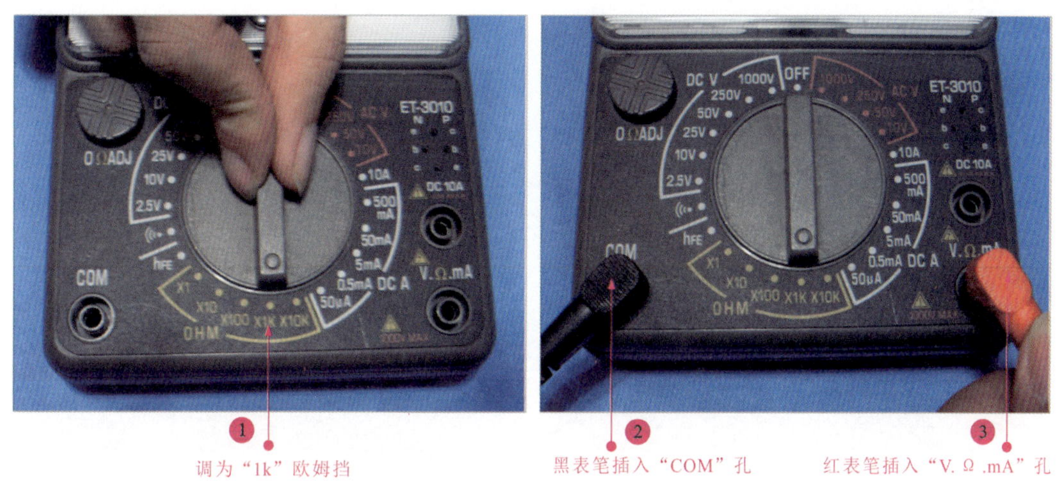

图 3-22　查看待测设备通过的额定电流

提示说明

使用较大挡位检测到的数值较小时，再将指针万用表的挡位调小一挡，这样可以确保检测到的数值更精确。不论检测任何数值，都应对预测的设备或元器件的数值进行预估，或是查找该设备的标识等，这样有利于准确的选择万用表的挡位。

2）指针式万用表调零校正。当指针式万用表选择好合适的挡位并连接好表笔后，应当对其进行调零校正，这样可以保证检测到的阻值更为准确，如图 3-23 所示，先将红黑表笔短接，然后观察指针式万用表的指针摆动位置，然后调节零欧姆校正钮，使指针指向零欧姆刻度线。注意测量电阻每次调换挡位后，都需要进行零欧姆校正，否则读数会有偏差。

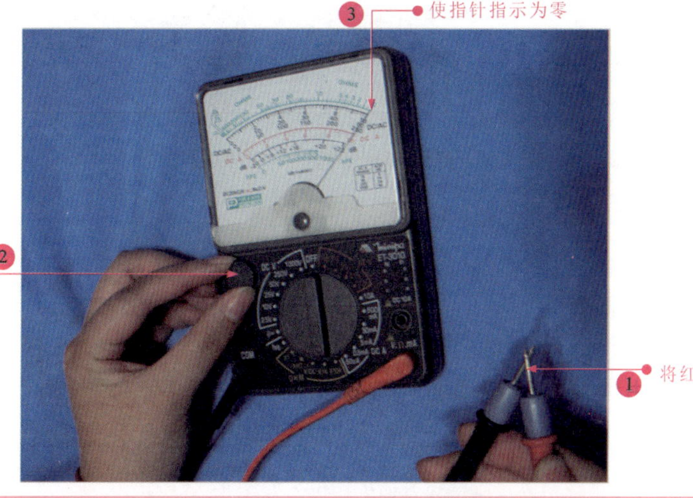

图 3-23　指针式万用表调零校正

提示说明

在使用万用表的调零旋钮进行调零时，如果出现无法将指针调整归零的情况，此时应更换万用表中的电池，如图 3-24 所示。

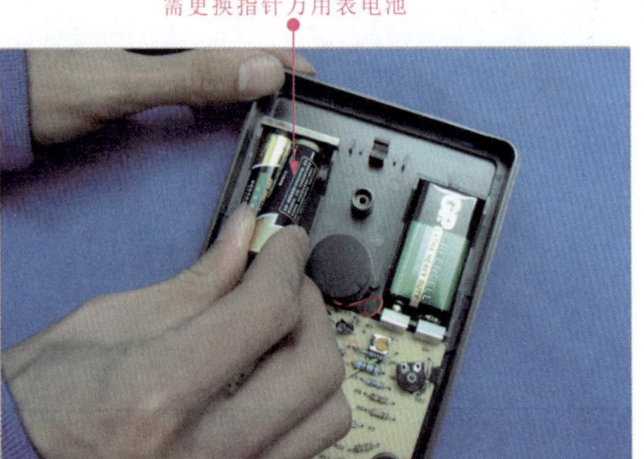

图 3-24 无法通过调零旋钮进行调零，即应更换电池

3）指针式万用表测量阻值。使用指针式万用表测量电动机绕组与地之间的绝缘阻值时，应当将指针式万用表同样呈水平位置放置，将黑表笔搭在接地端，红表笔搭在电动机的绕组上，如图 3-25 所示，读取检测数值时，应当垂直指针式万用表进行读取。

图 3-25 指针式万用表测量阻值

提示说明

使用指针万用表检测阻值时，若需检测电阻器，首先应对该电阻器进行识读，根据识读出的数据调整指针万用表的挡位，这样可以正确选择合适的挡位，如图 3-26 所示。

提示说明

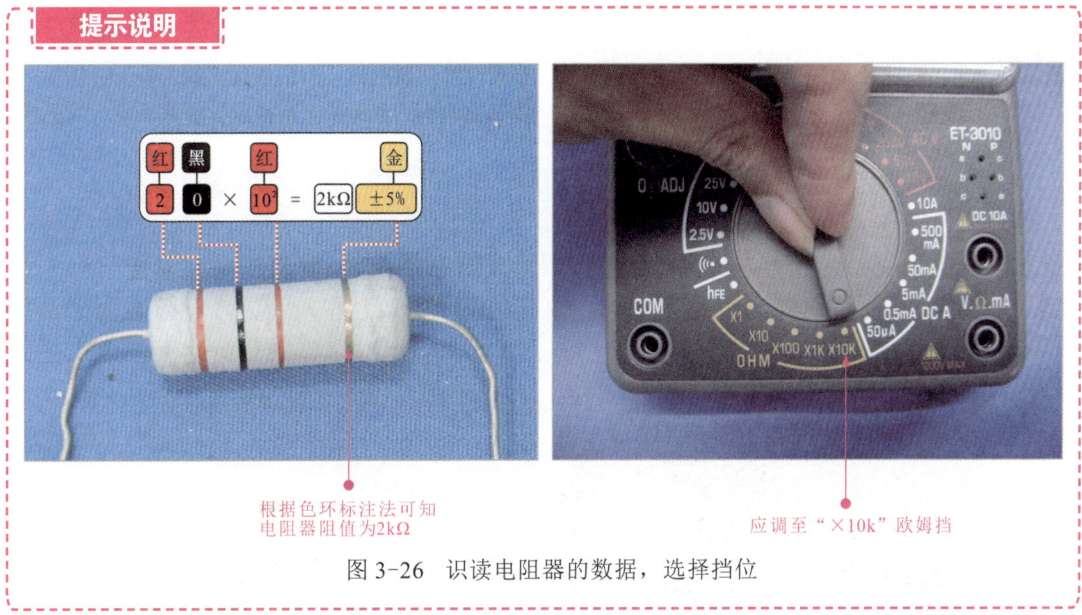

图 3-26 识读电阻器的数据，选择挡位

（4）指针式万用表通断测试挡进行检测的方法。指针式万用表的通断测试挡可以用于检测二极管、熔断器的好坏以及判断电气设备连接线缆的通断。

在使用指针式万用表的通断测试挡检测发光二极管时，将黑表笔插入指针式万用表公共端“COM”孔中，红表笔插入指针式万用表“V. Ω .mA”孔口中，然后将红表笔搭在待测发光二极管的负极上，黑表笔搭在待测二极管的正极上，此时万用表发出蜂鸣声；再将红黑表笔调换，此时无蜂鸣声发出，如图 3-27 所示，此时可以说明该发光二极管性能良好，反之说明其损坏。

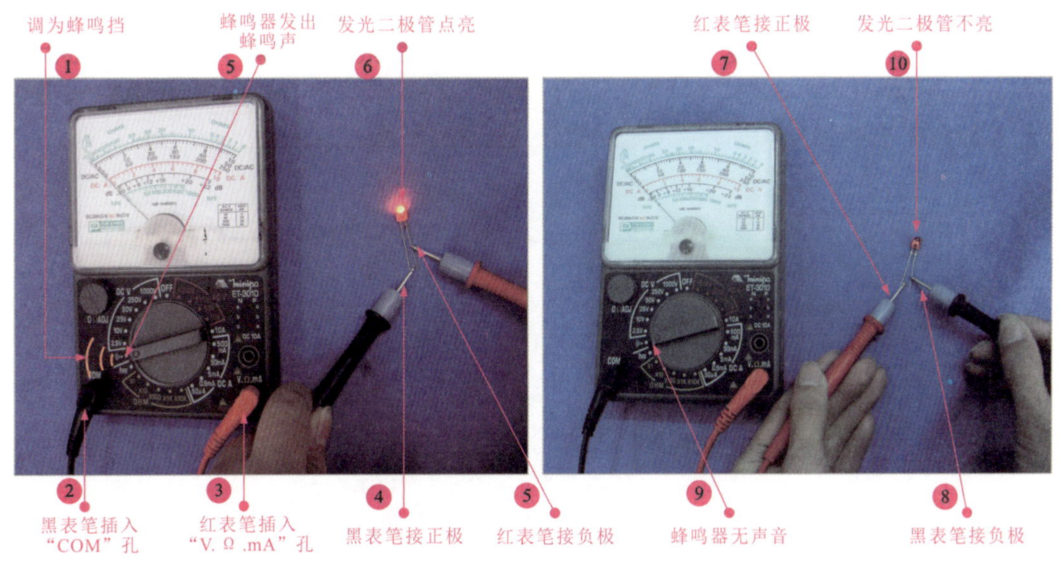

图 3-27 使用通断测试挡检测发光二极管

若需使用通断测试挡检测一根线缆的通断时，可以将红黑表笔分别连接带该导线的两端，若指针式万用表的蜂鸣器发出蜂鸣声，说明该线缆正常，若无蜂鸣声时，说明该线缆内部发生断裂，如图 3-28 所示。

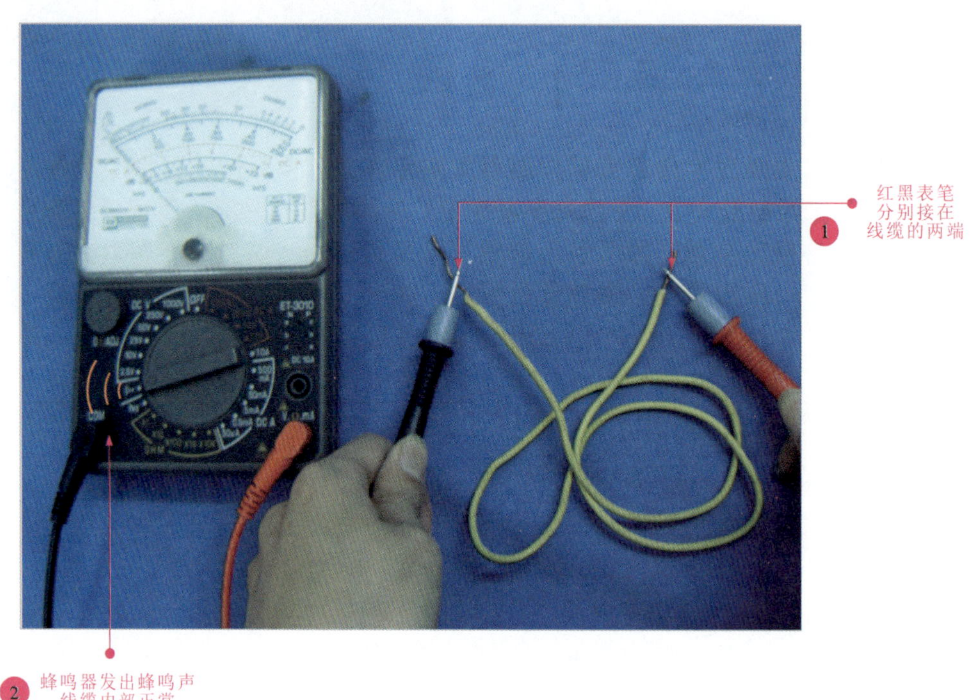

图 3-28 使用通断测试挡检测线缆

2 数字式万用表

在维修工作中，常会使用到数字式万用表对电路及其元器件进行电压、电流、电阻以及元器件参数的测量，其测量方法和注意事项与指针式万用表基本相同，但在显示上也有些不同之处，这是需要注意的。

（1）使用数字式万用表检测电压的方法。数字式万用表可以用于检测交流电压和直流电压，在实测前需要确认是交流还是直流，并用“DC/AC”切换键进行切换。

1） 根据被测线路调整挡位。使用数字式万用表的电压挡进行检测时，首先应当了解别侧线路的工作条件，选择量程。如要测试交流 220V 电源插座的电压，应选择“750V”挡，按下电源键开启数字式万用表，并且应当按下“DC/AC”切换键，将其切换为交流电压检测，在数字显示屏上会显示“AC”交流标识，如图 3-29 所示。

2）数字式万用表检测电压。将红表笔插入电阻电压输入接口“V Ω Hz ▸|”孔中，将黑表笔插入公共 / 接地接口“COM”孔中。然后将两表笔分别接到交流电源的两插座孔中，如图 3-30 所示，此时应当在显示屏上直接显示出检测到的“AC 220V”电压。交流电压无极性之分，不必考虑红黑表笔的极性。

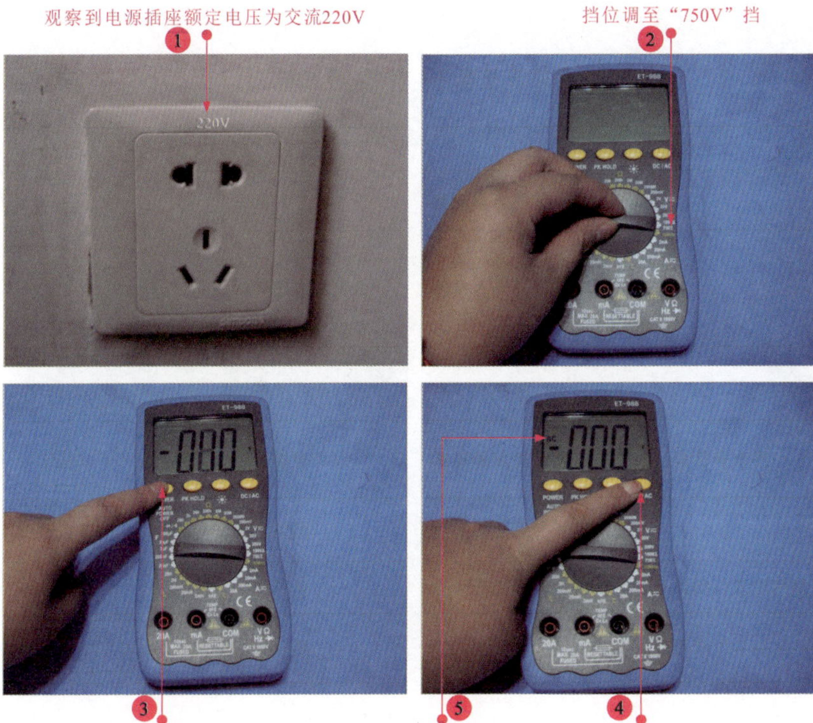

图 3-29　查看待测设备调整挡位

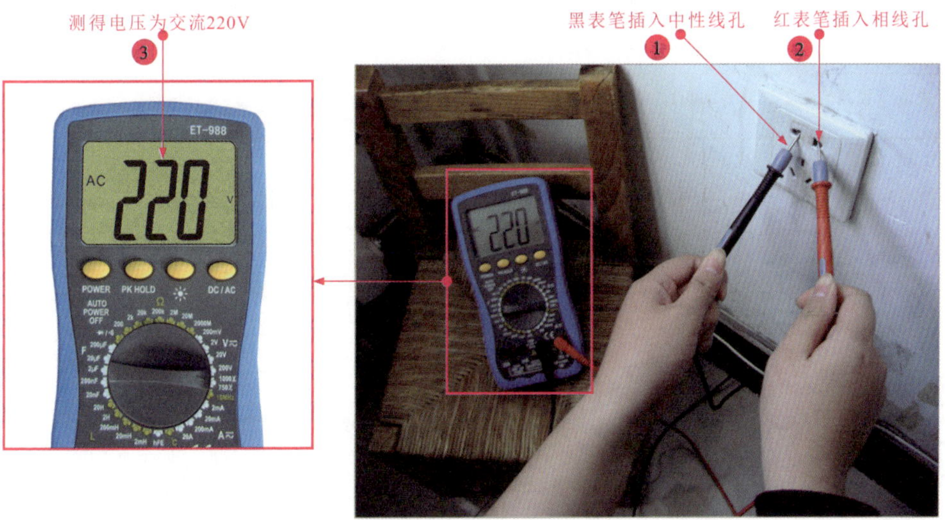

图 3-30　数字式万用表检测电压

提示说明

在使用数字式万用表测量电压时，若数字显示屏上出现“OL”的标识，说明选择的挡位过小，无法显示，如图 3-31 所示，有些学员未将表笔从检测端移出的情况下，便调节数字万用表的量程，可能致使转换开关触点烧毁，导致万用表损坏。

提示说明

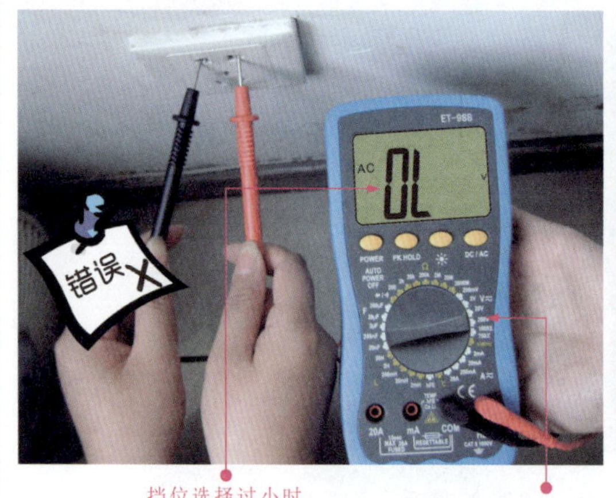

图 3-31 调挡过低的错误操作

（2）使用数字式万用表检测电流的方法。数字式万用表可以用于检测交流电流和直流电流，在操作时需要确认是交流还是直流并需要用“DC/AC”切换键进行切换。

1）根据被测设备估算电流并调节挡位。测量电流之前先要判别出交流还是直流电流，然后估算电流大致的范围，再设置万用表的挡位。若需要检测照明灯电路中的电流时，可以将数字式万用表的量程调整为“20 A”挡，并且应当按下“DC/AC”切换键进行切换，如图 3-32 所示。

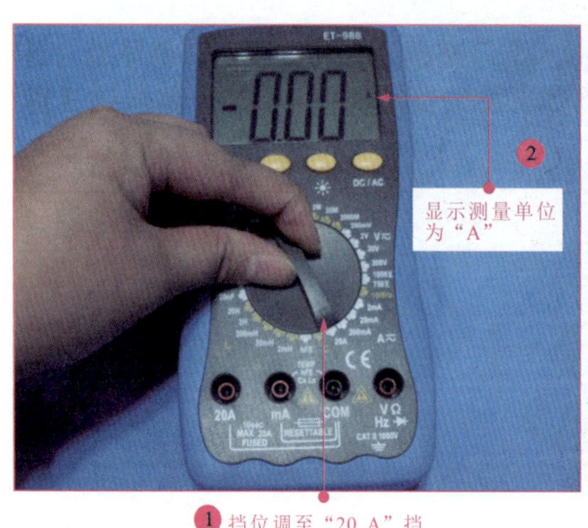

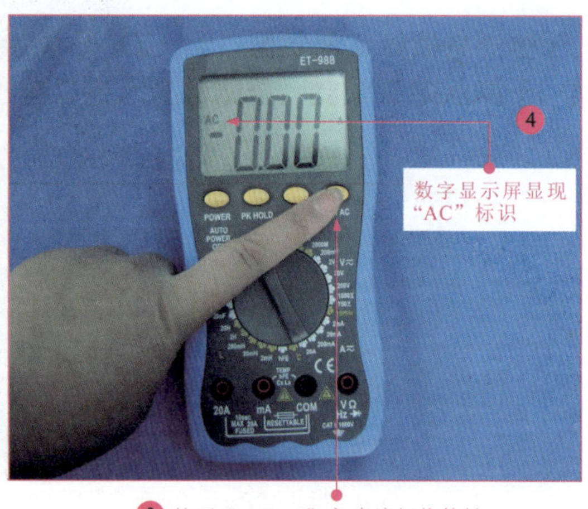

图 3-32 根据估算电流量调整数字式万用表挡位

2）连接表笔进行交流电流检测。由于检测的交流电压量可能会较大，因此，将黑表笔插入公共 / 接地接口“COM”孔中，再将红表笔插入“20 A”孔中；测量时，与测量直流电流的方法相同需要将数字式万用表串接在电路中，只是测量交流电流时不必考虑万用表的极性，如图 3-33 所示。

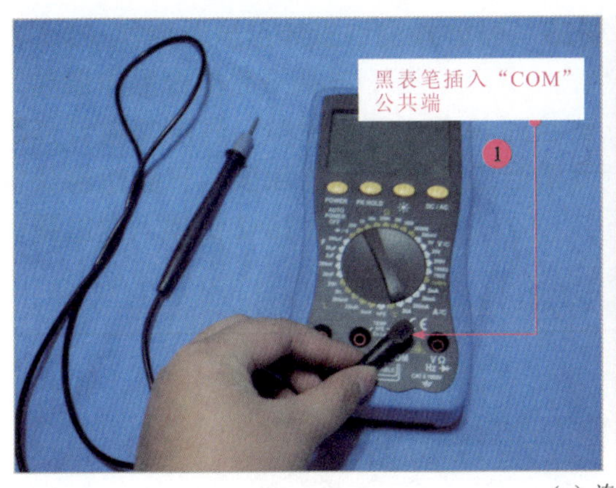

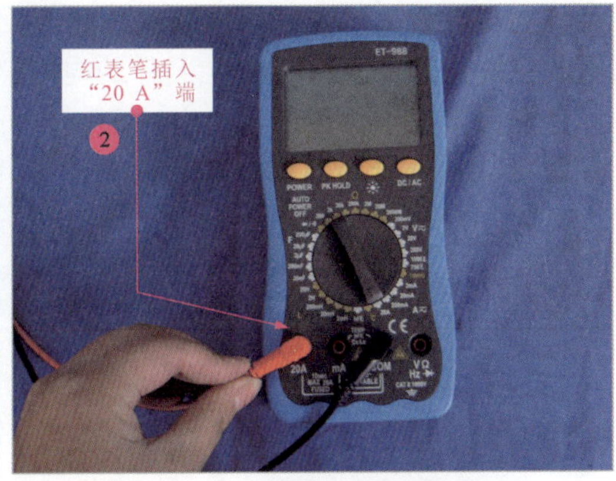

（a）连接表笔

测得电流为
交流4A
4

红黑表笔
串接在电路中
3

交流220V

（b）与电动机供电进行串联检测电流

图 3-33 连接表笔进行交流电流检测

提示说明

在检测交流电流时，若需要保存检测到的数值，则可以按下数字式万用表的“PK HOLD”峰值保持按键，即可将检测到的电流量存储，如图 3-34 所示。

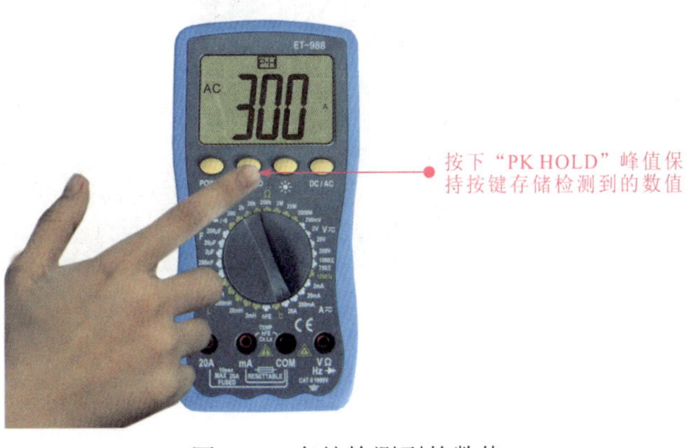

图 3-34 存储检测到的数值

（3）使用数字式万用表检测电阻的方法。数字式万用表的电阻挡可以用于检测电气设备中绕组的阻值、电子元器件的电阻值等，不论检测任何一种设备的电阻值时，都应严格遵守操作规范。

1）调整数字式万用表的挡位并连接表笔。需要使用数字式万用表检测变压器的绕组电阻时，则应当将数字式万用表的挡位先调至“200”欧姆挡，再将黑表笔插入指针式万用表公共端“COM”孔中，红表笔插入数字式万用表“V Ω Hz ”孔中即可，如图 3-35 所示。

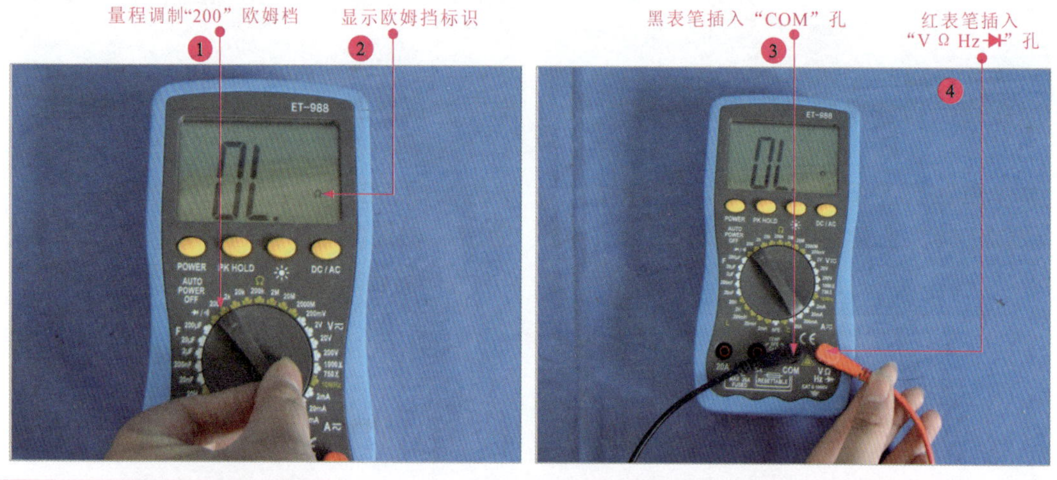

图 3-35 根据待测设备调整数字式万用表的挡位并连接表笔

2）数字式万用表测量电阻值。将数字式万用表的红黑表笔分别搭在变压器绕组的两个端子上，此时即可检测出待测绕组的电阻值，待测设备的电阻值直接通过显示屏进行显示，如图 3-36 所示。

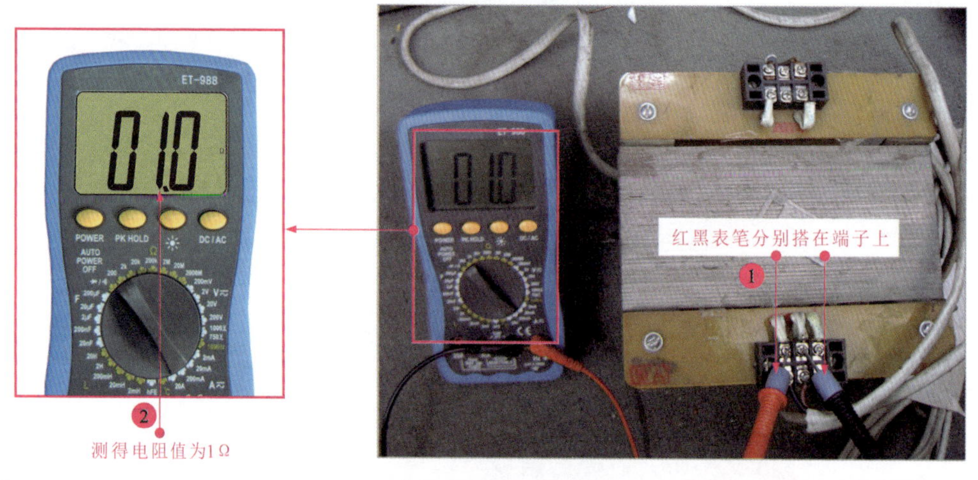

图 3-36 数字式万用表测量电阻值

（4）使用数字式万用表通断测试挡进行检测的方法。数字式万用表的通断测试挡同指针式万用表的通断测试挡功能基本相同，同样可以用于检测二极管、熔断器的好坏以及判断电气设备连接线缆的通断。

将数字式万用表调至通断测试挡，将黑表笔插入指针式万用表公共端“COM”孔，红表笔插入指针式万用表“V Ω Hz ”孔中，可以将红黑表笔分别连接到该熔断器的两端，若数字式万用表的蜂鸣器发出蜂鸣声，说明该熔断器正常，若无蜂鸣声时，说明该熔断器损坏，如图 3-37 所示。

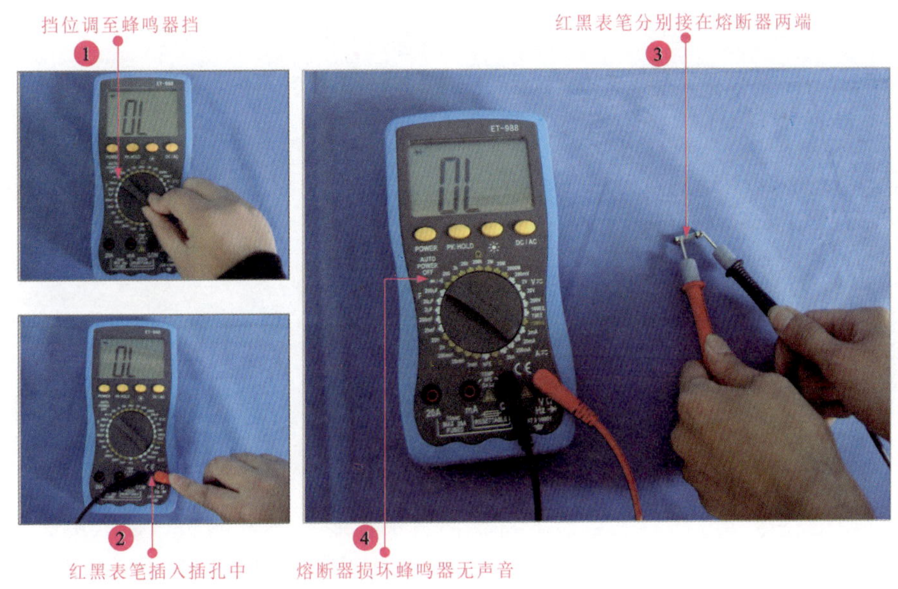

图 3-37　使用通断测试挡检测线缆

（5）使用数字式万用表检测电容器的方法。数字式万用表借助附件可以检测电容器的值。

1）查看待测电容器的电容量。检测电容器的电容量前，应当先查看该电容器的电容量，如图 3-38 所示，该电容器标识的电容量为“10 μF”。

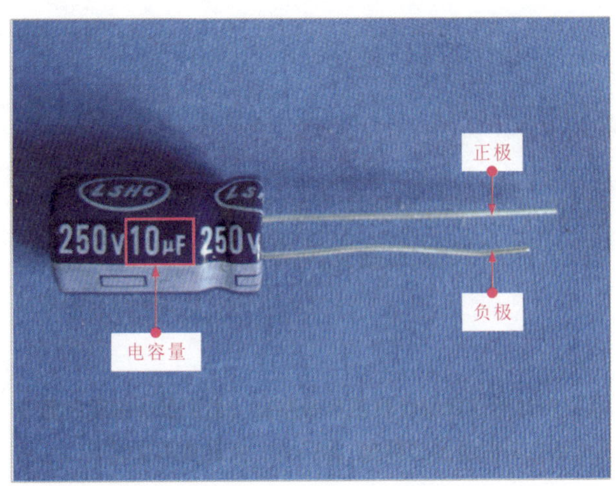

图 3-38　查看待测电容器的电容量

2） 调节挡位并连接测试附件。先将数字式万用表的挡位调整至“20μF”挡，然后再将连接附件的负极插入“mA”孔中，正极插入公共端“COM”孔中，如图 3-39 所示。

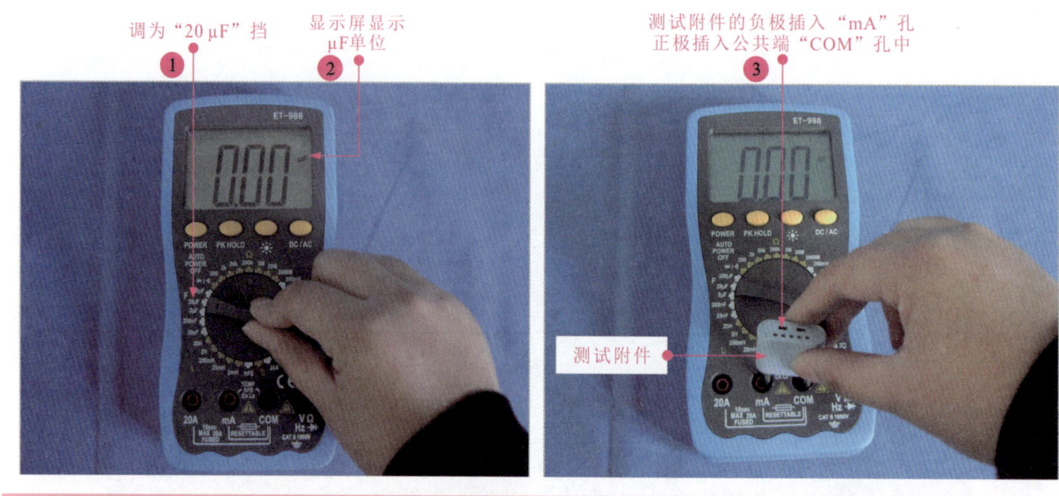

图 3-39 调节挡位并连接测试附件

3）检测电容量的方法。当连接好测试附件后，将电容器的负极插入测试孔的负极孔中，再将正极插入测试孔的正极孔中，如图 3-40 所示，检测的数值直接在数字显示屏上显示。

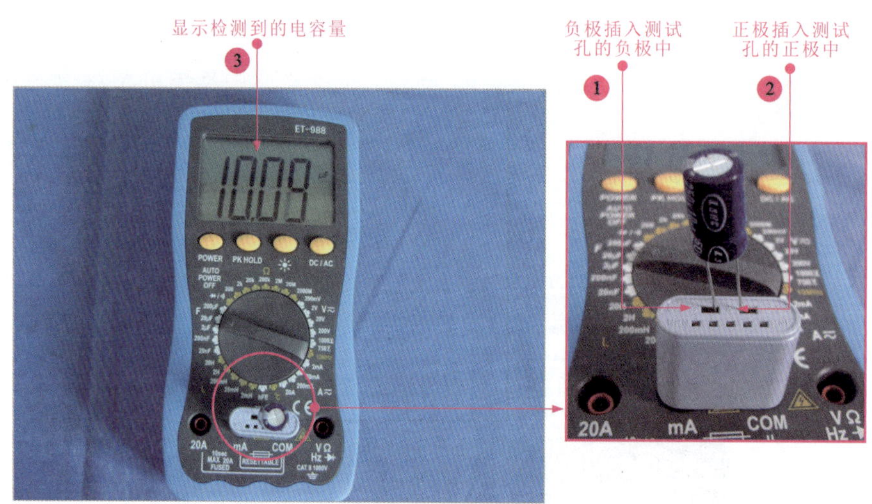

图 3-40 数字式万用表检测电容量

（6）使用数字式万用表检测电感器的方法。使用数字式万用表的电感挡可以用于检测电气设备中电感的电感量，可以便于判断该电感的性能，便于进行维修。

1） 调整电感量调整挡位。在对电感进行检测前，首先根据电感量的估算值将电感挡的挡位调至 “2 mH”挡，同样可以使用测试附件，连接方法同测量电容器的连接方法相同，如图 3-41 所示。

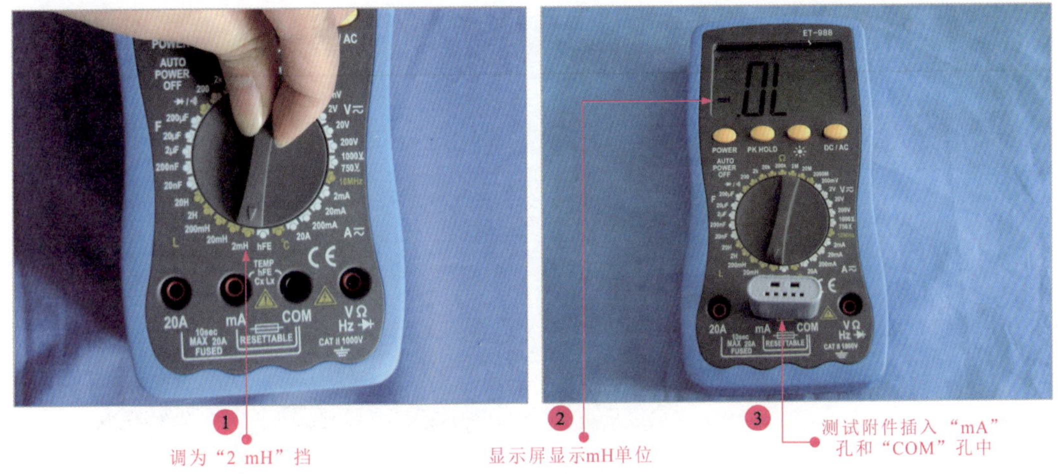

图 3-41　调整电感量调整挡位

2）数字式万用表检测电感量的方法。使用数字式万用表检测电感量时，将电感器的两个引脚插入测试附件的电感量测试插孔中，如图 3-42 所示，此时即可通过显示屏直接读取读数。

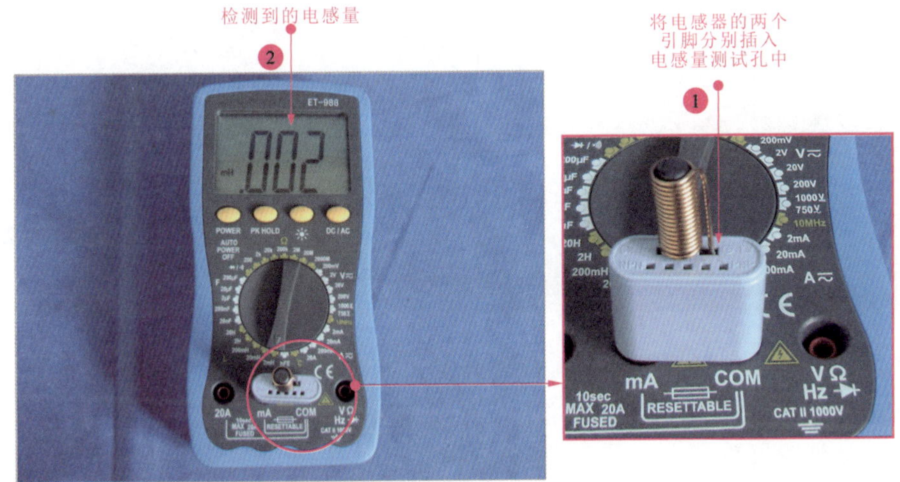

图 3-42　数字式万用表检测电感量

在对电感量进行检测时，也可以使用表笔对其进行检测，将红表笔插入“mA”孔中，黑表笔插入“COM”孔中，然后再将两个表笔分别搭在电感器的两个引脚上即可，如图 3-43 所示。

（7）使用数字式万用表检测温度的方法。数字式万用表相对于指针式万用表添加了温度检测功能，在对制冷或制热设备进行检测时，通常会进行温度检测，温度探头作为温度传感器将温度变化的物理量变成电信号送到万用表中。

1）调整数字式万用表的挡位并连接温度探头。使用数字式万用表测试温度时，先将挡位调整至“℃”挡，然后将该温度探头的黑色插头插入“mA”孔，红色插头插入“COM”孔，如图 3-44 所示。

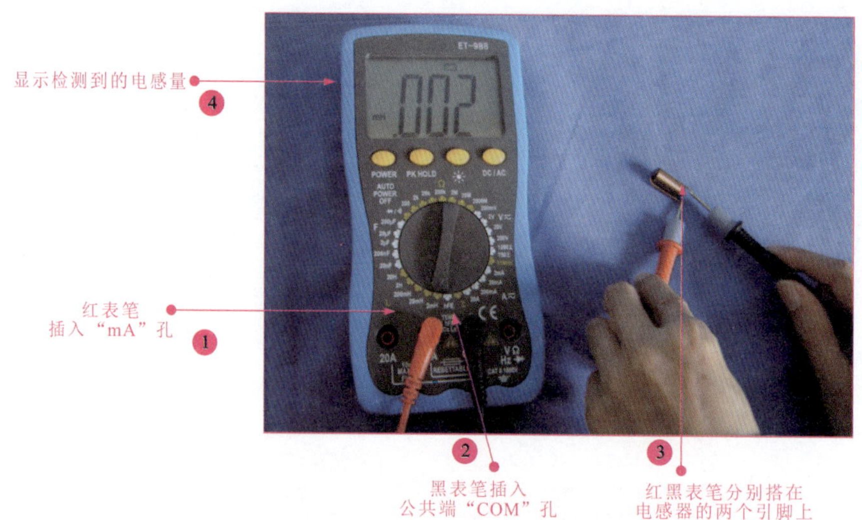

图 3-43 利用红黑表笔检测电感量

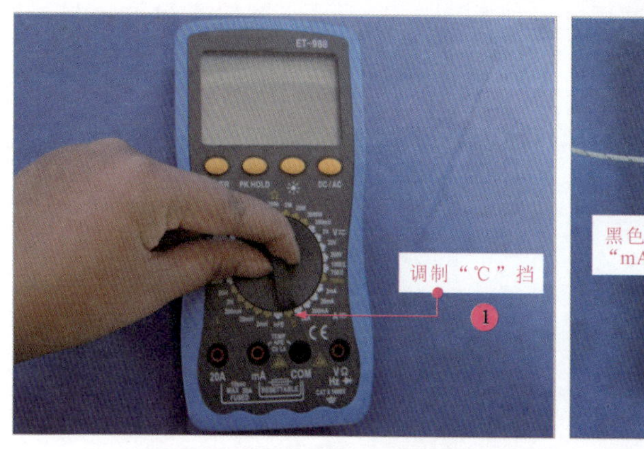

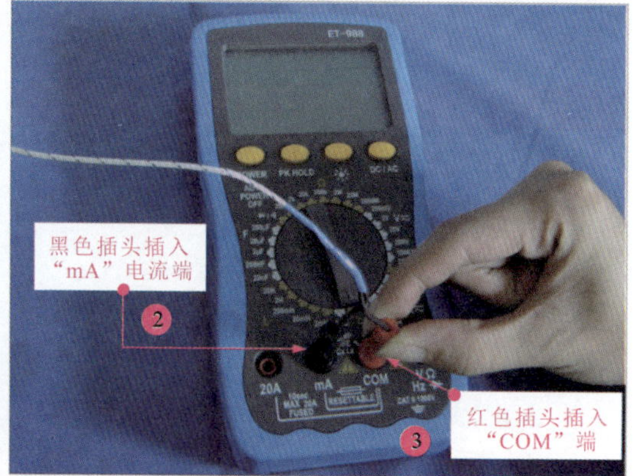

图 3-44 调整数字式万用表的挡位并连接温度探头

2）数字式万用表测量温度的方法。左手拿起数字式万用表，右手拿起温度探头的测量端下方，使温度检测探头靠近待测设备相应部位，即可在数字显示屏上直观的看到检测的数值，如图 3-45 所示。

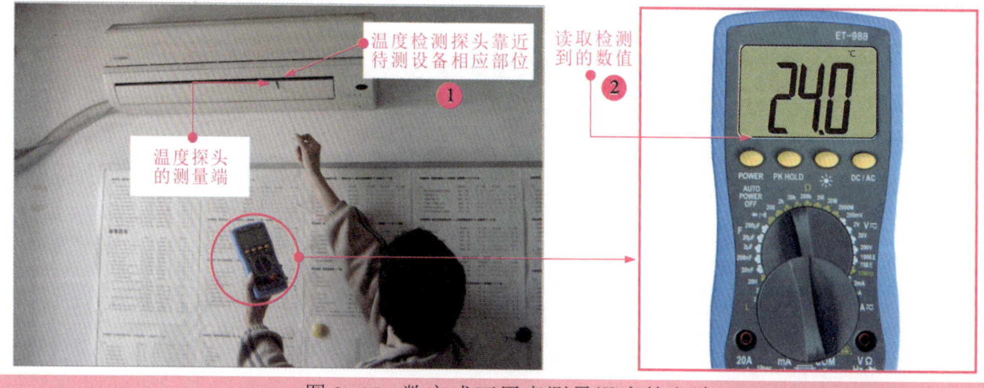

图 3-45 数字式万用表测量温度的方法

3.3 钳形表的特点与使用方法

3.3.1 认识钳形表

钳形表是电工操作中常常会使用到的检测工具，它由钳头、钳头扳机、保持按钮、功能旋钮、液晶显示屏、表笔插孔和红、黑表笔等构成。图 3-46 所示为钳形表的实物外形。

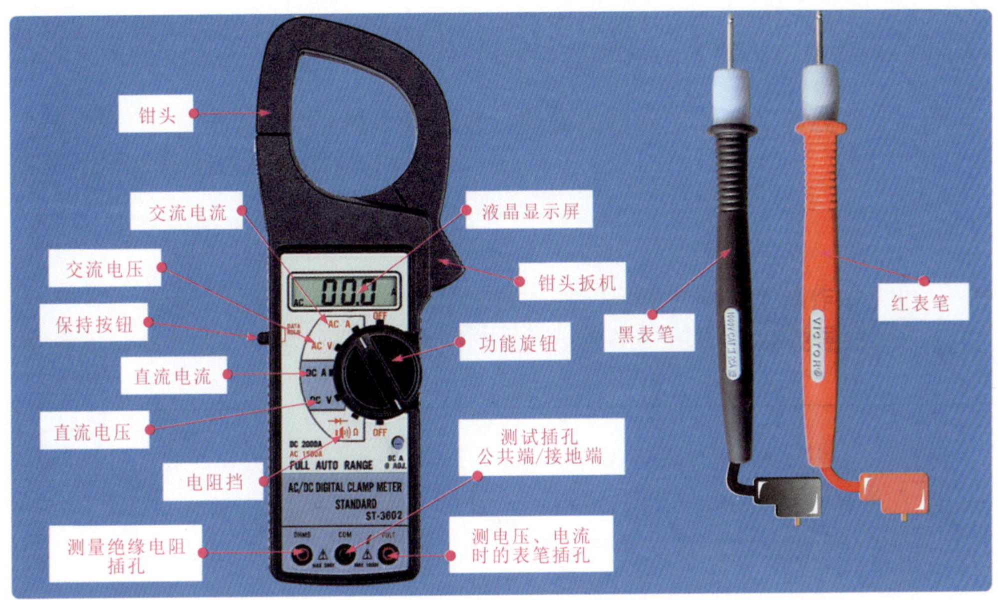

图 3-46 钳形表的实物外形

提示说明

（1）交流电流检测挡：主要用来对各线路或电器的交流电流进行检测。包括 200A/1000A 两个量程：当检测的交流电流小于 200A 时旋钮应置于 AC 200A 挡；电流大于 200A 小于 1000A 时应选择 AC 1000A 挡。

（2）交流电压检测挡：用来对低压交流电气线路、家用电器等交流供电部分进行检测，最高输入电压为 750V。

（3）直流电压检测挡：用来对直流电气线路、家用电器等直流供电部分进行检测，最高输入电压为 1000V。

（4）电阻检测挡：用来对电子电路或电器线路中器件的阻值进行检测，其中包括 200Ω/20kΩ 两个量程：200Ω 挡可以用于检测 200Ω 以下电阻器的阻值以及用于判断电路的通断，当回路阻值低于 70±20Ω 时，蜂鸣器发出警示音；20kΩ 挡用于检测大于 200Ω 小于 20kΩ 的电阻器阻值。

（5）绝缘电阻检测挡：用来检测各种低压电器的绝缘阻值，通过测量结果对低压电器的绝缘性能是否良好。包括 20MΩ/2000MΩ 两个量程：绝缘电阻小于 20MΩ 时旋钮置于 20MΩ 挡，绝缘电阻大于 20MΩ 小于 2000MΩ 时选择 2000MΩ 挡。检测绝缘电阻，需配以 500V 测试附件。正常情况下，未连接 500V 测试附件时调至该挡位时，液晶屏显示值处于游离状态。

钳形表各功能量程准确度和精确值参见表 3-3 所列。

表 3-3 各功能量程准确度和精确值

功能	量程	准确度	精确值
交流电流	200 A	±（3.0 %+5）	0.1 A（100 mA）
	1000 A		1 A
交流电压	750 V	±（0.8 %+2）	1 V
直流电压	1000 V	±（1.2 %+4）	1 V
电阻	200 Ω	±（1.0 %+3）	0.1 Ω
	20 kΩ	±（1.0 %+1）	0.01 kΩ（10 Ω）
绝缘电值	20 MΩ	±（2.0 %+2）	0.01 MΩ（10 kΩ）
	2000 MΩ	≤500 MΩ±（4.0 %+2） >500 MΩ±（5.0 %+2）	1 MΩ

钳形表检测交流电流的原理是建立在电流互感器工作原理的基础上的。钳头实际上是互感线圈，当按压钳形表扳机时，钳头铁芯可以张开，被测导线进入钳口内部作为电流互感器的初级绕组，在钳头内部次级绕组均匀地缠绕在圆形铁芯上，导线通过交流电时产生的交变磁通使次级绕组感应产生按比例减小的感应电流，在钳形表中经电流 / 电压转换、分压后，经交流直流转换器变成直流电压，送入 A/D 转换器变成数字信号，经显示屏显示检测到的电流值，如图 3-47 所示。

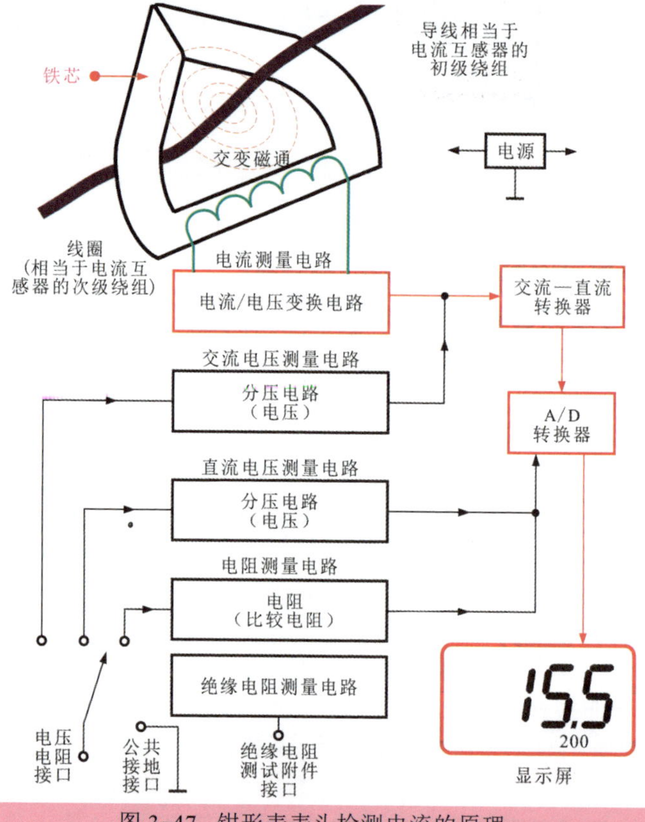

图 3-47 钳形表表头检测电流的原理

3.3.2 钳形表的使用方法

在电工操作中，利用钳形表进行检测时，应当严格按照钳形表的操作规范进行使用，也必须遵守钳形表使用的注意事项。这样才可以保证钳形表的本身不受损坏，也可以保证钳形表检测的电气设备等不受损坏，并且也不会对维修电工人员造成伤害。

在电工操作中，常常会使用钳形表进行检测，通过检测到的数值用于判断线路、电气设备的好坏。

1 使用钳形表检测电流的方法

（1）检查钳形表的绝缘性能和待测线缆的额定电流。使用钳形表检测电流时，首先应当查看钳形表的绝缘外壳是否发生破损，然后查看需要检测的线缆通过的额定电流量，如图 3-48 所示，该线缆上的电流量经过电能表，所以可由电能表上的额定电流量确认。该线缆可以通过的电流量为“10（40）A”。

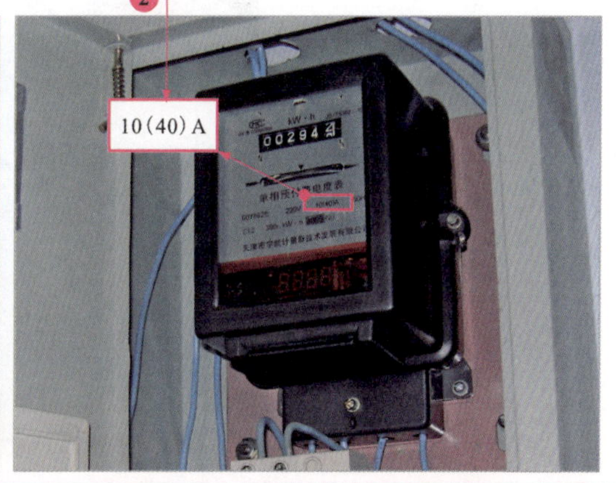

图 3-48 检查钳形表的绝缘性能和待测线缆的额定电流

（2）调整钳形表挡位。根据需要检测线缆通过的额定电流量选择钳形表的挡位，需选择的挡位应比通过的额定电流量大。所以应当将钳形表的挡位调至“AC 200A 挡”，如图 3-49 所示。

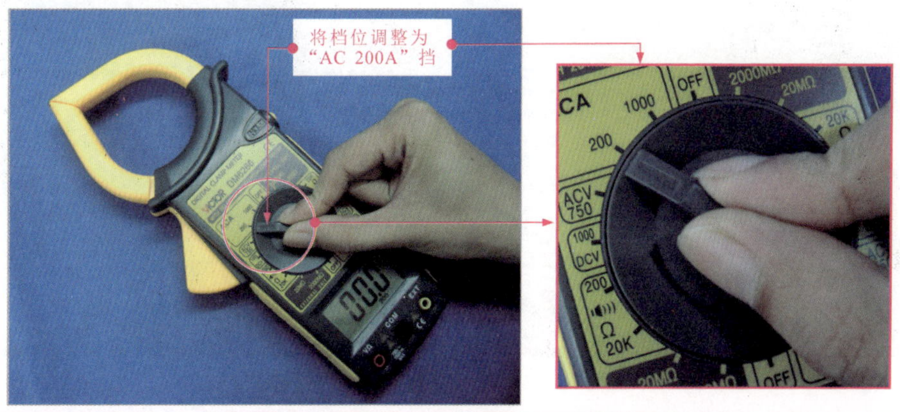

图 3-49 调整钳形表挡位

提示说明

在使用钳形表检测电流时，未观察待测设备的额定电流，就随意选取一个挡位，当在测试过程中钳形表无显示，再随即调整钳形表挡位，如图 3-50 所示，在带电的情况下转换钳形表的挡位，会导致钳形表内部电路损坏，从而导致无法使用。

图 3-50　错误调整钳形表挡位

（3）钳形表测量电流。当调整好钳形表的挡位后，先确定“HOLD”键锁定开关打开，然后按压钳头扳机，使钳口张开，将待测线缆中的火线放入钳口中，松开钳口扳机，使钳口紧闭，此时即可观察钳形表显示的数值。若钳形表无法直接观察到检测数值时，可以按下“HOLD”键锁定开关，在将钳形表取出后，即可对钳形表上显示的数值进行读取，如图 3-51 所示。

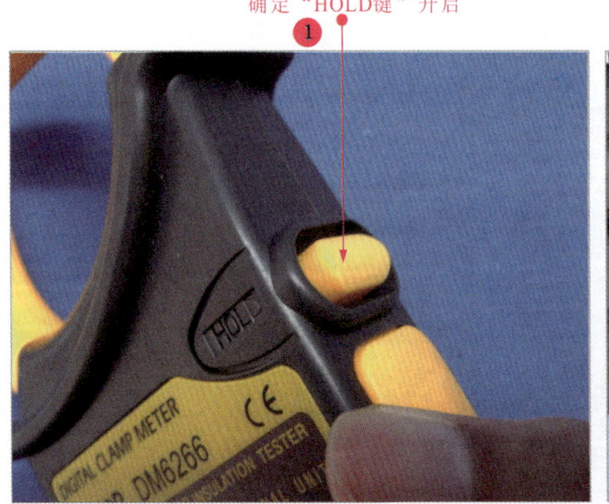

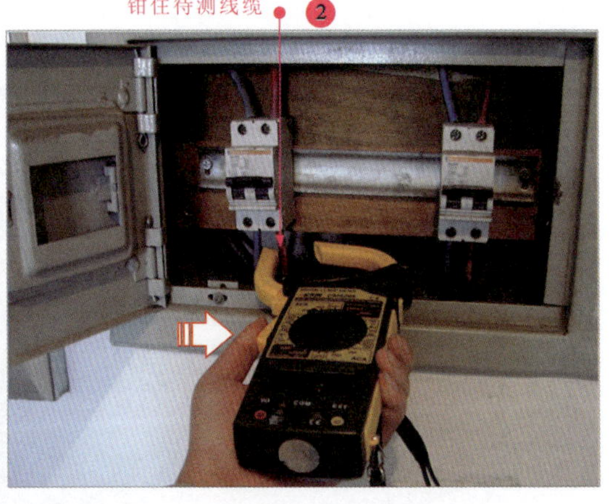

图 3-51　钳形表测量电流

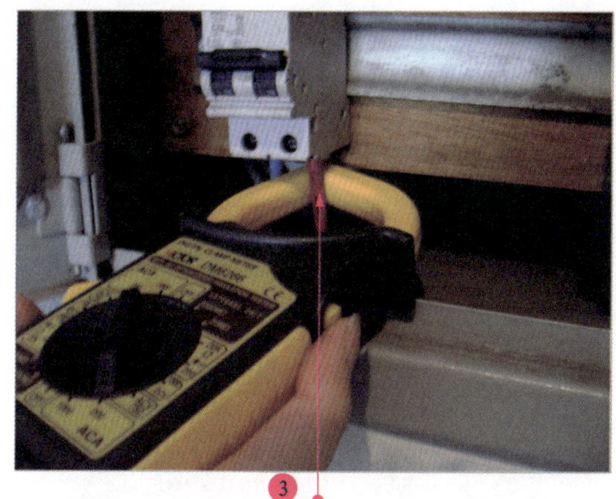

图 3-51 钳形表测量电流（续）

钳形表在检测电流时，不可以用钳头直接钳住裸导线进行检测。并且在钳住线缆后，应当保证钳口密封，不可分离，若钳口分离会影响到检测数值的准确性。

提示说明

有些线缆的相线好让中性线被包裹在一个绝缘皮中，从外观上看感觉是一根电线，此时使用钳形表检测时，实际上是钳住了两根导线，这样操作无法测量出真实的电流量，如图 3-52 所示。

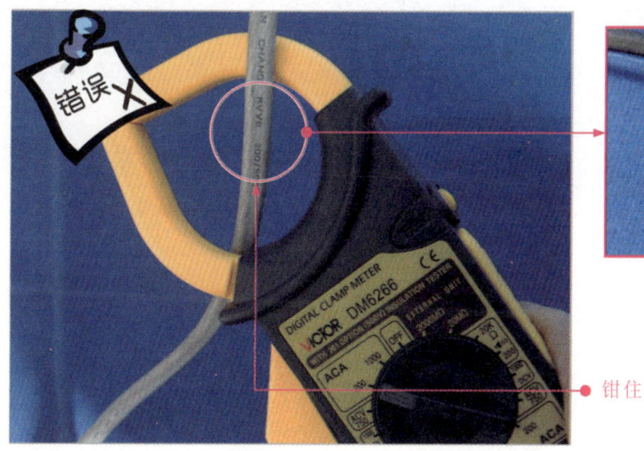

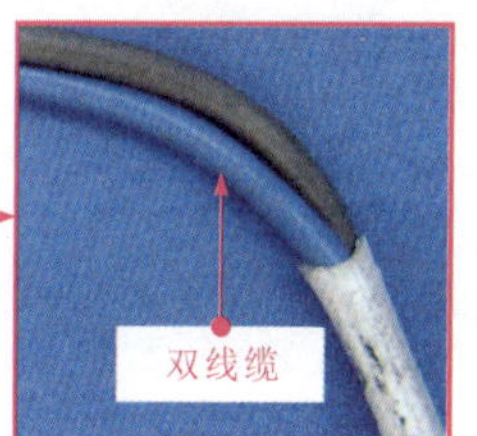

图 3-52 错误使用钳形表

2 使用钳形表检测电压的方法

（1）查看待测设备的额定电压并调整钳形表量程。使用钳形表检测电压时，应当查看需要检测设备的额定电压值，如图 3-53 所示。该电源插座的供电电压应当为“交流 220V”，则将钳形表量程调整为“AC 750V”挡上。

（2）连接检测表笔。将红表笔插入电阻电压输入接口“VΩ”孔中，将黑表笔插入公共 / 接地接口“COM”孔中，如图 3-54 所示。

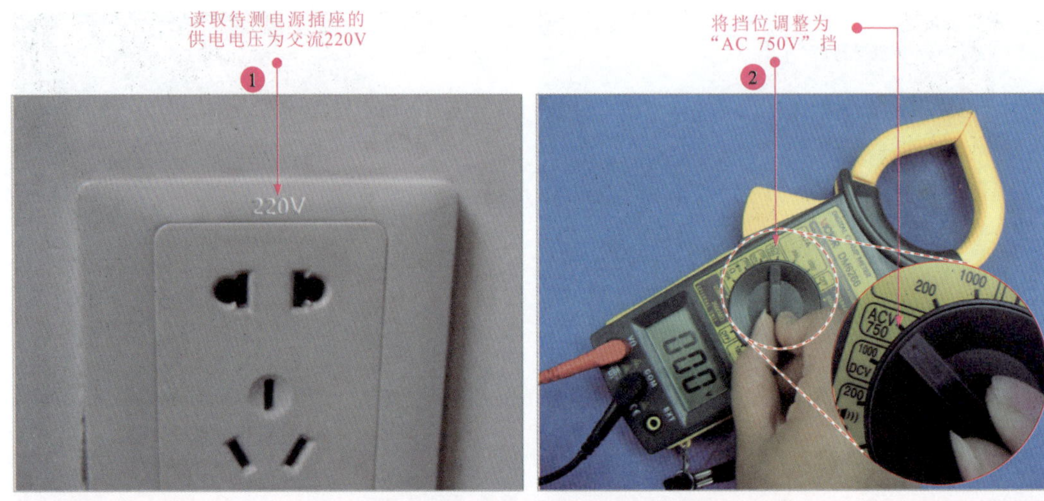

图 3-53 查看待测设备的额定电压并调整钳形表量程

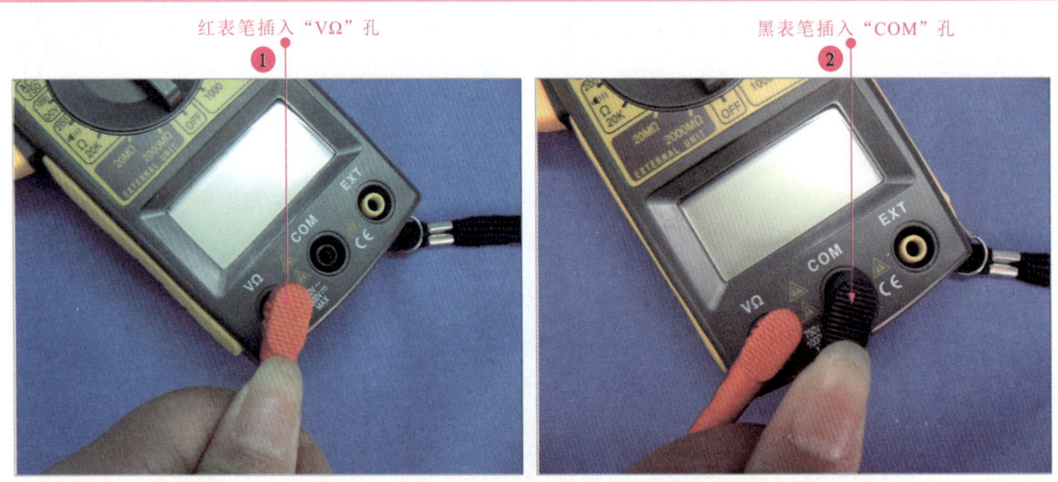

图 3-54 连接检测表笔

（3）检测电源插座电压。将钳形表上的黑表笔插入电源插座的中性线孔中，再将红表笔插入电源插座的相线孔中，如图 3-55 所示，在钳形表的显示屏上即可显示检测到的“AC 220V”电压。

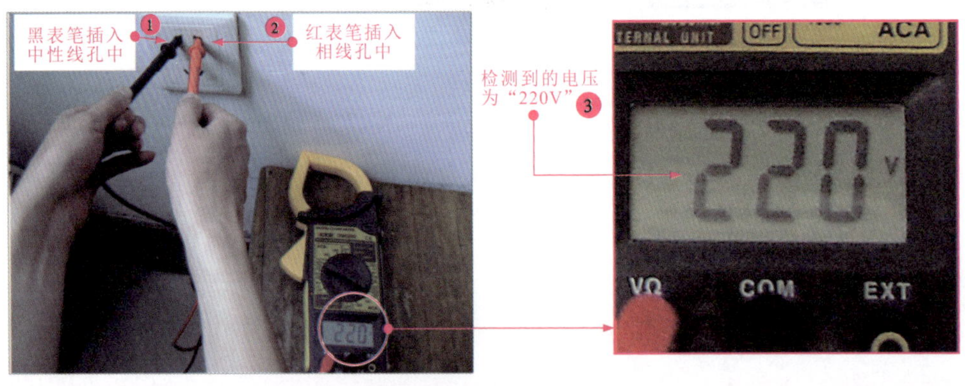

图 3-55 检测电源插座电压

提示说明

在使用钳形表测量电压时，若测量的为交流电压，可以不用区分正、负极；而当测量的电压为直流电压时，则必须先将黑表笔连接负极，再将红表笔连接正极。

3 使用钳形表检测阻值的操作方法

（1）查看待测电阻器。使用钳形表检测电阻值时，首先应当查看待测电阻器的标识，然后根据电阻器上的标识进行识读，根据识读的电阻器阻值，将挡位调整为“20 kΩ”挡，如图 3-56 所示。

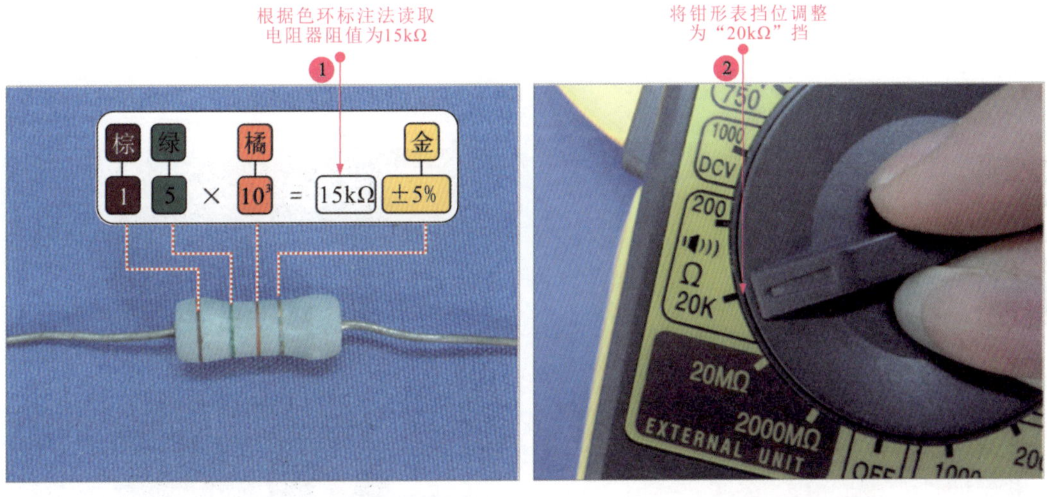

图 3-56 识读待测电阻器的标识

（2）检测电阻器的阻值。检测电阻器时，红黑表笔与钳形表插接方式与检测电压时相同，然后将红、黑表笔分别搭在电阻器的两个引脚上，观察显示屏，进行读数即可，如图 3-57 所示。

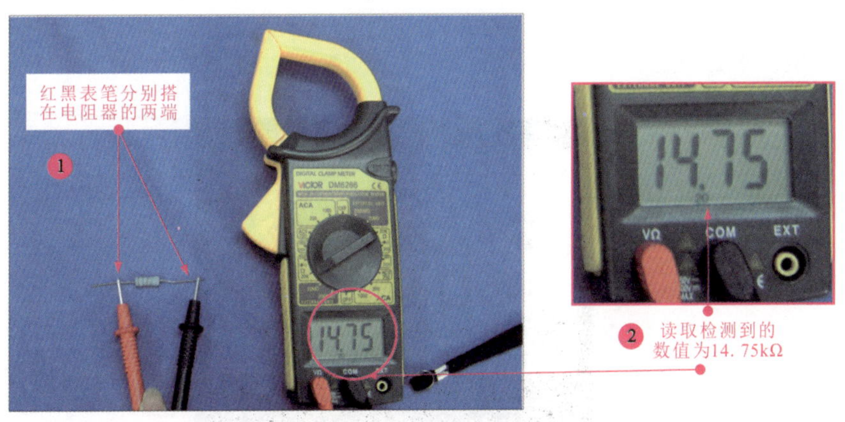

图 3-57 检测电阻器的阻值

3.4 绝缘电阻表的特点与使用方法

绝缘电阻表是专门用来对电气设备、家用电器或电气线路等对地及相线之间的绝缘阻值进行检测工具，用于保证这些设备、电器和线路工作在正常状态，避免发生触电伤亡及设备损坏等事故。

3.4.1 认识绝缘电阻表

电工操作中常用的绝缘电阻表有手摇式绝缘电阻表和数字式绝缘电阻表，手摇式绝缘电阻表由刻度盘、指针、接线端子（E 接地接线端子、L 火线接线端子）、铭牌、手动摇杆、使用说明、红测试线以及黑测试线等组件构成。数字式绝缘电阻表由数字显示屏、测试线连接插孔、背光灯开关、时间设置按钮、测量旋钮、量程调节旋钮等组件构成。图 3-58 所示为绝缘电阻表的实物外形。

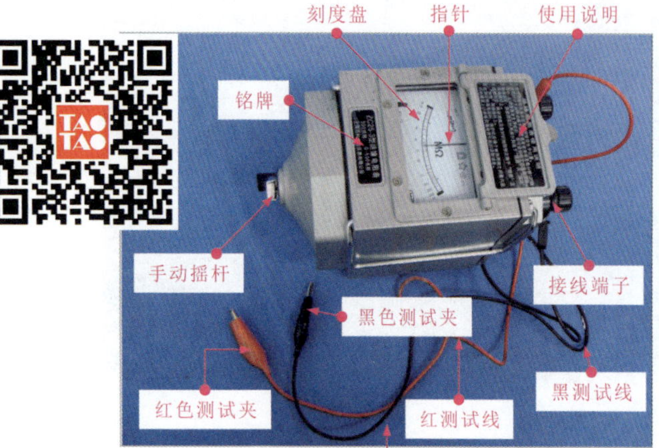

图 3-58 绝缘电阻表的实物外形

提示说明

数字显示屏直接显示测试时所选择的高压挡位以及高压警告，通过电池状态可以了解数字式绝缘电阻表内的电量，测试时间可以显示测试检测的时间，计时符号闪动时表示当前处于计时状态；检测到的绝缘阻值可以通过模拟刻度盘读出测试的读数，也可以通过数值直接显示出检测的数值以及单位，如图 3-59 所示。

图 3-59 数字显示屏

表 3-4 所列为数字显示屏显示符号的意义。

表 3-4　数字显示屏显示符号

符号	定义	说明
BATT	电池状态	显示电池的使用量
0 100k 1M 10M 100M 1G 10G 100G 1T ∞	模拟数值刻度表	用来显示测试阻值的范围
1.8.8.8.8 V	高压电压值	输出高压值
	高压警告	按下测试键后输出高压时，该符号点亮
88:88 min see	测试时间	测试时显示的时间
	计时符号	当处于测试状态时，该符号闪动，正在测试计时
8.8.8.8	测试结果	测试的阻值结果，无穷大显示为“—— ——”
μF TΩ GΩ VMΩ	测试单位	测试结果的单位
Time1	时间提示	到时间提示
Time2	时间提示	到时间提示并计算吸收比
MEM	存储指示	当按存储键显示测试结果时，该符号点亮
P1	极性指示	极性指数符号，当到Time2计算完极性指数后，点亮该符号

绝缘电阻表内设有手摇发电机，借助于发电机产生的电压进行绝缘性能的测量。当需要测量不同电压下的绝缘强度时，就要更换不同电压的绝缘电阻表。若测量额定电压在 500V 以下的设备或线路的绝缘电阻时，可选用 500V 或 1000V 绝缘电阻表；测量额定电压在 500V 以上的设备或线路的绝缘电阻时，选用 1000 ~ 2500V 的绝缘电阻表；测量绝缘子时，选用 2500 ~ 5000V 绝缘电阻表。一般情况下，测量低压电气设备的绝缘电阻时可选用 0 ~ 200 MΩ 量程的绝缘电阻表。

提示说明

绝缘电阻表内部有两个线圈，固定在同一轴上且相互垂直。其中一个线圈与电阻 R 串联，另一个线圈通过测试线与被测体 R_x 串联，两者并联于直流供电电路中。测量时，通过线圈的电流 $I1=U/(R_1+R)$，$I2=U/(R_2+R_x)$ 其中 R_1、R_2 为线圈电阻，线圈受到磁场的作用，产生两个方向相反的转矩，两个线圈所处的磁感应强度与被测电阻 R_x 的值有关，利用这种关系便可指示被测电阻的值。绝缘电阻表指针的可动部分在转矩的作用下发生偏转，直到两个线圈产生的转矩平衡（$T_1=T_2$），这时指针所指读数即为被测体 R_x 的绝缘阻值。图 3-60 所示绝缘电阻表的工作原理。

提示说明

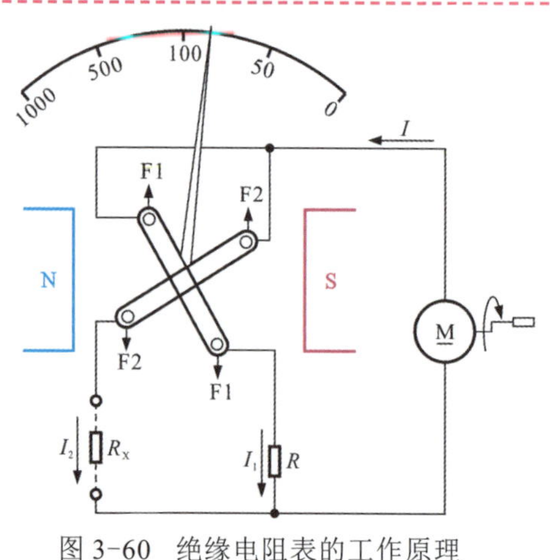

图 3-60 绝缘电阻表的工作原理

3.4.2 绝缘电阻表的使用方法

在使用绝缘电阻表进行检测时，应当严格按照绝缘电阻表的操作规范进行。这样可以保证绝缘电阻表测量准确同时也可保证设备和人身的安全。

1 手摇式绝缘电阻表

（1）使用手摇式绝缘电阻表检测供电线路绝缘阻值的方法。

1） 将红、黑测试夹的连接线与绝缘电阻表接线端子进行连接。

使用手摇式绝缘电阻表检测室内供电电路的绝缘阻值时，首先将 L 线路接线端子拧松，然后将红色测试线的 U 形接口接入连接端子（L）上，再拧紧 L 线路接线端子；再将 E 接地端子拧松，并将黑测试线的 U 形接口接入连接端子，拧紧 E 接地端子，如图 3-61 所示。

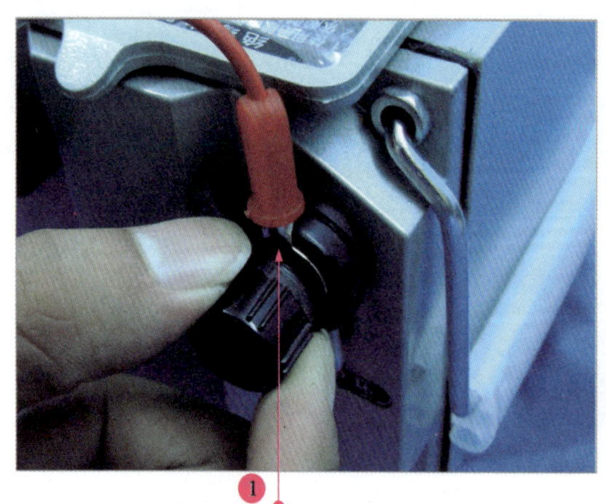

图 3-61 将红、黑测试夹的连接线与绝缘电阻表接线端子进行连接

2）对绝缘电阻表进行空载检测。在使用手摇式绝缘电阻表进行测量前，应对手摇式绝缘电阻表进行开路与短路测试，检查绝缘电阻表是否正常，将红、黑测试夹分开，顺时针摇动摇杆，绝缘电阻表指针应当指示“无穷大”；再将红、黑测试夹短接，顺时针摇动摇杆，绝缘电阻表指针应当指示“零”，说明该绝缘电阻表正常，注意摇速不要过快，如图 3-62 所示。

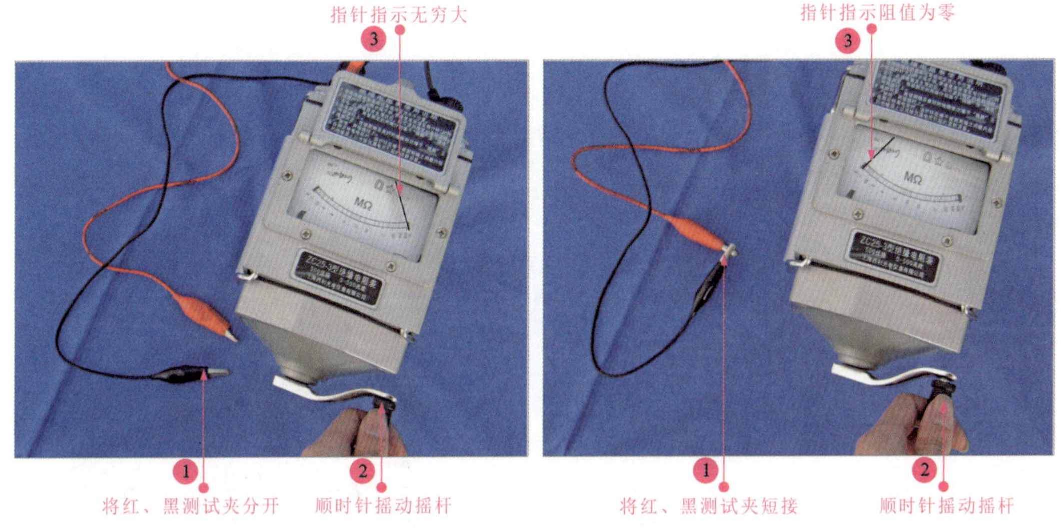

图 3-62 使用前检测绝缘电阻表

3）检测室内供电线路的绝缘阻值。将室内供电线路上的总断路器断开，然后将红色测试线连接支路开关（照明支路）输出端的电线，黑色测试线连接在室内的地线或接地端（接地棒），如图 3-63 所示。然后将顺时针旋转绝缘电阻表的摇杆，检测室内供电线路与大地间的绝缘电阻。若测得阻值约为 500 MΩ，则说明该线路绝缘性很好。

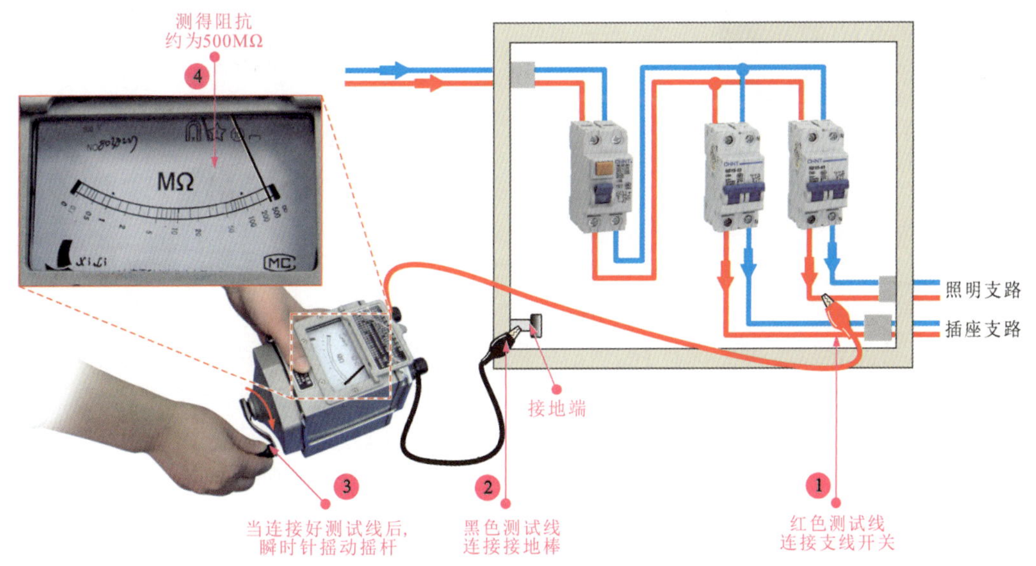

图 3-63 检测室内供电线路与接地端的绝缘电阻

提示说明

在使用绝缘电阻表进行测量时，需要手摇式绝缘电阻表进行测试，应保证手摇式绝缘电阻表的手应当稳定，防止绝缘电阻表在摇动摇杆时晃动，并且应当在绝缘电阻表水平放置时读取检测数值。在转动摇杆手柄时，应当由慢至快，若发现指针指向零时，应当立即停止摇动摇柄，以防绝缘电阻表内部的线圈损坏。绝缘电阻表在检测过程中，严禁用手触碰测试端，以防电击。在检测结束，进行拆线时，也不要触及引线的金属部分。

（2）使用手摇式绝缘电阻表检测洗衣机绝缘阻值的方法。使用手摇式绝缘电阻表检测洗衣机外壳与电源供电线缆之间的绝缘阻值时，应当与检测室内供电线路绝缘阻值的测试线连接方法相同，在检测前同样应当对绝缘电阻表进行空载检测，当确定绝缘电阻表正常时，方可进行下一部操作。

将手摇式绝缘电阻表的红色测试线与洗衣机的外壳连接，再将黑色测试线与电源供电线连接，顺时针摇动手动摇杆，如图 3-64 所示，指针指向刻度盘上“80 MΩ”，此时说明该洗衣机的绝缘性能良好。

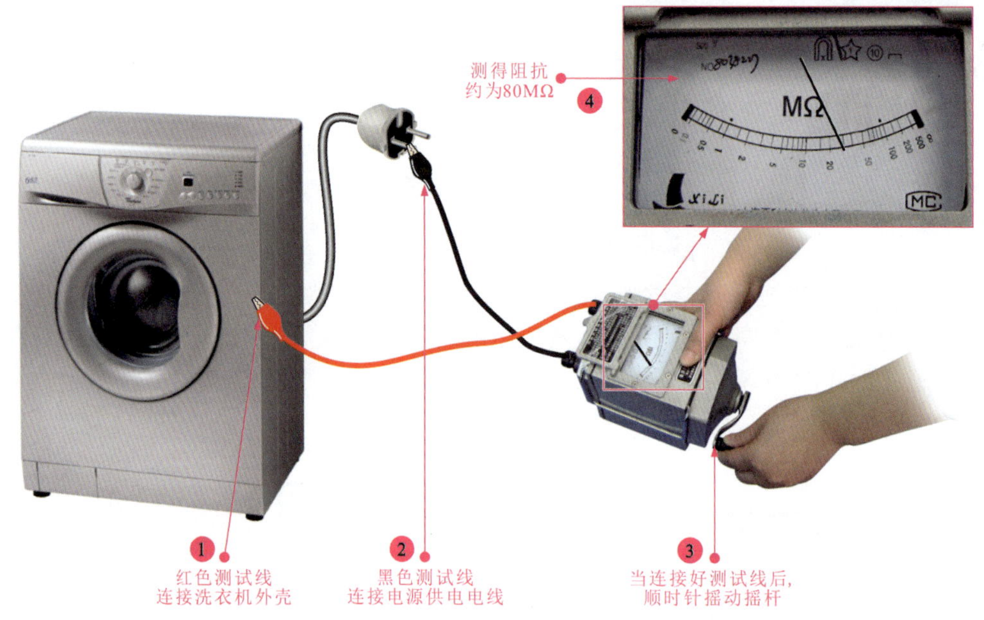

图 3-64 使用手摇式绝缘电阻表检测洗衣机外壳与电源供电线绝缘阻值的方法

（3）使用绝缘电阻表检测线缆绝缘阻值的方法。

1） 将绿色导线连接至保护环。使用手摇式绝缘电阻表检测线缆的绝缘阻值时，同样应将红色测试线连接到连接端子（L）上，黑色测试线连接至接地端子（E）上；然后将保护环端子拧松，绿色导线连接至保护环上，再将保护环端子拧紧即可，如图 3-65 所示。

2）待测线缆通过绿色导线与保护环连接。当绿色导线与保护环端子连接完成后，应当将绿色导线的另一端与线缆内层的屏蔽层进行连接，再将黑色测试夹夹在线缆的外绝缘层上，并将红色测试夹夹在线缆内的芯线上，如图 3-66 所示。

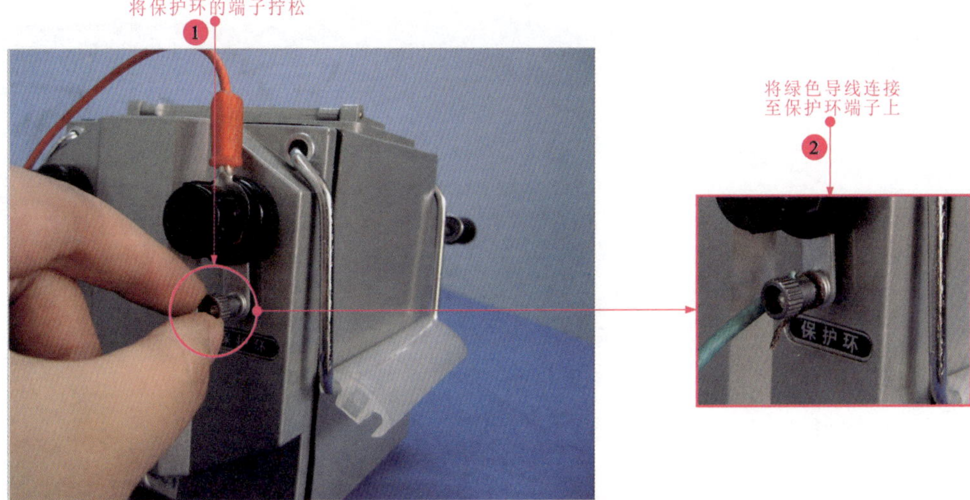

图 3-65 绿色导线与保护环端子连接

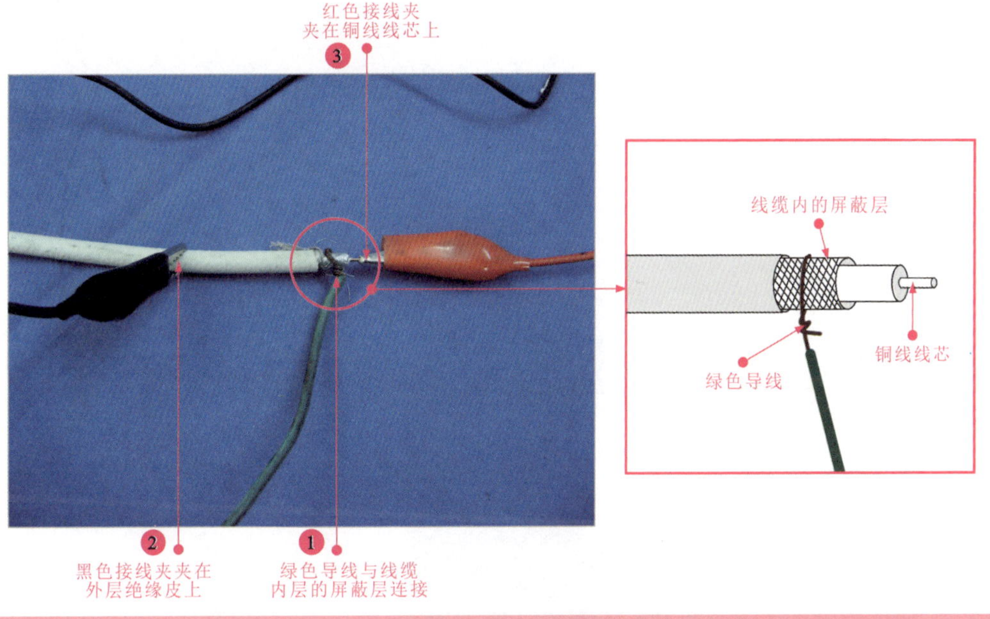

图 3-66 待测线缆的连接方法

3）摇动手摇摇杆测试线缆的绝缘阻值。当测试线缆与手摇式绝缘电阻表连接好之后，可以顺时针匀速摇动手摇摇杆，观察刻度盘上的指针的指向，此时检测到的阻抗为“70 MΩ”，如图 3-67 所示。

提示说明

在使用绝缘电阻表测量线缆的绝缘阻值，当绝缘电阻表为线缆所加的电压为 1000V 时，线缆的绝缘阻值应当达到“1MΩ”以上，若加载的电压为 10kV 时，线缆的绝缘阻值应当达到“10MΩ”以上，可以说明该线缆绝缘性能良好。若线缆绝缘性能不能达到上述要求，在与连接的电气设备等运行过程中，可能导致短路故障的发生。

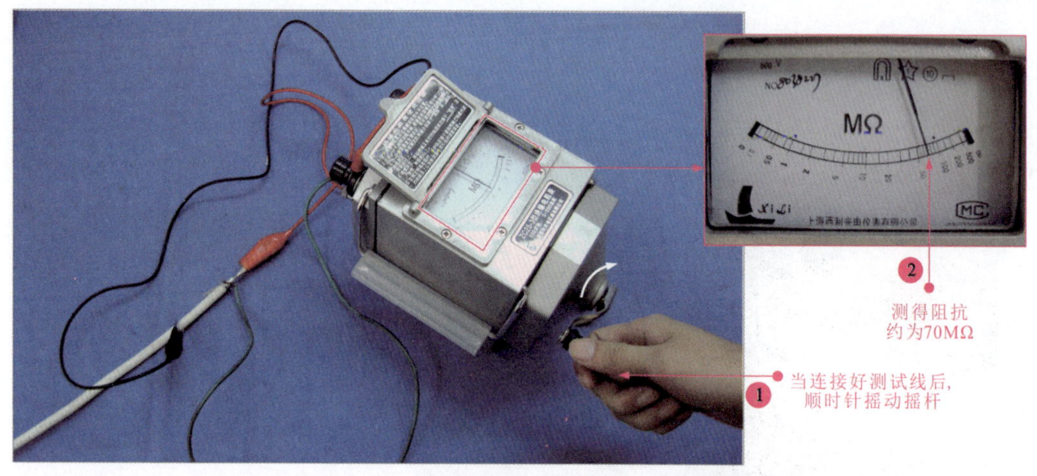

图 3-67 摇动手摇摇杆测试线缆的绝缘值

2 数字式绝缘电阻表

使用数字式绝缘电阻表检测变压器绝缘阻值的方法：

（1）查看待测变压器。使用数字式绝缘电阻表检测变压器的绝缘阻值时，需要分别对变压器的绕组之间的绝缘阻值以及与铁芯之间的绝缘阻值进行检测，如图 3-68 所示为待测变压器的实物外形。

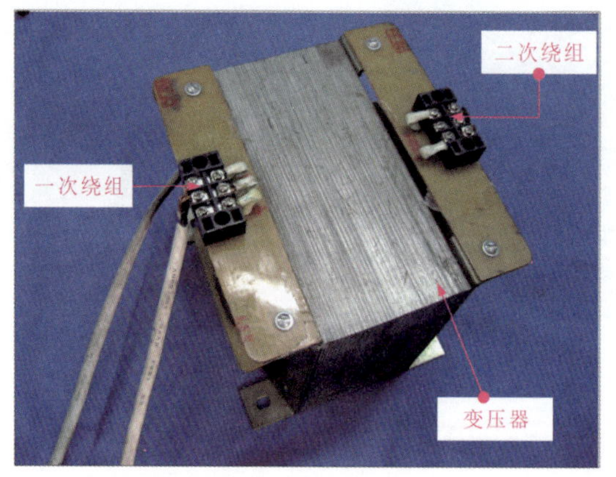

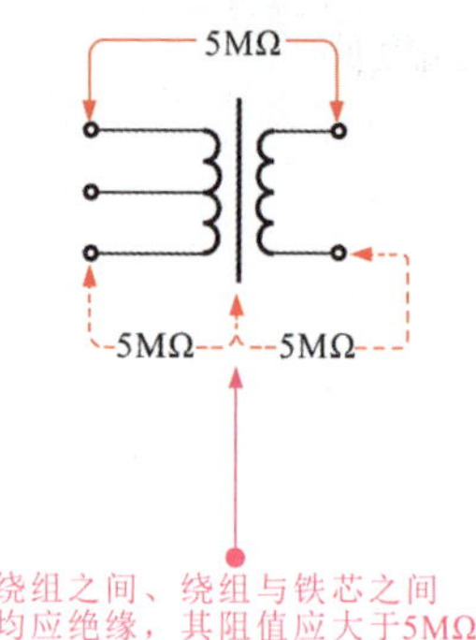

图 3-68 查看待测变压器

（2）调整数字式绝缘电阻表的量程并连接表笔。将数字式绝缘电阻表的量程调整为“500V”挡，显示屏上也会同时显示量程为 500V；然后将红表笔插入线路端“LINE”孔中，然后再将黑表笔插入接地端“EARTH”孔中，如图 3-69 所示。

（3）测试变压器一次绕组与铁芯间的绝缘阻值。将数字式绝缘电阻表的红表笔搭在变压器一次绕组的任意一根线芯上，黑色表笔搭在变压器的金属外壳上，按下数字式绝缘电阻表的测试按钮，此时数字式绝缘电阻表的显示盘显示绝缘阻值为“500MΩ”，如图 3-70 所示。

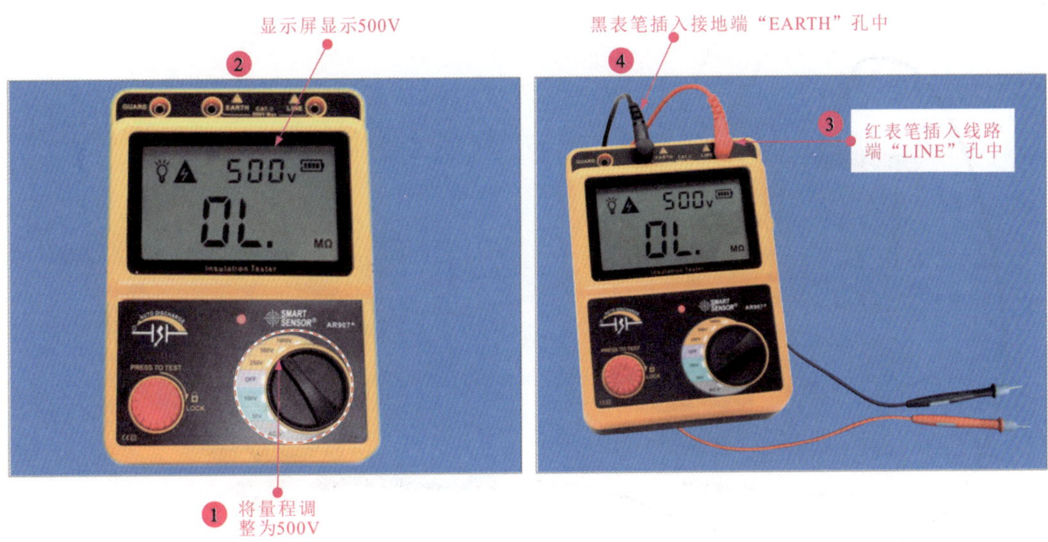

图 3-69 调整数字式绝缘电阻表的量程并连接表笔

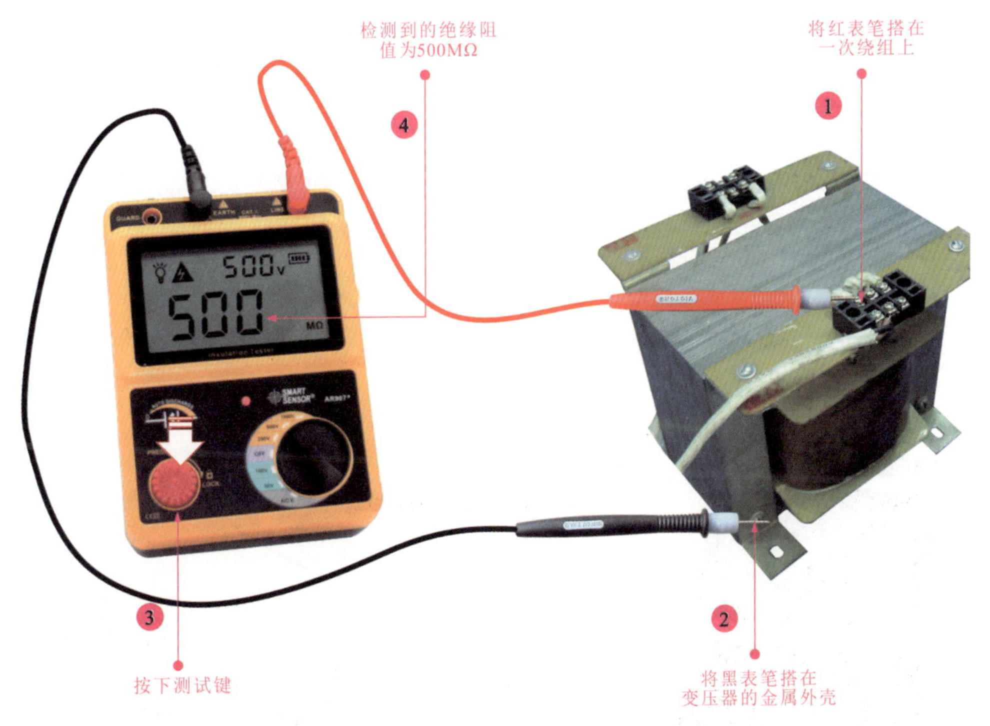

图 3-70 测试变压器一次绕组的绝缘阻值

（4）测试变压器二次绕组与铁芯间的绝缘阻值。将数字式绝缘电阻表的红表笔搭在变压器二次绕组的任意一根线芯上，黑色表笔搭在变压器的金属外壳上，然后按下数字式绝缘电阻表的测试按钮，此时数字式绝缘电阻表的显示盘显示绝缘阻值为“500 MΩ”，如图 3-71 所示。

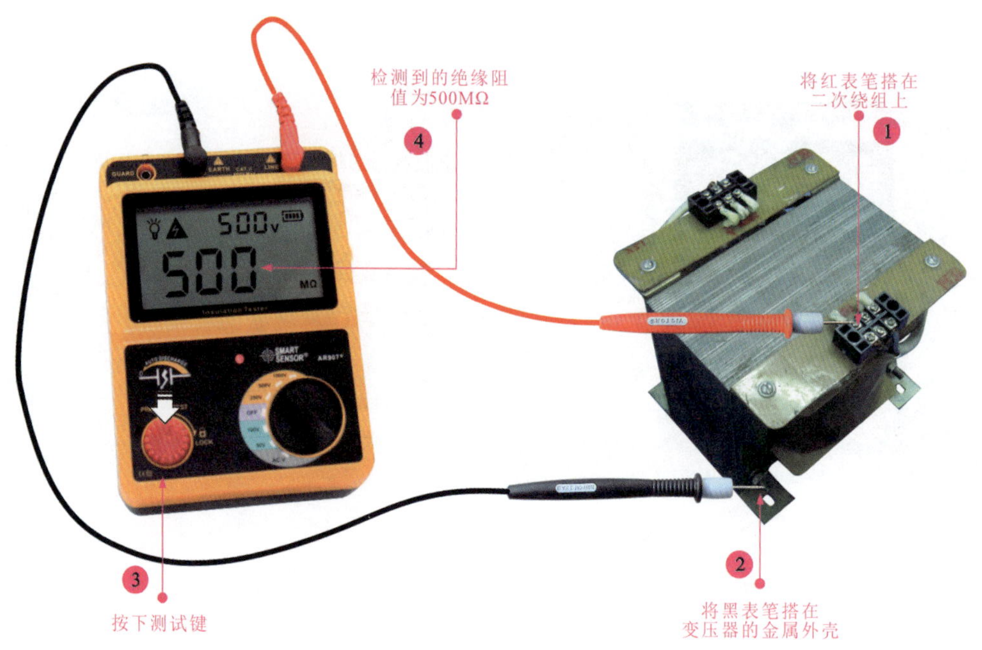

图 3-71　测试变压器二次绕组的绝缘阻值

（5）测试变压器一次侧绕组与二次侧绕组之间的绝缘阻值。将数字式绝缘电阻表的红表笔搭在变压器二次侧绕组的任意一根线芯上，黑色表笔搭在变压器一次侧绕组的任意一根线芯上，然后按下数字式绝缘电阻表的测试按钮，此时数字式绝缘电阻表的显示盘显示绝缘阻值为“500 MΩ”，如图 3-72 所示。

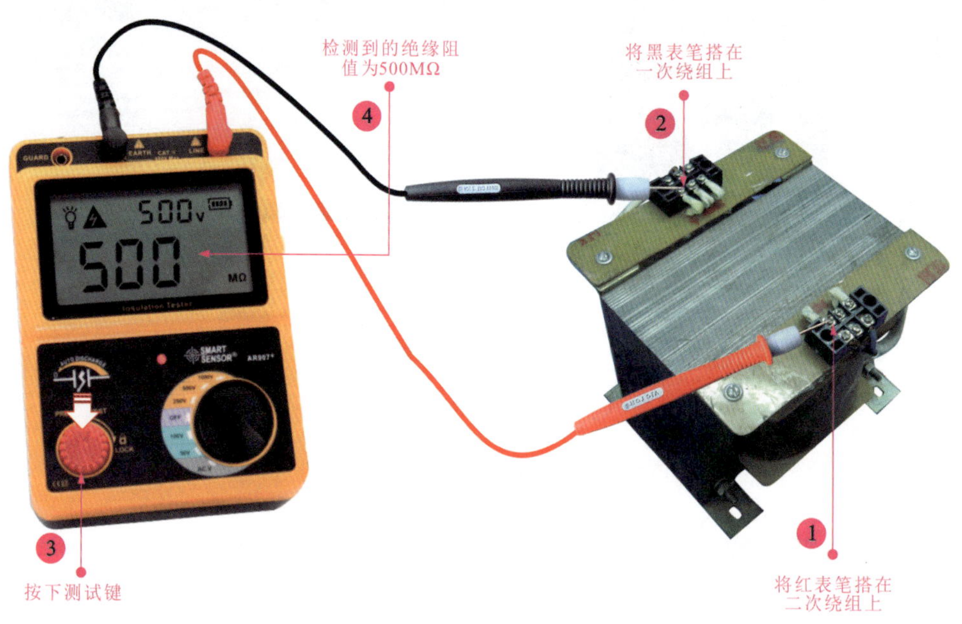

图 3-72　调整数字式绝缘电阻表的量程并连接表笔

第 4 章 导线的加工与连接

4.1 线缆的剥线加工

4.1.1 塑料硬导线的剥线加工

塑料硬导线通常使用钢丝钳、剥线钳、斜口钳或电工刀进行剥线加工，不同的操作工具，具体的剥线方法也有所不同。

1 使用钢丝钳剥削塑料硬导线

如图 4-1 所示，使用钢丝钳剥削塑料硬导线的绝缘层是电工操作中常使用的一种简单快捷的操作方法，一般适用于剥削横截面积小于 4mm^2 的塑料硬导线。

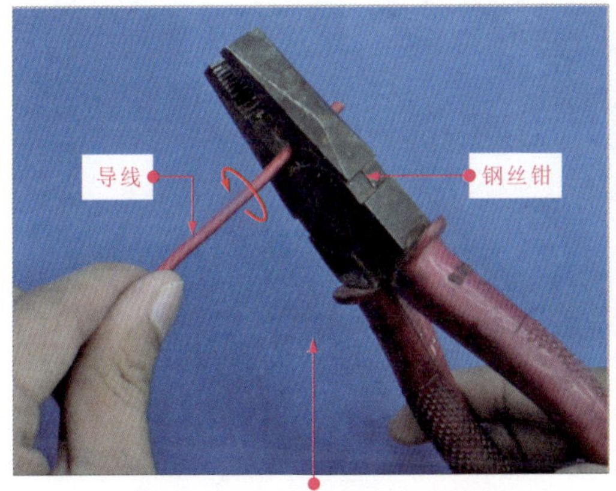

① 左手握住导线一端，右手用钢丝钳刀口绕导线旋转一周轻轻切破绝缘层

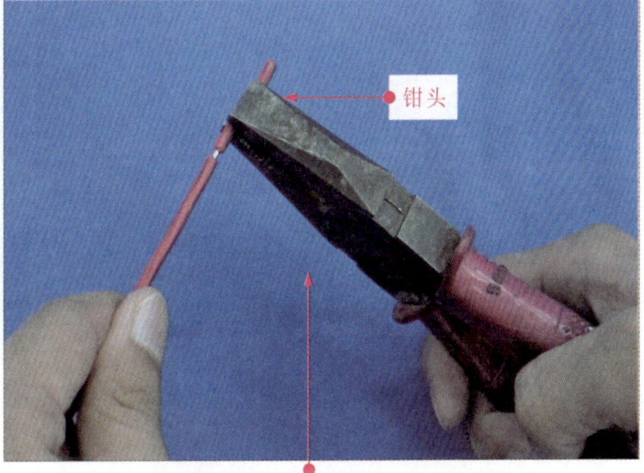

② 右手握住钢丝钳，用钳头钳住要去掉的绝缘层

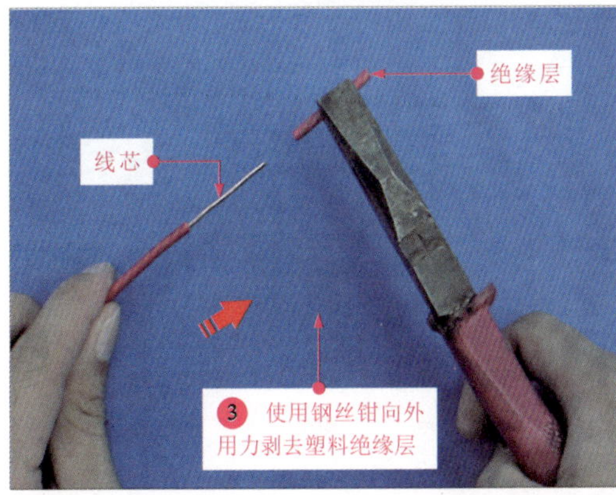

③ 使用钢丝钳向外用力剥去塑料绝缘层

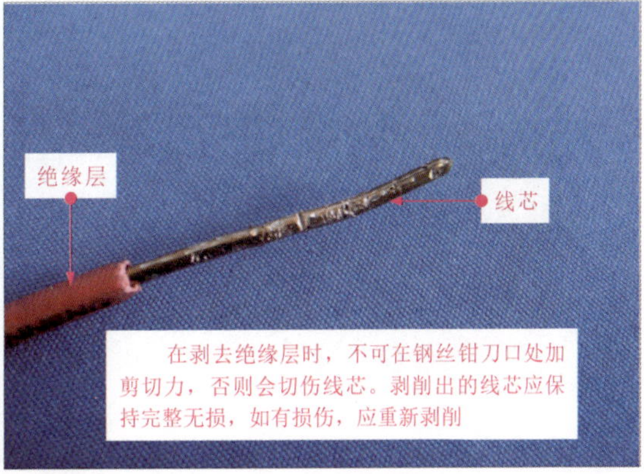

在剥去绝缘层时，不可在钢丝钳刀口处加剪切力，否则会切伤线芯。剥削出的线芯应保持完整无损，如有损伤，应重新剥削

图 4-1 使用钢丝钳剥削塑料硬导线

2 使用剥线钳剥削塑料硬导线

如图 4-2 所示，使用剥线钳剥削塑料硬导线的绝缘层也是电工操作中比较规范和简单的方法。一般适用于剥削横截面积大于 $4mm^2$ 的塑料硬导线绝缘层。

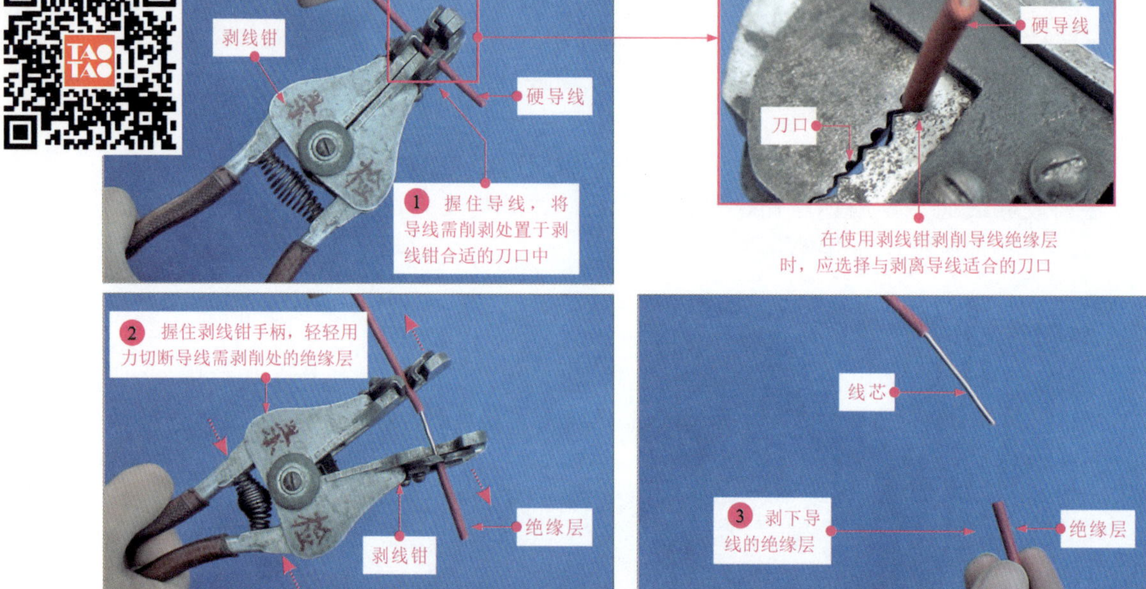

图 4-2 使用剥线钳剥削塑料硬导线的方法

3 使用电工刀剥削塑料硬导线

如图 4-3 所示，一般横截面积大于 $4mm^2$ 塑料硬导线的绝缘层还可以使用电工剥削。

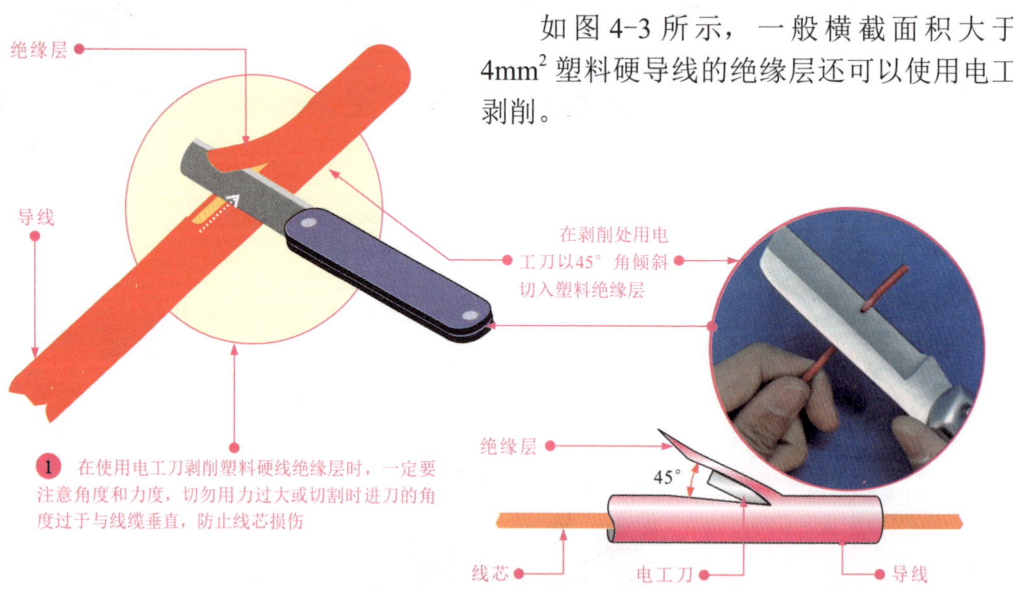

图 4-3 使用电工刀剥削塑料硬导线绝缘层的方法

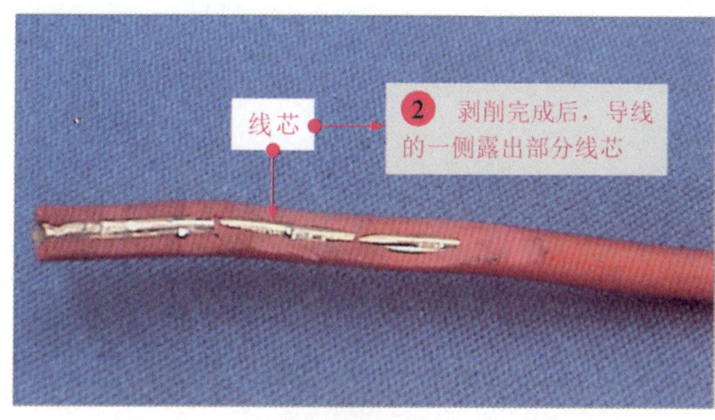

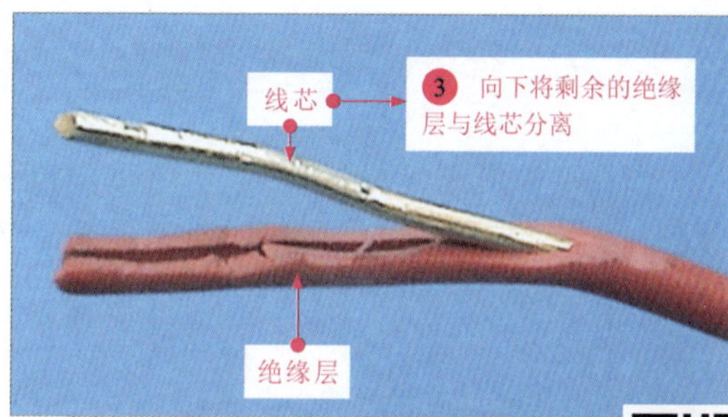

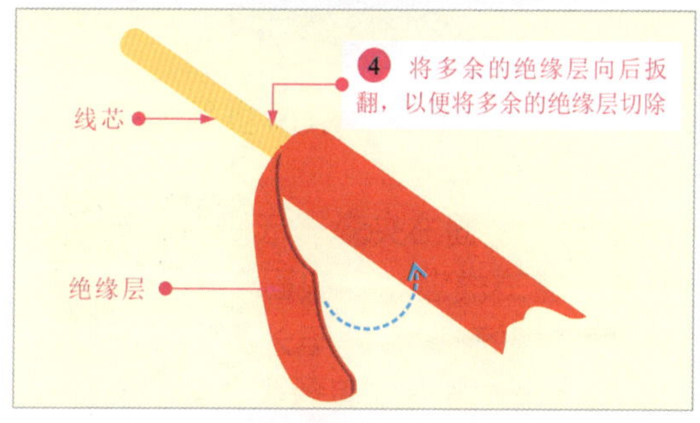

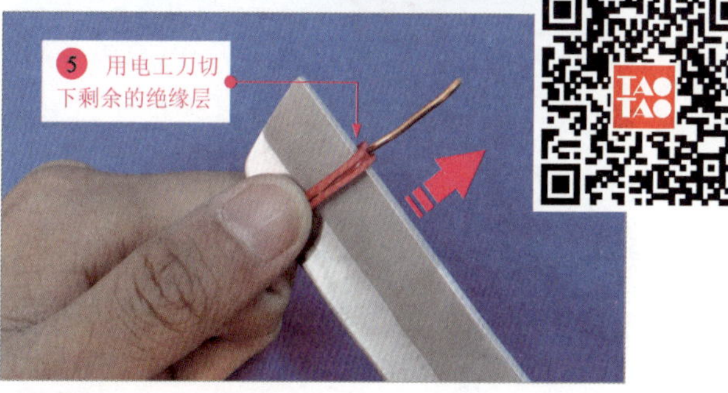

图 4-3 使用电工刀剥削塑料硬导线绝缘层的方法（续）

4.1.2 塑料软导线的剥线加工

如图 4-4 所示，塑料软导线也是家装电工常用的一种电气线材。塑料软导线的绝缘层通常采用剥线钳剥削。

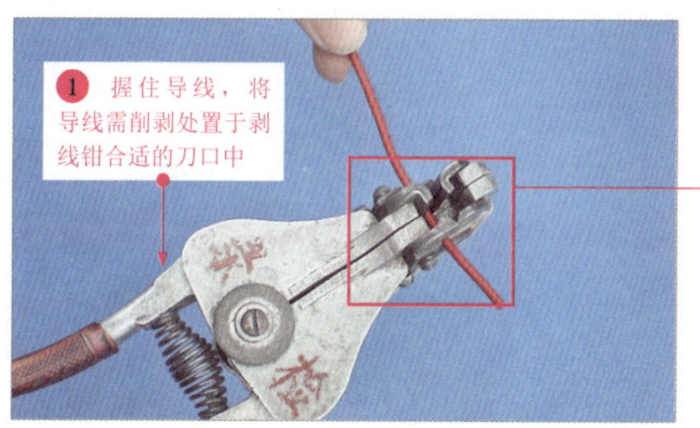

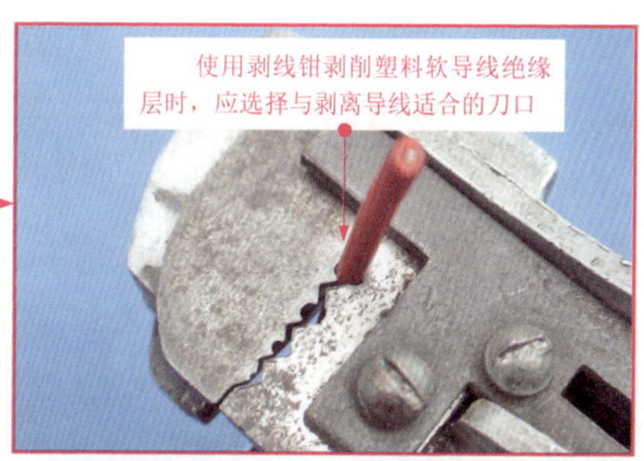

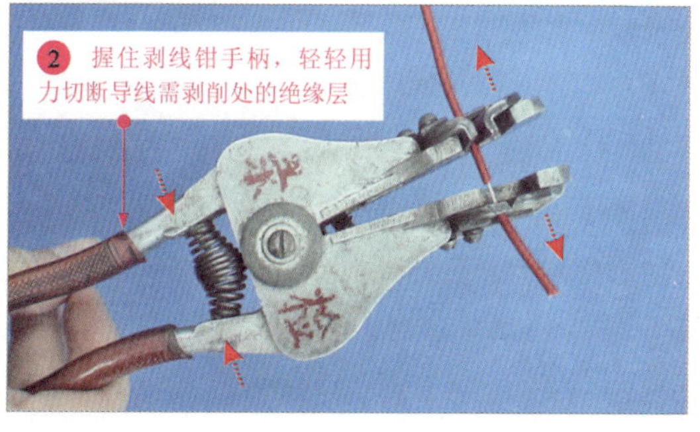

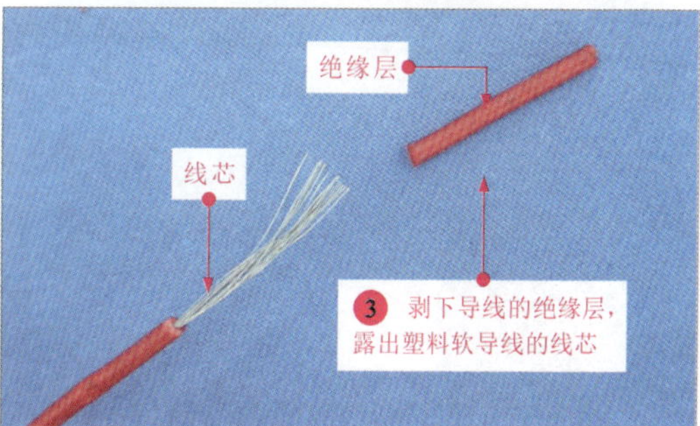

图 4-4 塑料软导线绝缘层的剥削方法

4.1.3　塑料护套线的剥线加工

如图 4-5 所示，塑料护套线缆是将两根带有绝缘层的导线用护套层包裹在一起，剥削时要先剥削护套层，再分别剥削里面两根导线的绝缘层。塑料护套层通常采用电工刀进行剥削。

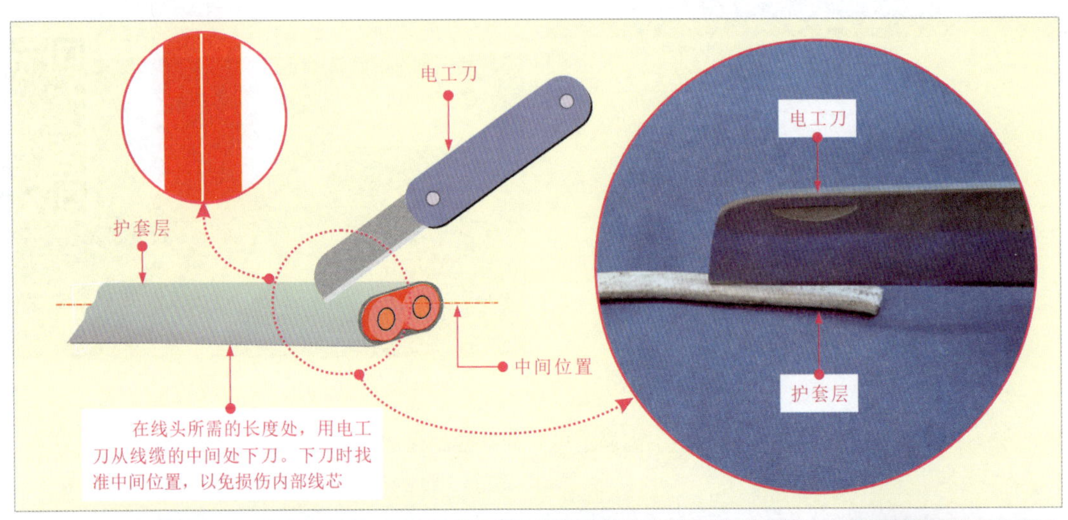

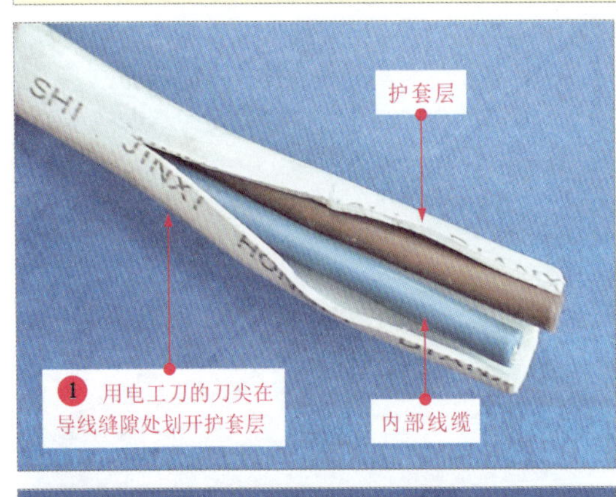

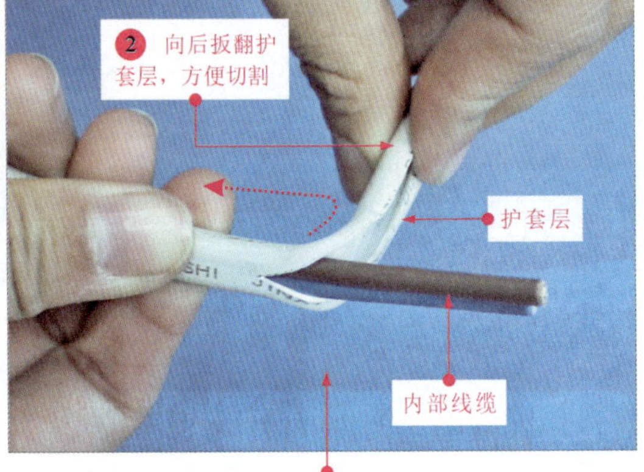

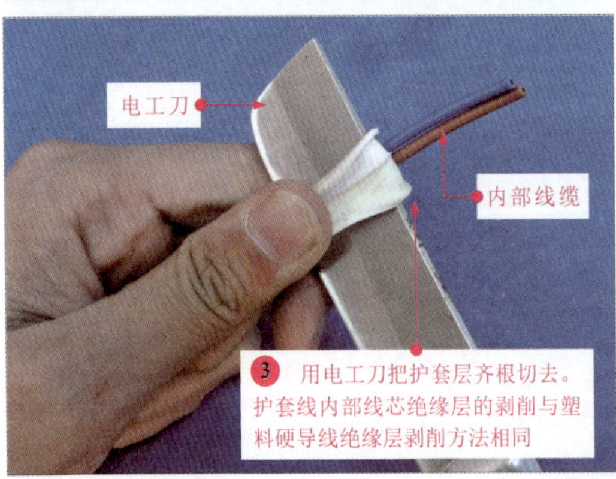

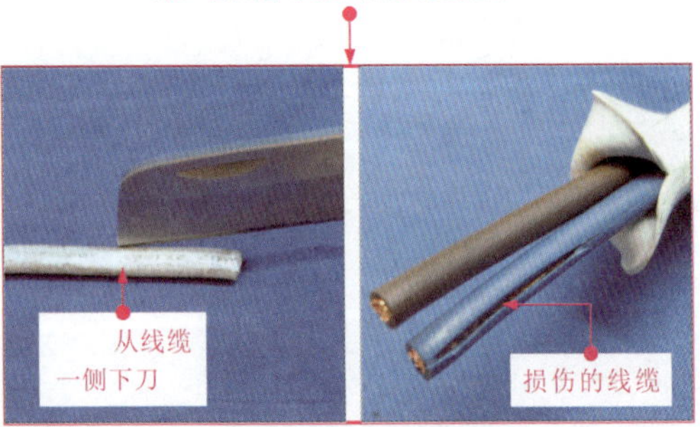

图 4-5　塑料护套线护套层的剥削方法

4.1.4 漆包线的剥线加工

如图 4-6 所示，漆包线的绝缘层是将绝缘漆喷涂在线缆上。加工漆包线时，应根据线缆的直径选择合适的加工工具。

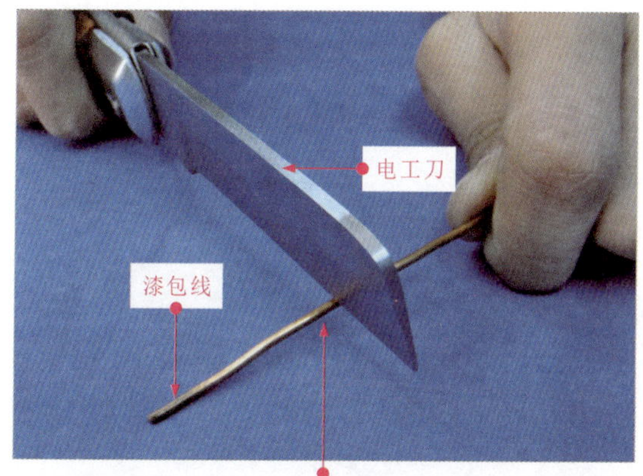

直径在0. 6mm以上的漆包线可以使用电工刀去除绝缘漆。用电工刀轻轻刮去漆包线上的绝缘漆直至漆层剥落干净

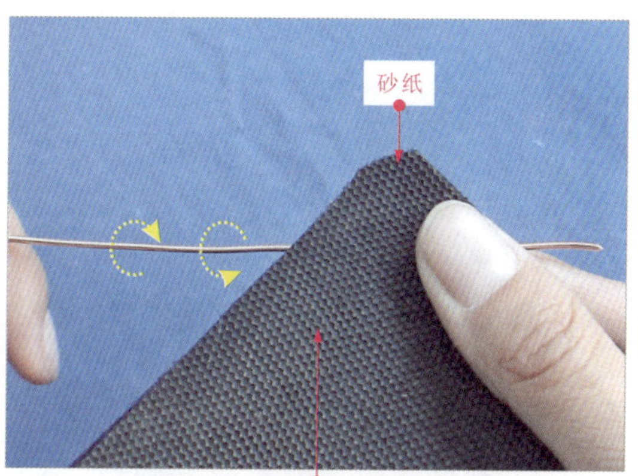

直径在0. 15～0. 6mm的漆包线通常使用细砂纸或布去除绝缘漆。用细砂纸夹住漆包线，旋转线头，去除绝缘漆

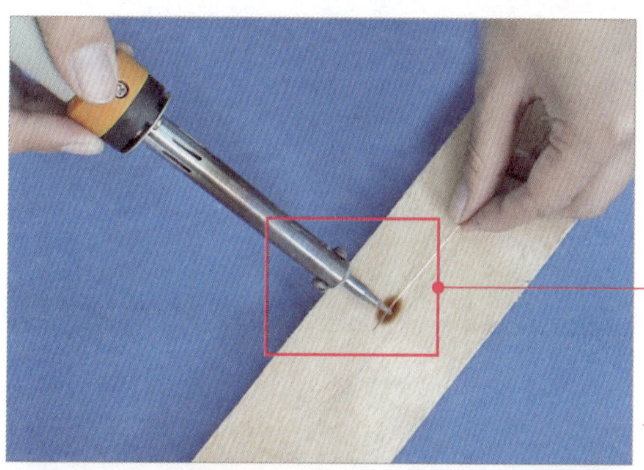

将电烙铁加热并沾锡后在线头上来回摩擦几次去除绝缘漆，同时线头上会有一层焊锡，便于后面的连接操作

在没有电烙铁的情况下，可用火剥落绝缘层。用微火将漆包线线头加热，漆层加热软化后，用软布擦拭即可

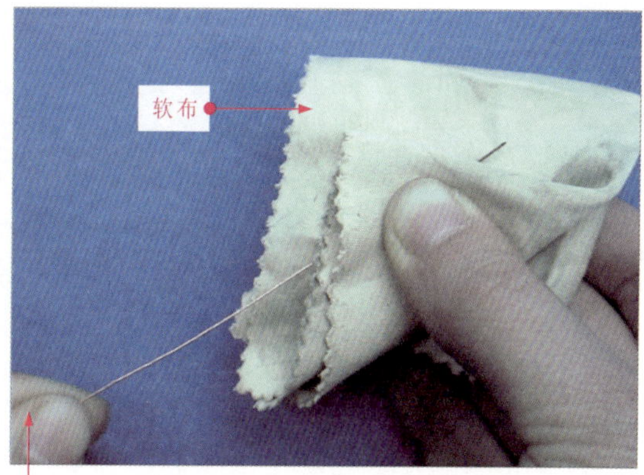

该方法通常是应用于直径在0. 15mm以下的漆包线，这类线缆线芯较细，使用刀片或砂纸容易将线芯折断或损伤

图 4-6 漆包线的剥线加工方法

4.2 线缆的连接

在去除了导线线头的绝缘层后，就可进行线缆的连接操作了。下面安排了 4 个连接操作环节，分别是线缆的缠绕连接、线缆的绞接连接、线缆的扭绞连接、线缆的绕接连接。

4.2.1 线缆的缠接

1 单股导线的缠绕式对接

如图 4-7 所示，当连接两根较粗的单股导线时，通常选择缠绕式对接方法。

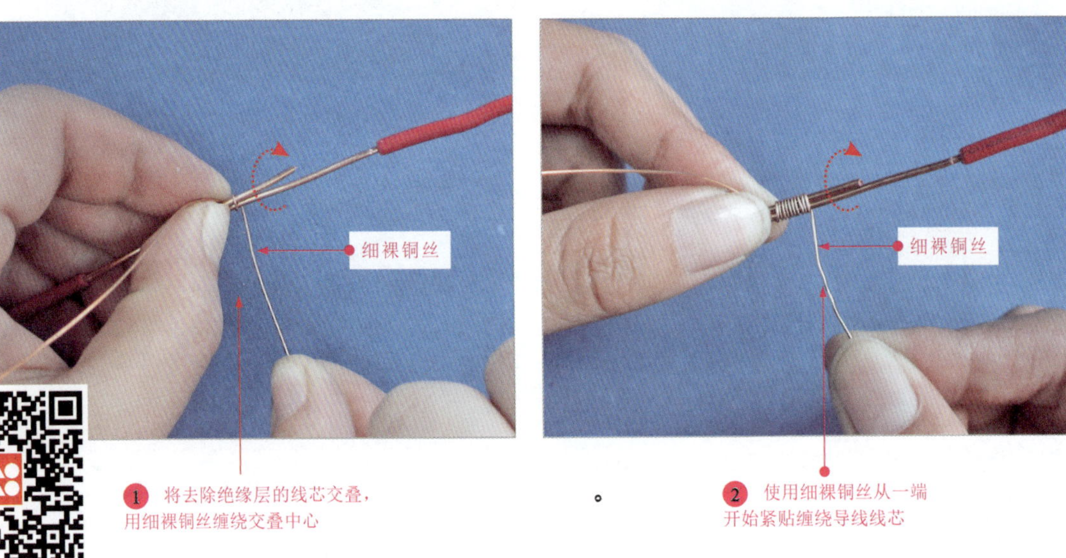

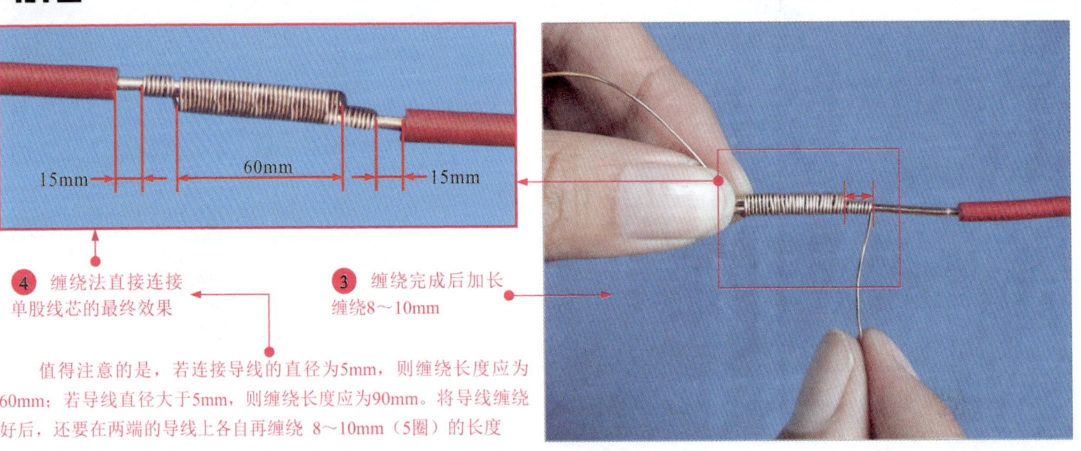

图 4-7 单股导线的缠绕式对接方法

2 单股导线的缠绕式 T 形连接

如图 4-8 所示，当连接一根支路和一根主路单股导线时，通常采用缠绕式 T 形连接。

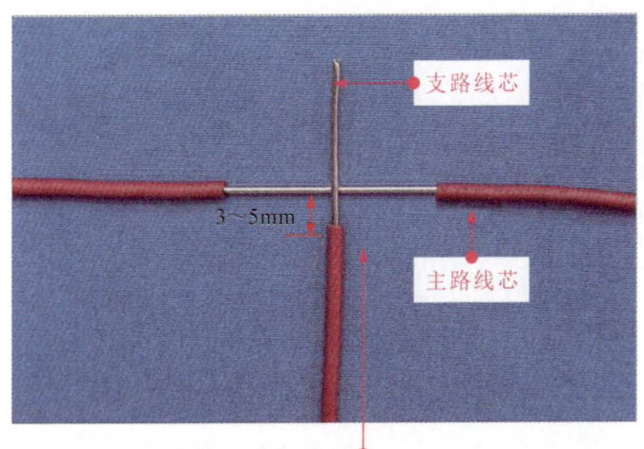

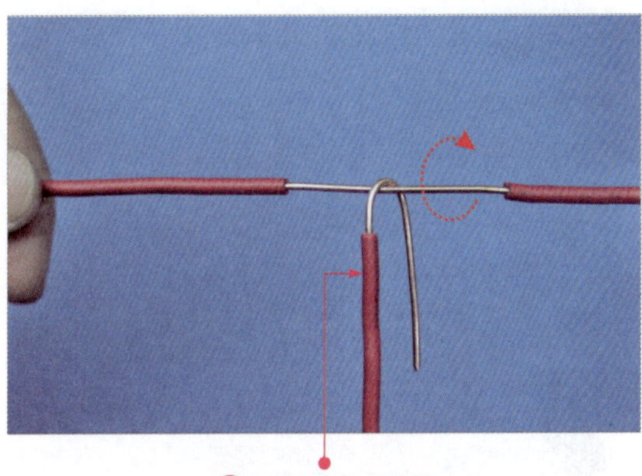

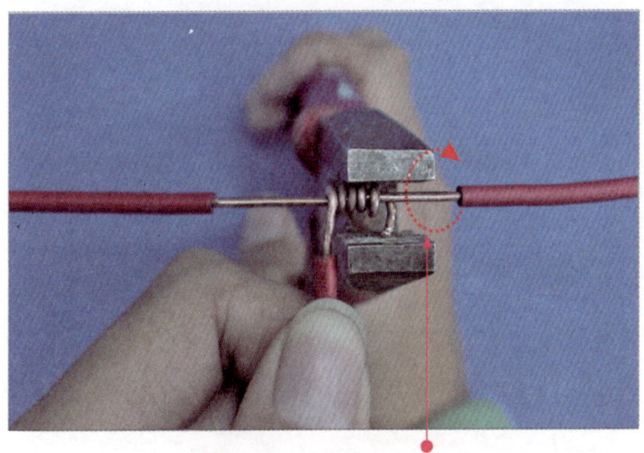

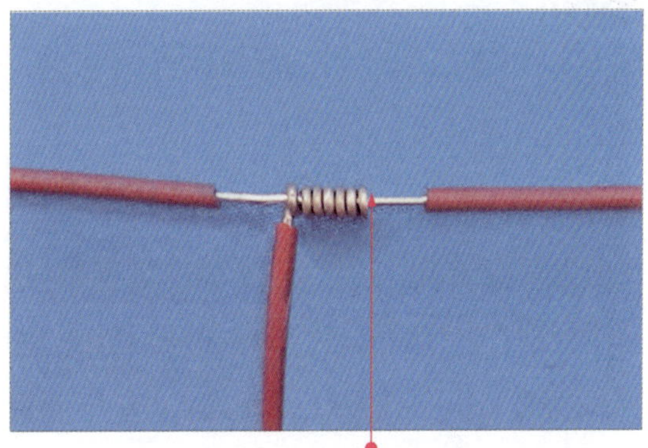

图 4-8 单股导线的缠绕式 T 形连接方法

如图 4-9 所示，对于横截面积较小的单股导线，可以将支路线芯在干线线芯上环绕扣结，然后沿干线线芯顺时针贴绕。

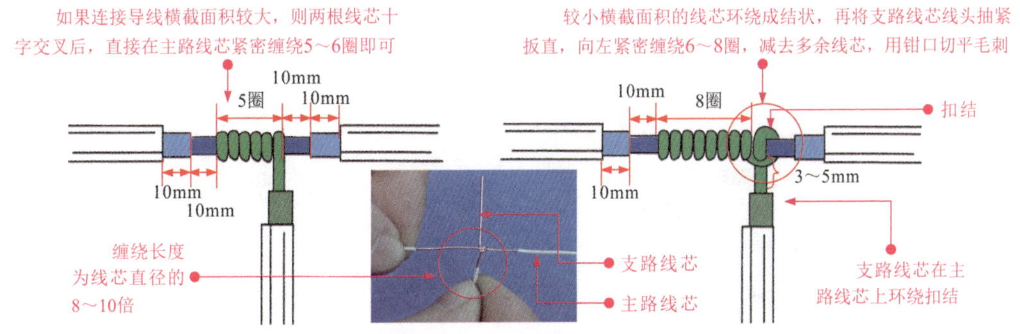

图 4-9 横截面积较小的单股导线缠绕式 T 形连接

3 多股导线的缠绕式对接

如图 4-10 所示，连接两根多股塑料软导线可采用简单的缠绕式对接方法。

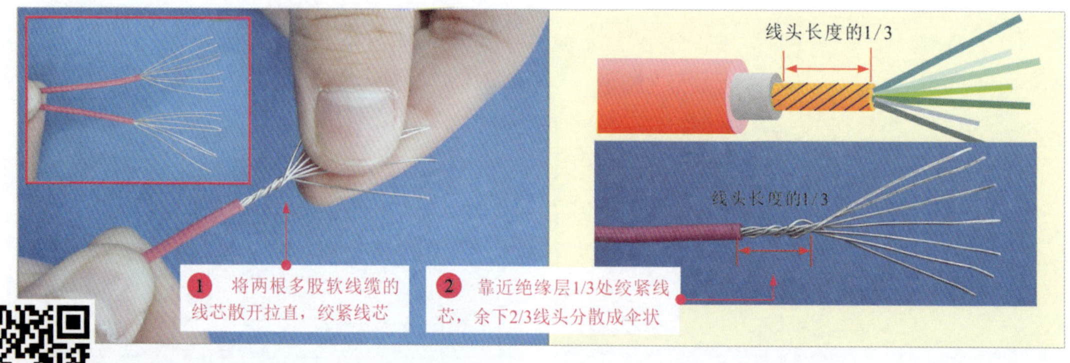

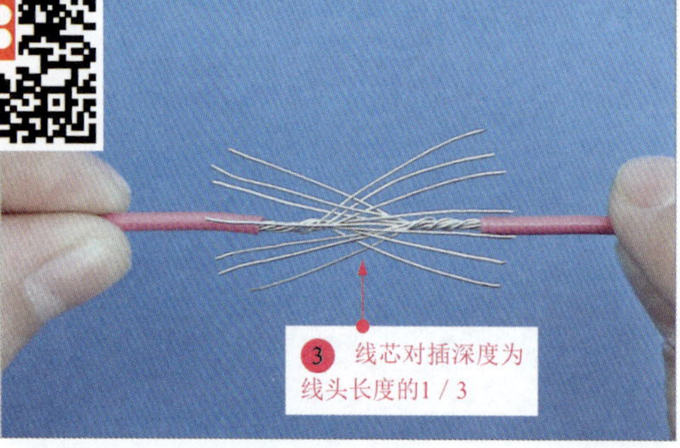

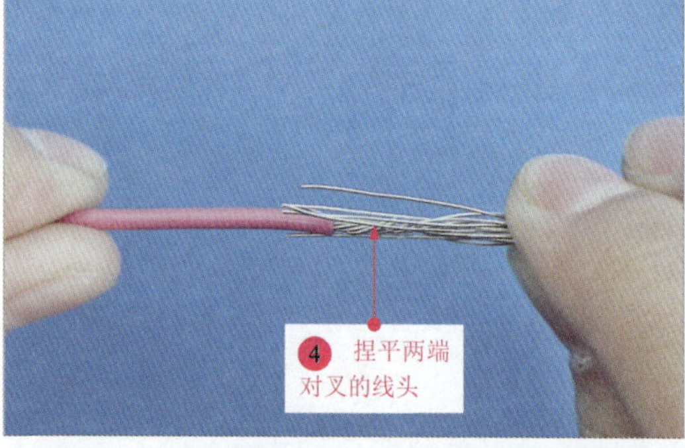

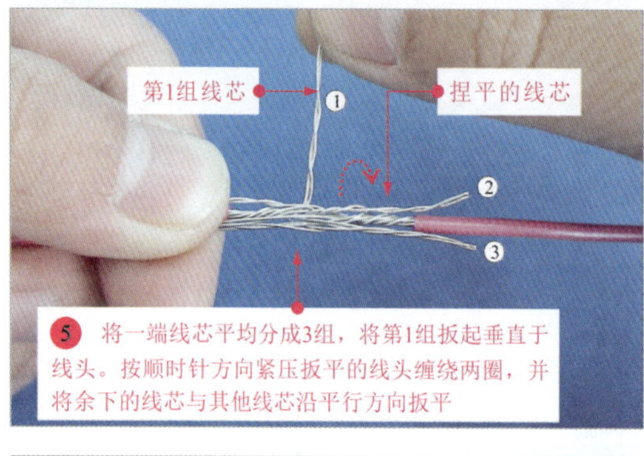

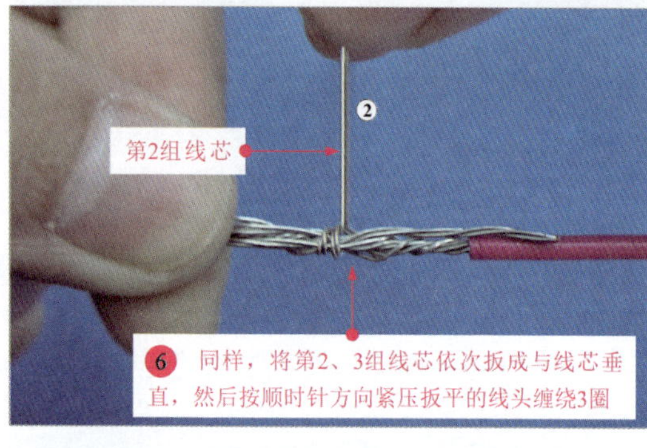

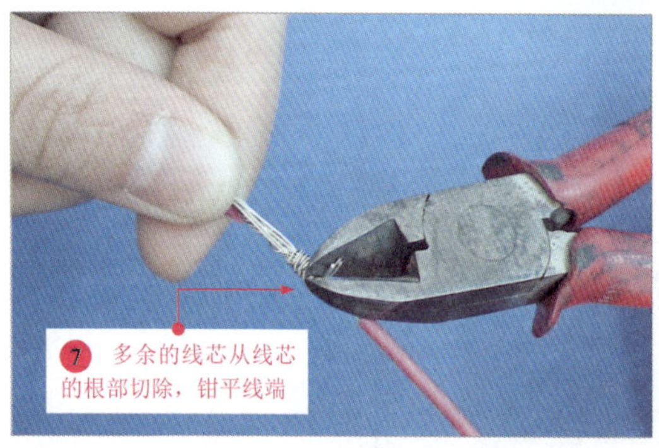

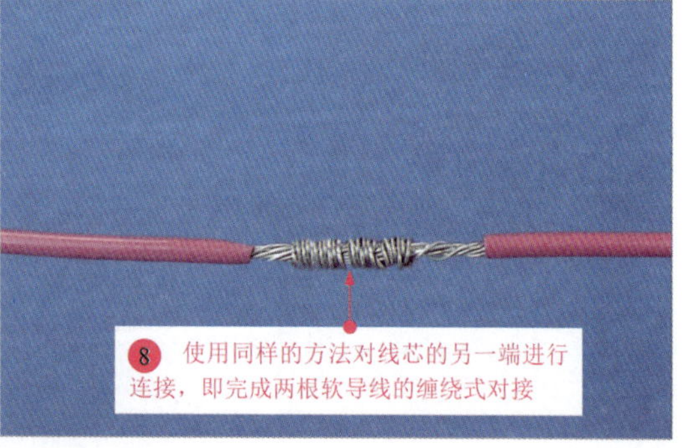

图 4-10 多股导线的缠绕式对接方法

4 多股导线的缠绕式 T 形连接

如图 4-11 所示，当连接一根支路多股导线与一根主路多股导线时，通常采用缠绕式 T 形连接的方式。

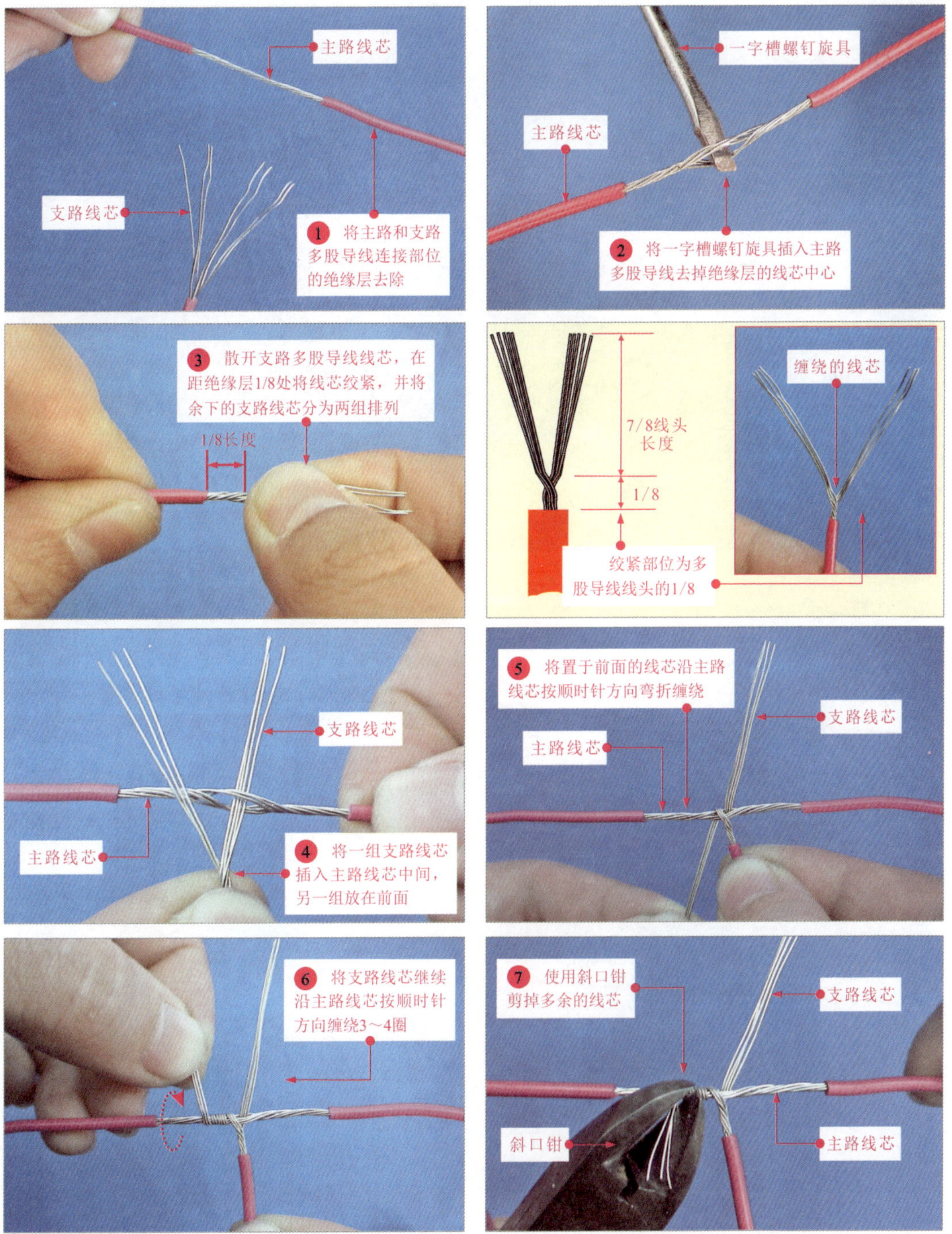

图 4-11 多股导线的缠绕式 T 形连接

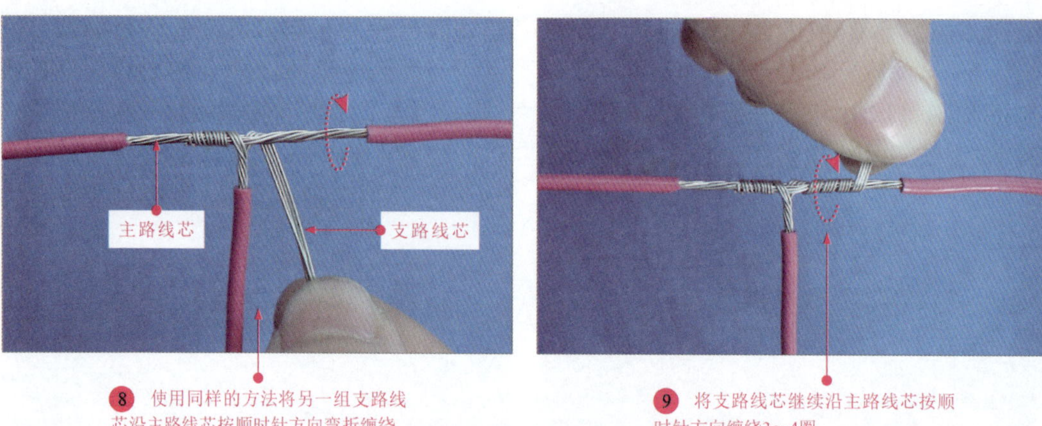

8 使用同样的方法将另一组支路线芯沿主路线芯按顺时针方向弯折缠绕

9 将支路线芯继续沿主路线芯按顺时针方向缠绕3～4圈

10 使用斜口钳剪掉多余的线芯

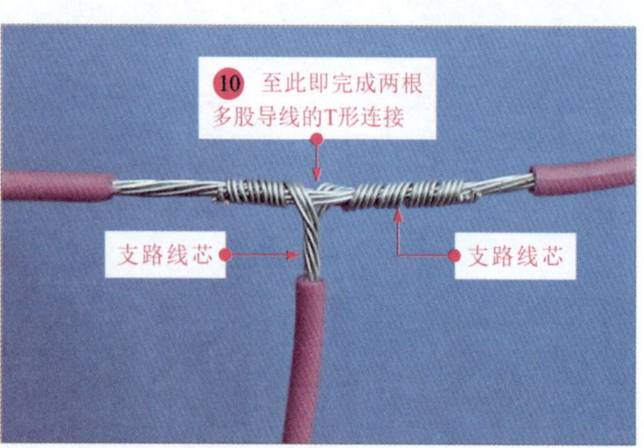

图 4-11 多股导线的缠绕式 T 形连接（续）

4.2.2 线缆的绞接

如图 4-12 所示，当连接两根横截面积较小的单股导线时，通常采用绞接（X 形连接）方法。

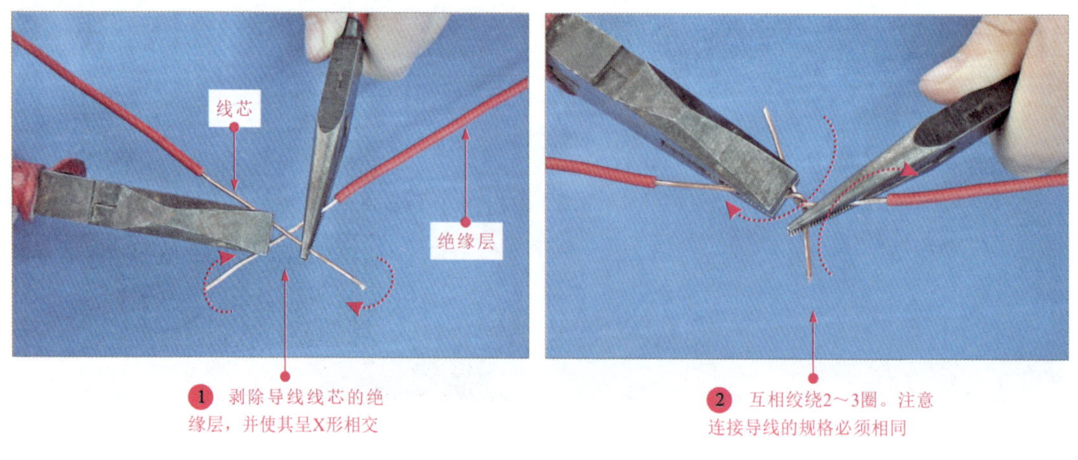

1 剥除导线线芯的绝缘层，并使其呈X形相交

2 互相绞绕2～3圈。注意连接导线的规格必须相同

图 4-12 单股导线的绞接连接

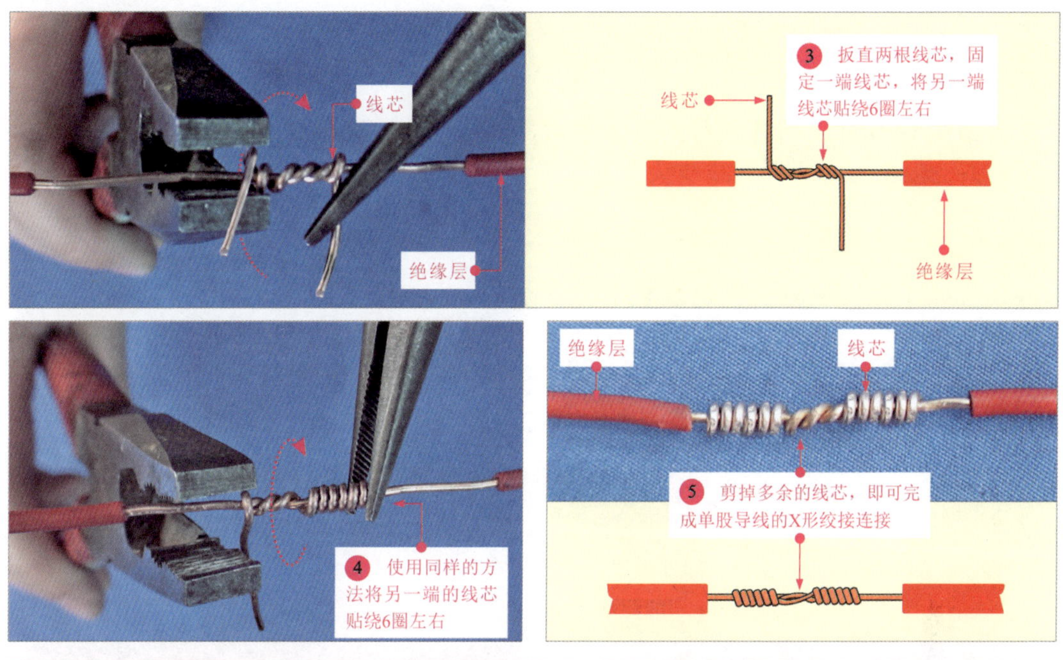

图 4-12　单股导线的绞接连接（续）

4.2.3　线缆的扭接

如图 4-13 所示，扭绞是指将待连接的导线线头平行同向放置，然后将线头同时互相缠绕。

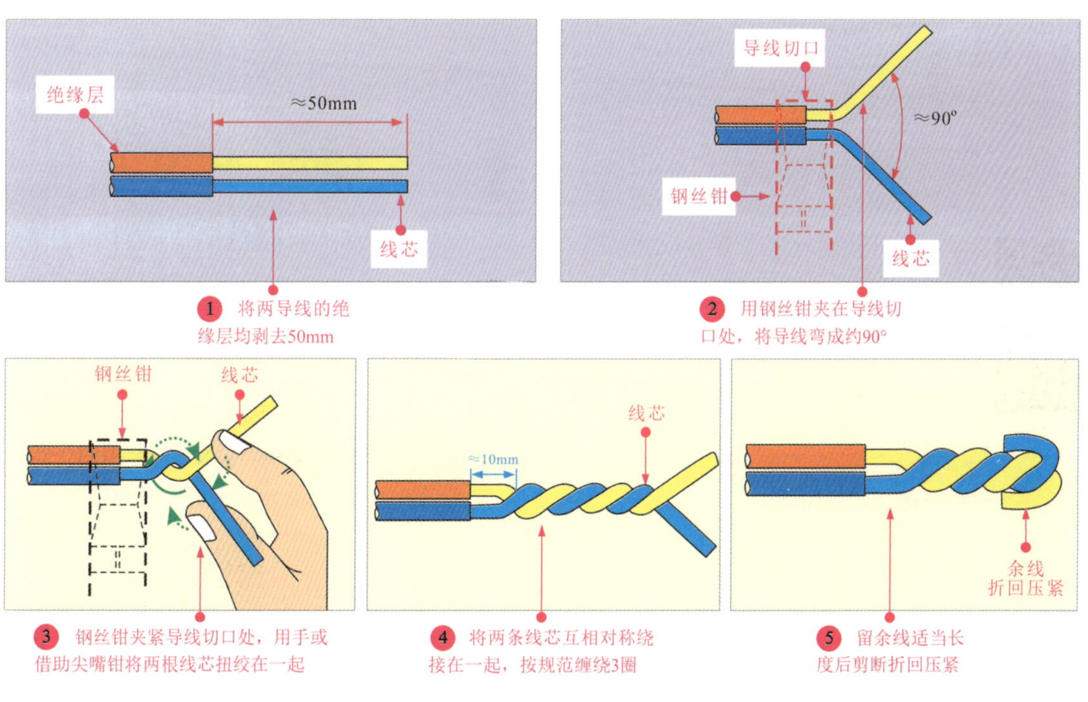

图 4-13　单股导线的扭绞连接

4.2.4 线缆的绕接

如图 4-14 所示，绕接也称为并头连接，一般适用于三根导线连接时，即将第三根导线线头绕接在另外两根导线线头上的方法。

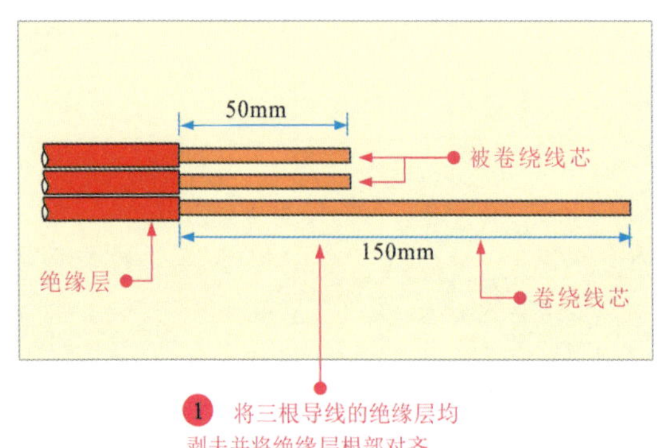

1 将三根导线的绝缘层均剥去并将绝缘层根部对齐

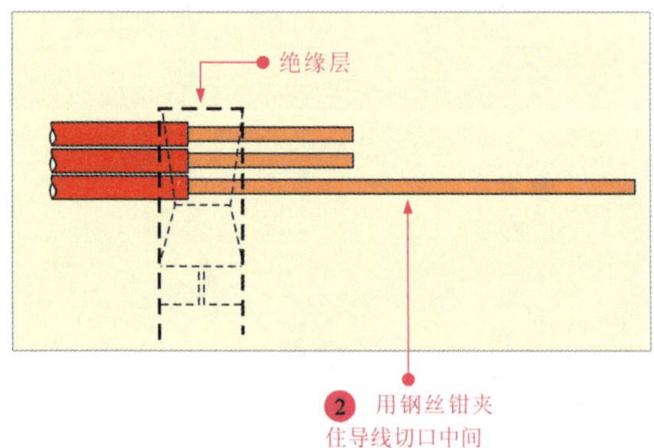

2 用钢丝钳夹住导线切口中间

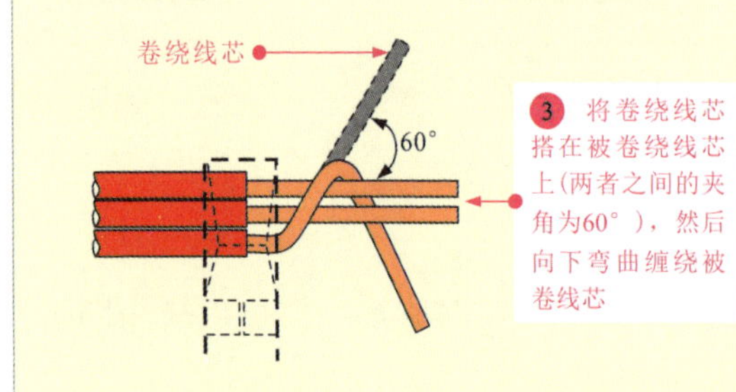

3 将卷绕线芯搭在被卷绕线芯上(两者之间的夹角为60°)，然后向下弯曲缠绕被卷线芯

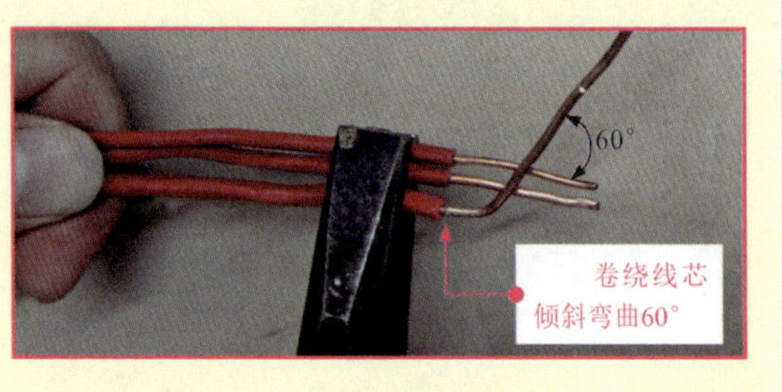

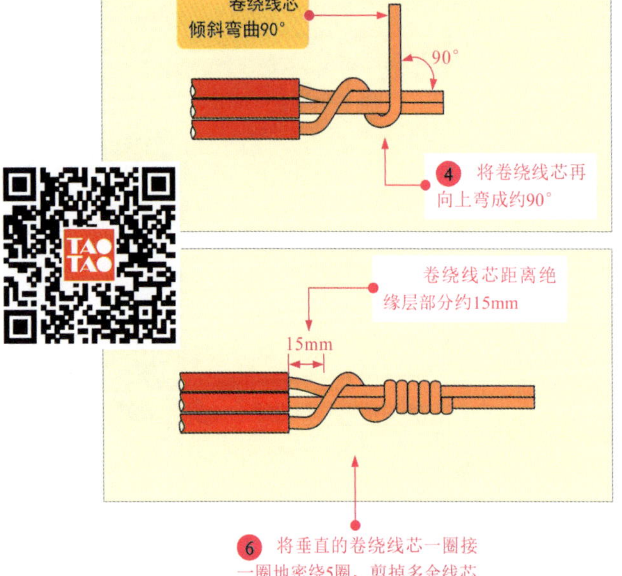

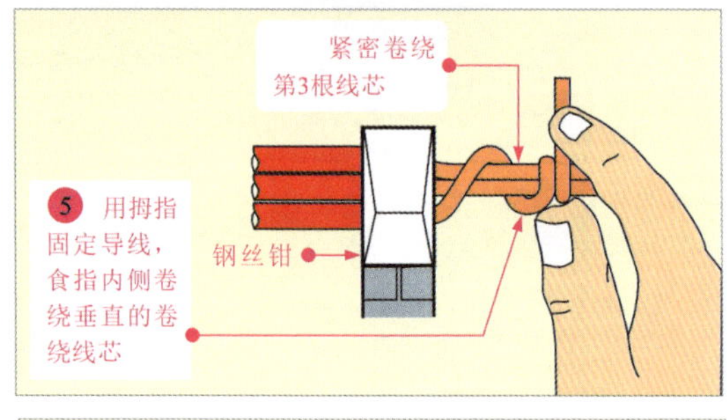

6 将垂直的卷绕线芯一圈接一圈地密绕5圈，剪掉多余线芯

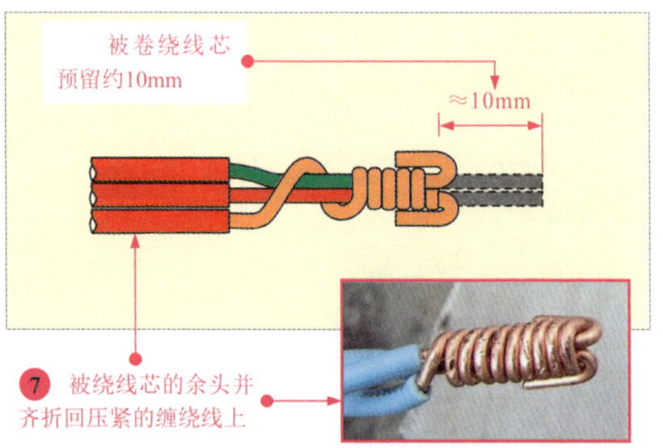

7 被绕线芯的余头并齐折回压紧的缠绕线上

图 4-14 三根单股导线的绕接连接

4.2.5 线缆的线夹连接

如图 4-15 所示，电工操作中，常用线夹连接硬导线，操作简单，安装牢固可靠。

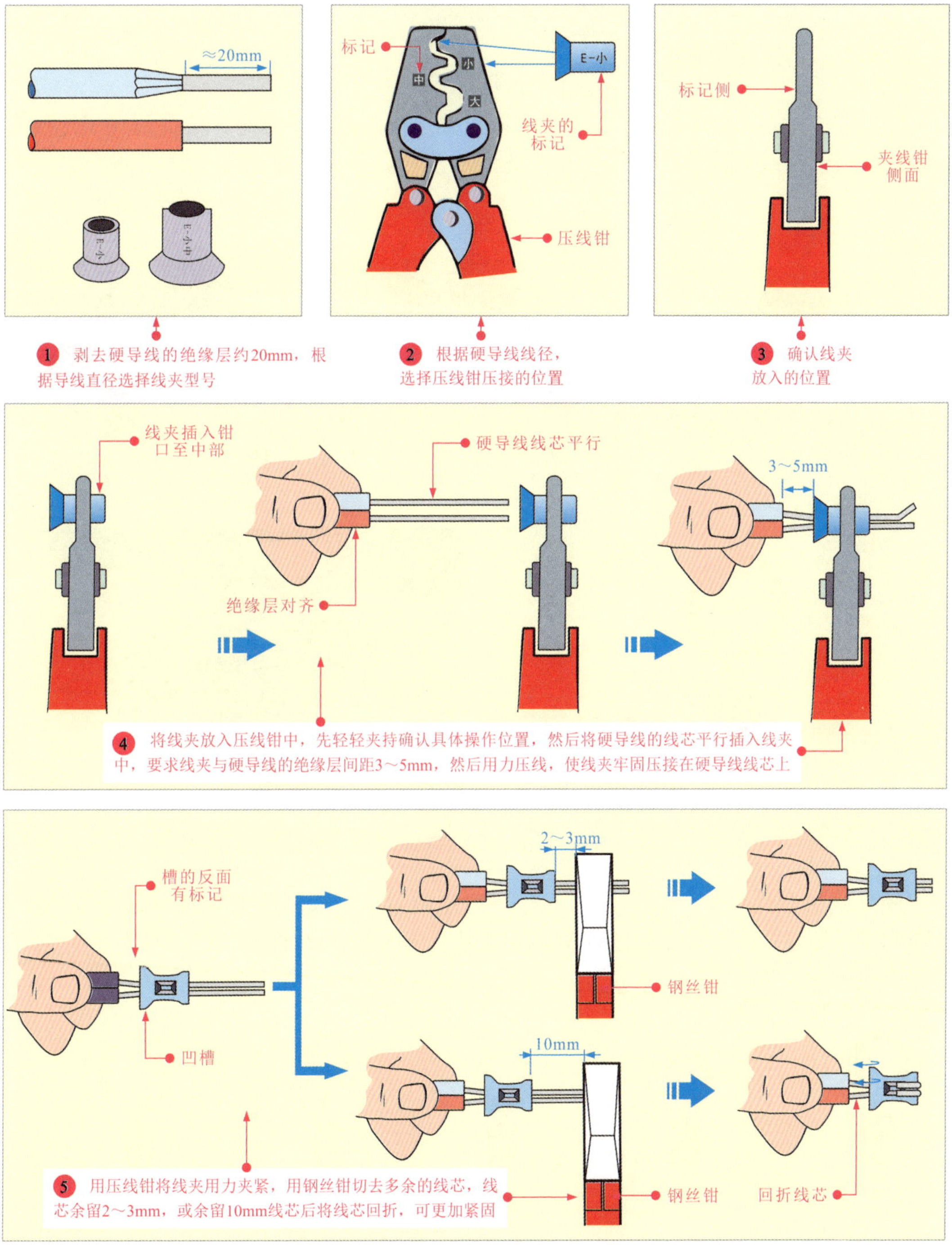

≈20mm
E-小
E-小-中
标记
中
小
大
E-小
线夹的标记
压线钳
标记侧
夹线钳侧面
① 剥去硬导线的绝缘层约20mm，根据导线直径选择线夹型号
② 根据硬导线线径，选择压线钳压接的位置
③ 确认线夹放入的位置
线夹插入钳口至中部
硬导线线芯平行
3～5mm
绝缘层对齐
④ 将线夹放入压线钳中，先轻轻夹持确认具体操作位置，然后将硬导线的线芯平行插入线夹中，要求线夹与硬导线的绝缘层间距3～5mm，然后用力压线，使线夹牢固压接在硬导线线芯上
槽的反面有标记
凹槽
2～3mm
钢丝钳
10mm
钢丝钳
回折线芯
⑤ 用压线钳将线夹用力夹紧，用钢丝钳切去多余的线芯，线芯余留2～3mm，或余留10mm线芯后将线芯回折，可更加紧固

图 4-15　塑料硬导线的线夹连接

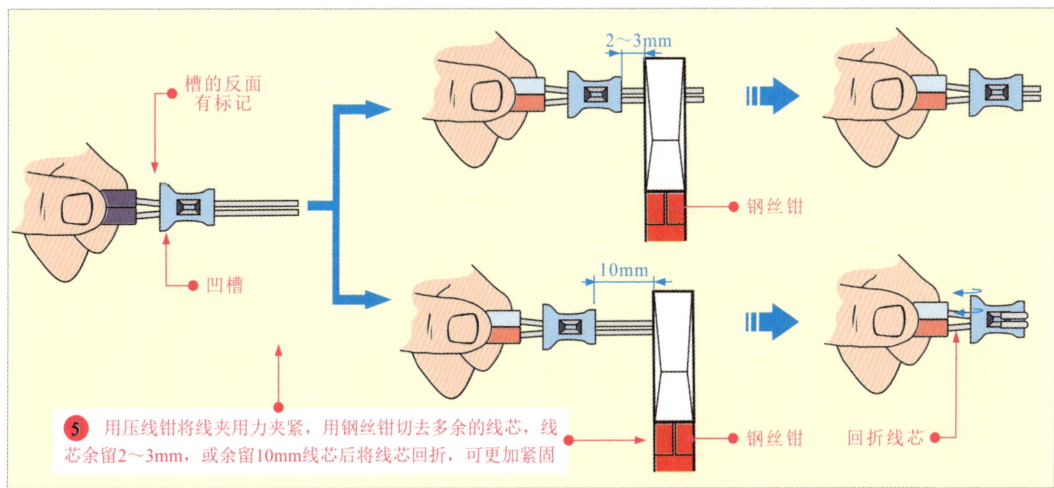

4.3 线缆连接头的加工

在线缆的加工连接中，加工处理线缆连接头也是电工操作中十分重要的一项技能。根据线缆类型分为塑料硬导线连接头的加工和塑料软导线连接头的加工两种。

4.3.1 塑料硬导线连接头的加工

如图 4-16 所示，塑料硬导线一般可以直接连接，需要平接时，应提前加工连接头，即需将塑料硬导线的线芯加工为大小合适的连接环。

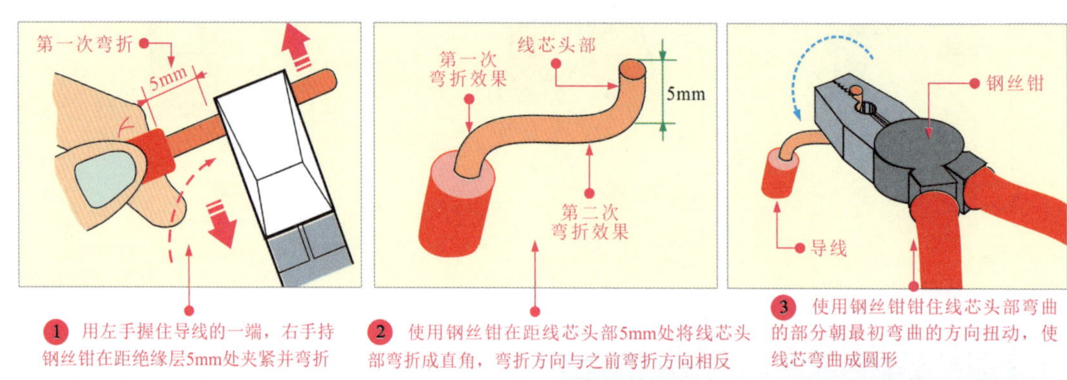

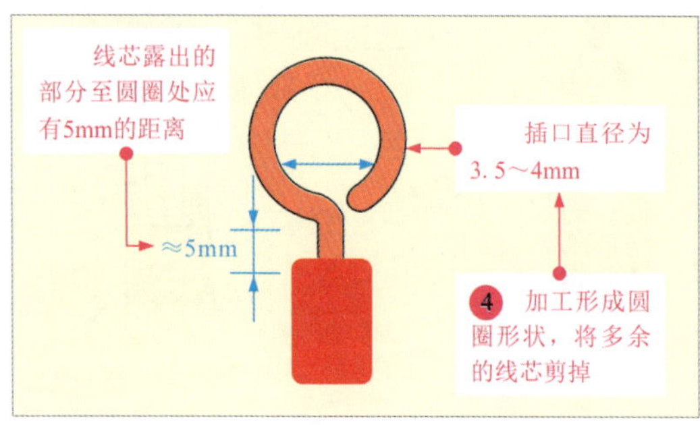

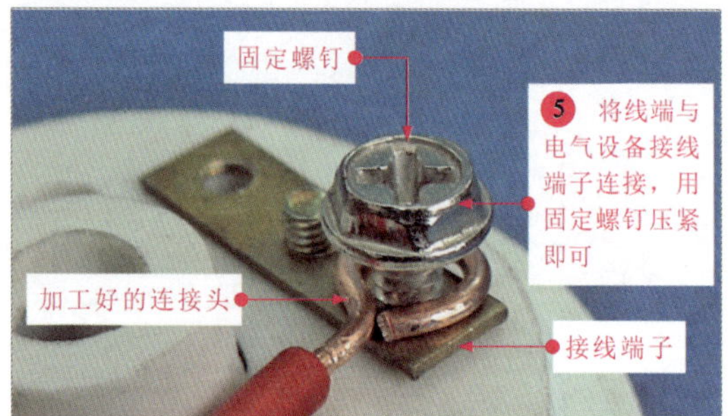

图 4-16 塑料硬导线连接头的加工处理

硬导线封端操作中，应当注意连接环弯压质量，若尺寸不规范或弯压不规范，都会影响接线质量，在实际操作过程中，若出现不合规范的封端时，需要剪掉，重新加工，如图 4-17 所示。

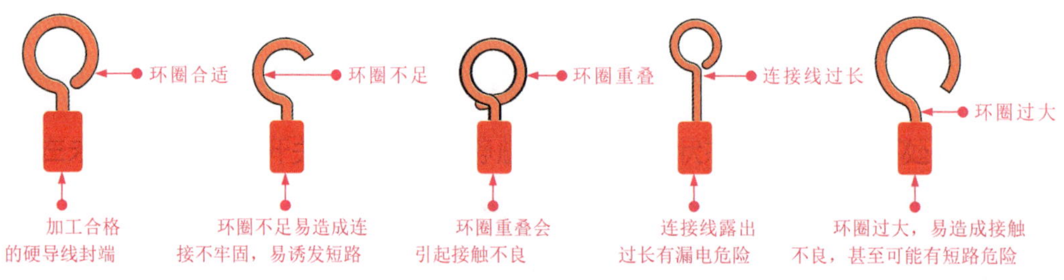

图 4-17 塑料硬导线封端合格与不合格情况

4.3.2 塑料软导线连接头的加工

塑料软导线在连接使用时，常见的有绞绕式连接头的加工、缠绕式连接头的加工及环形连接头的加工三种形式。

1 绞绕式连接头的加工

如图 4-18 所示，绞绕式加工是将塑料软导线的线芯采用绞绕式操作，需要用一只手握住线缆绝缘层处，另一只手捻住线芯，向一个方向旋转，使线芯紧固整齐即可完成连接头的加工。

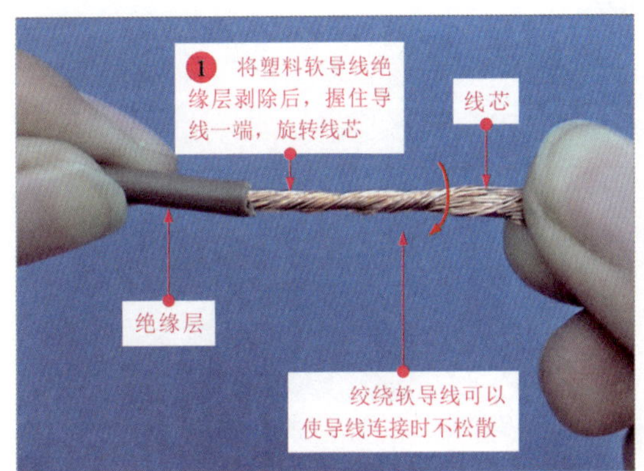

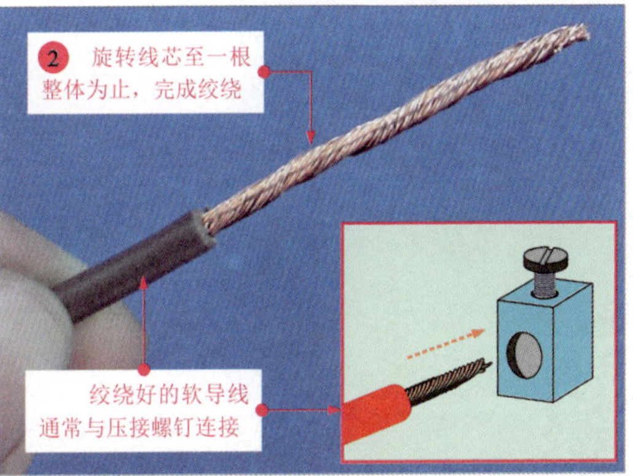

图 4-18 绞绕式连接头的加工方法

2 缠绕式连接头的加工

如图 4-19 所示，当塑料软导线插入某些连接孔中时，可能由于多股软线缆的线芯过细，无法插入，所以需要在绞绕的基础上，将其中一根线芯沿一个方向由绝缘层处开始向上缠绕，直至缠绕到顶端，完成缠绕式加工。

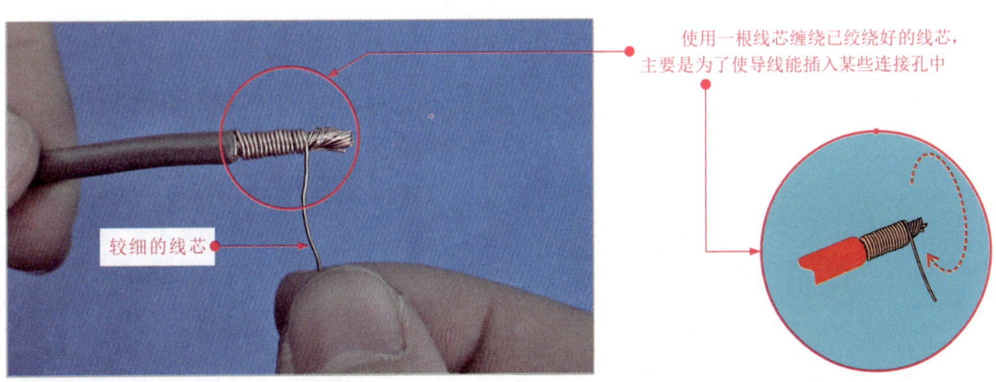

图 4-19 缠绕式连接头的加工方法

3 环形连接头的加工

如图 4-20 所示，将塑料软导线与柱形接线端子连接时，需将线芯加工为环形。

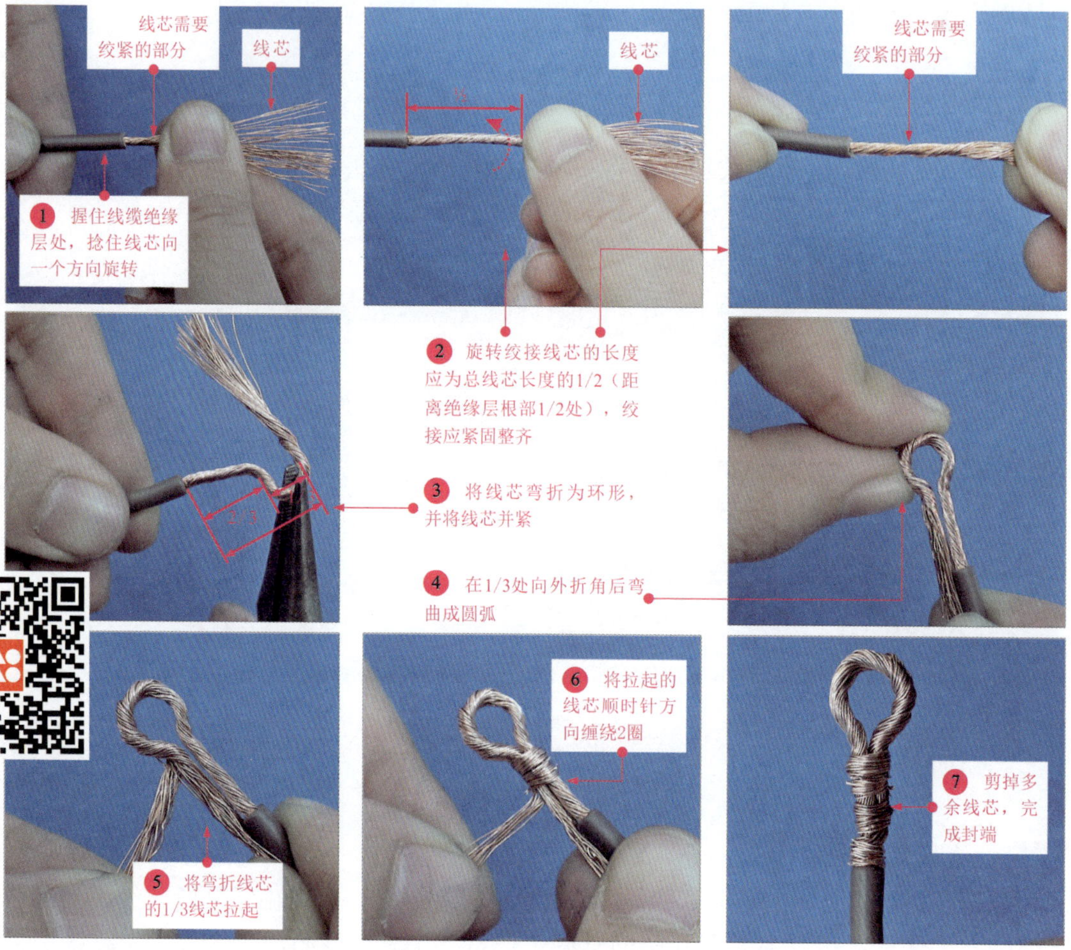

线芯需要绞紧的部分
线芯
1 握住线缆绝缘层处，捻住线芯向一个方向旋转
线芯
线芯需要绞紧的部分
2 旋转绞接线芯的长度应为总线芯长度的1/2（距离绝缘层根部1/2处），绞接应紧固整齐
3 将线芯弯折为环形，并将线芯并紧
4 在1/3处向外折角后弯曲成圆弧
5 将弯折线芯的1/3线芯拉起
6 将拉起的线芯顺时针方向缠绕2圈
7 剪掉多余线芯，完成封端

图 4-20 环形连接头的加工方法

线缆的连接头除以上几种加工方式外，还有一种是多股线芯与接线螺钉的连接方法，可在多股导线与接线螺钉连接之前，先将线芯与螺钉绞紧，如图 4-21 所示。

先将线缆的一端缠绕在螺钉上
将线缆向回缠绕固定在螺钉上，并与剩余线缆拧在一起固定

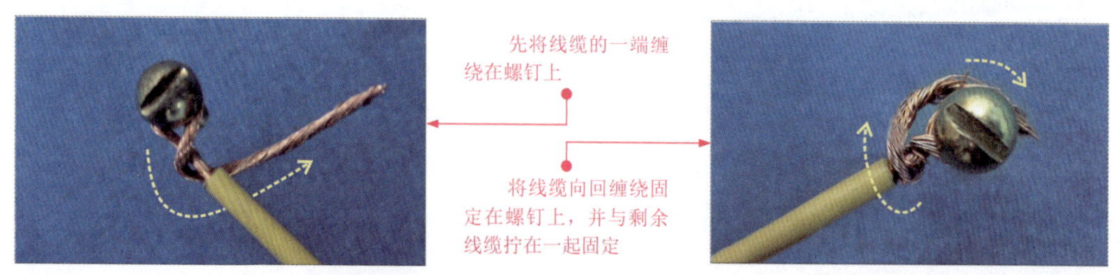

图 4-21 环形连接头的其他加工方法

4.4 线缆焊接与绝缘层恢复

4.4.1 线缆的焊接

如图 4-22 所示，线缆连接完成后，为确保线缆连接牢固，需要对其连接端进行焊接处理，使其连接更为牢固。焊接时，需要对线缆的连接处上锡，再用电烙铁加热，把线芯焊接在一起，完成线缆的焊接。

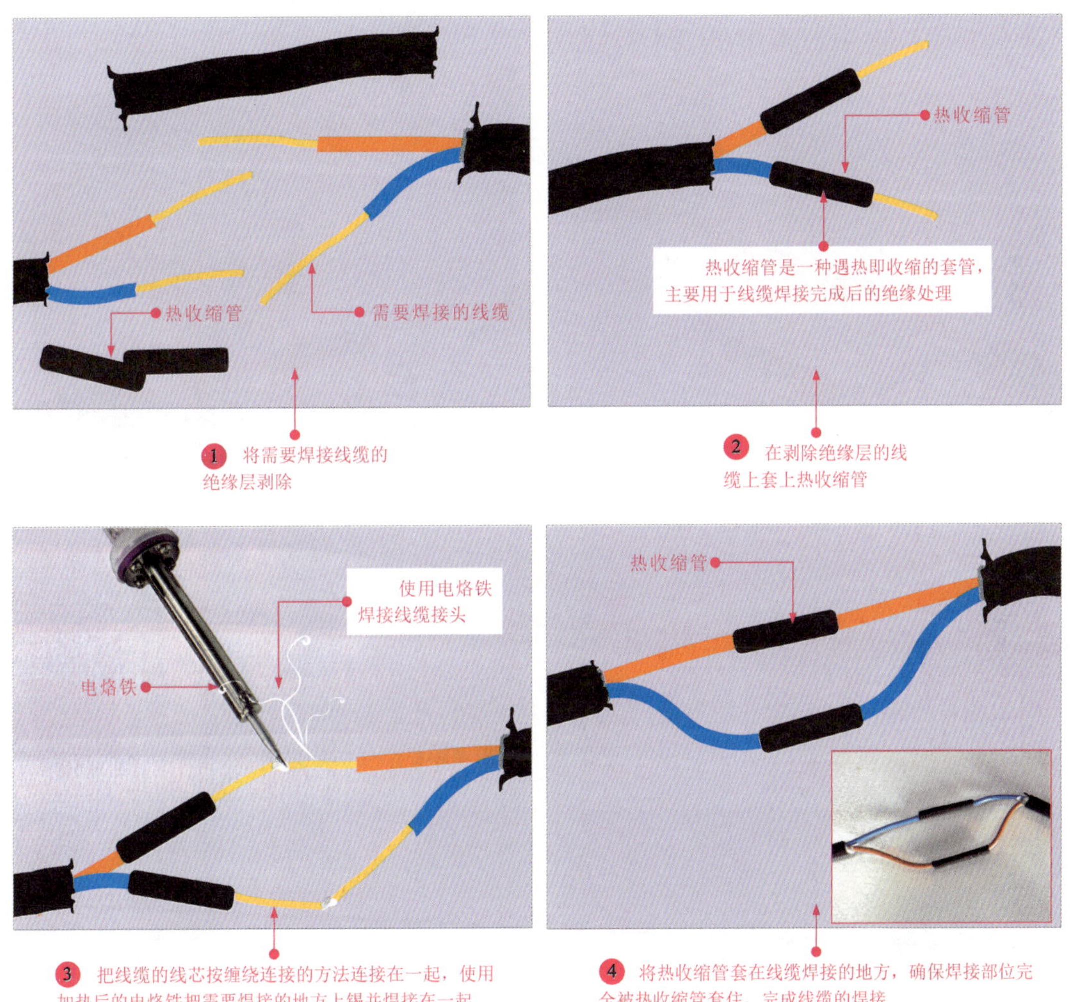

图 4-22 线缆的焊接方法

线缆的焊接除了使用绕焊外，还有钩焊、搭焊。其中，钩焊的操作方法是将导线弯成钩形钩在接线端子上，用钳子夹紧后再焊接，这种方法的强度低于绕焊，但操作简便；搭焊的操作方法是用焊锡把导线搭到接线端子上直接焊接，仅用在临时连接或不便于缠、钩的地方及某些接插件上，这种连接最方便，但强度及可靠性最差。

4.4.2 线缆绝缘层的恢复

线缆连接或绝缘层遭到破坏后，必须恢复绝缘性能才可以正常使用，并且恢复后，强度应不低于原有绝缘层。常用的绝缘层恢复方法有两种：一种是使用热收缩管；另一种是使用绝缘材料包缠法。

1 使用热收缩管恢复线缆的绝缘层

如图4-23所示，使用热收缩管恢复线缆的绝缘层是一种简便、高效的操作方法。该方法可以有效地保护连接处，避免受潮、污垢和腐蚀。

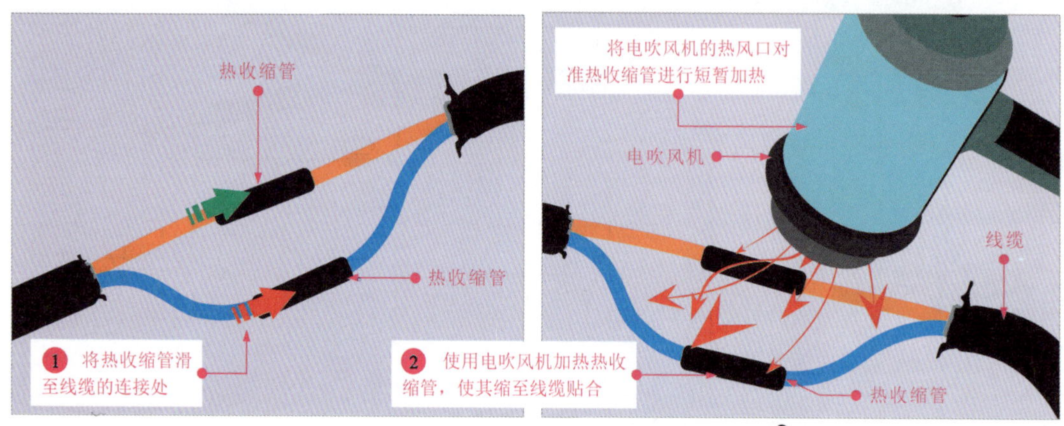

图4-23 使用热收缩管恢复线缆绝缘层的方法

2 使用包缠法恢复线缆的绝缘层

如图4-24所示，包缠法是指使用绝缘材料（黄腊带、涤纶膜带、胶带）缠绕线缆线芯，起到绝缘作用，恢复绝缘功能。以常见的胶带进行导线绝缘层的恢复为例。

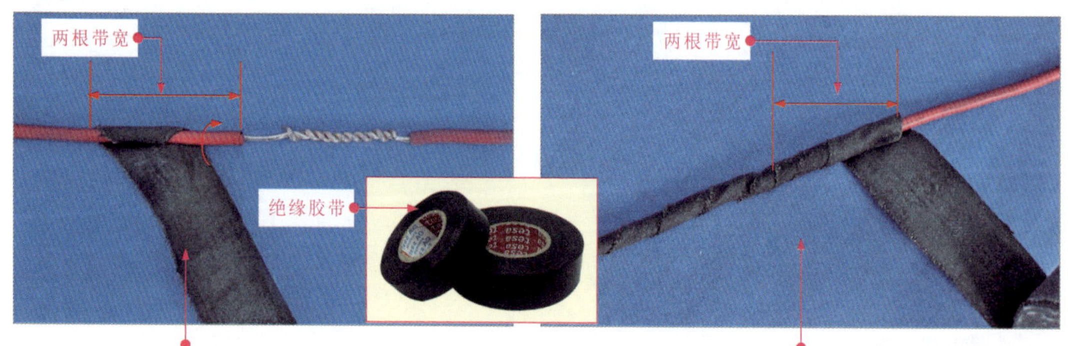

图4-24 使用包缠法恢复线缆绝缘层的方法

第 5 章 电气线路的敷设

5.1 瓷夹配线与绝缘子配线

5.1.1 瓷夹配线

瓷夹配线也称为夹板配线，是指用瓷夹板支持导线，使导线固定并与建筑物绝缘的一种配线方式。

如图 5-1 所示，瓷夹在固定时可以将其埋设在固件上，或是使用胀管螺钉固定。

用胀管螺钉固定时，应先在需要固定的位置上进行钻孔，孔的大小应与胀管粗细相同，其深度略长于胀管螺钉的长度，然后将胀管螺钉放入瓷夹底座的固定孔内，进行固定，接着将导线固定在瓷夹的线槽内，最后使用螺钉固定好瓷夹的上盖即可。

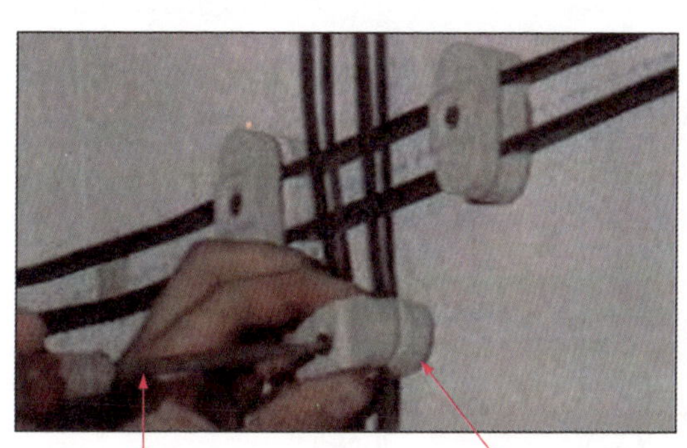

图 5-1 瓷夹的固定

提示说明

使用瓷夹配线时，若是需要连接导线时，需要将其连接头尽量安装在两瓷夹的中间，避免将导线的接头压在瓷夹内。而且使用瓷夹在室内配线时，绝缘导线与建筑物表面的最小距离不应小于 5mm；使用瓷夹在室外配线时，不能应用在雨雪能够落到导线上的地方进行敷设。

若线路穿墙进户时，一根瓷管内只能穿一根导线，并应有一定的倾斜度，若在穿过楼板时，应使用保护钢管，并且在楼上距离地面的钢管高度应为 1.8m。

瓷夹配线时，通常会遇到一些障碍，如水管、蒸汽管或转角等。对于该类情况进行操作时，应进行相应的保护。例如在与导线进行交叉敷设时，应使用塑料线管或绝缘管对导线进行保护，并且在塑料线管或绝缘管的两端导线上须用瓷夹夹牢，防止塑料线管移动；在跨越蒸汽管时，应使用瓷管对导线进行保护，瓷管与蒸汽管保温层外须有 20 mm 的距离，如图 5-2 所示，若是使用瓷夹在转角或分支配线时，应在距离墙面 40 ～ 60 mm 处安装一个瓷夹，用来固定线路。

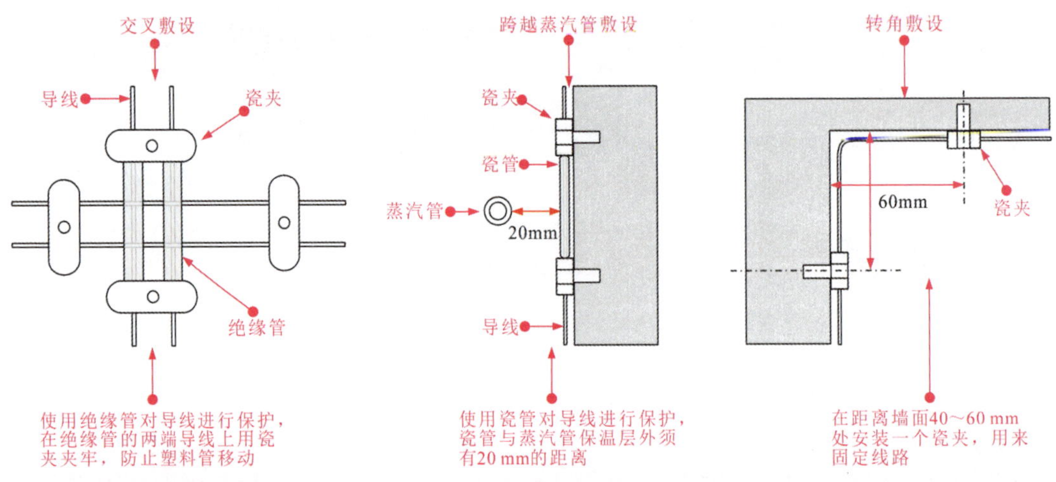

图 5-2 瓷夹配线

5.1.2 绝缘子配线

绝缘子配线是利用支撑并固定导线的一种配线方法，常用于线路的明敷。绝缘子配线主要适用于用电量较大而且较潮湿的场合。

绝缘子配线的过程中，难免会遇到导线之间的分支、交叉或是拐角等操作，对于该类情况进行配线时，应按照相关的规范进行操作。例如导线在分支操作时，需要在分支点处设置绝缘子，以支撑导线，不使导线受到其他张力，如图 5-3 所示，导线相互交叉时，应在距建筑物较近的导线上套绝缘保护管；导线在同一平面内进行敷设时，若遇到有弯曲的情况，绝缘子需要装设在导线曲折角的内侧。

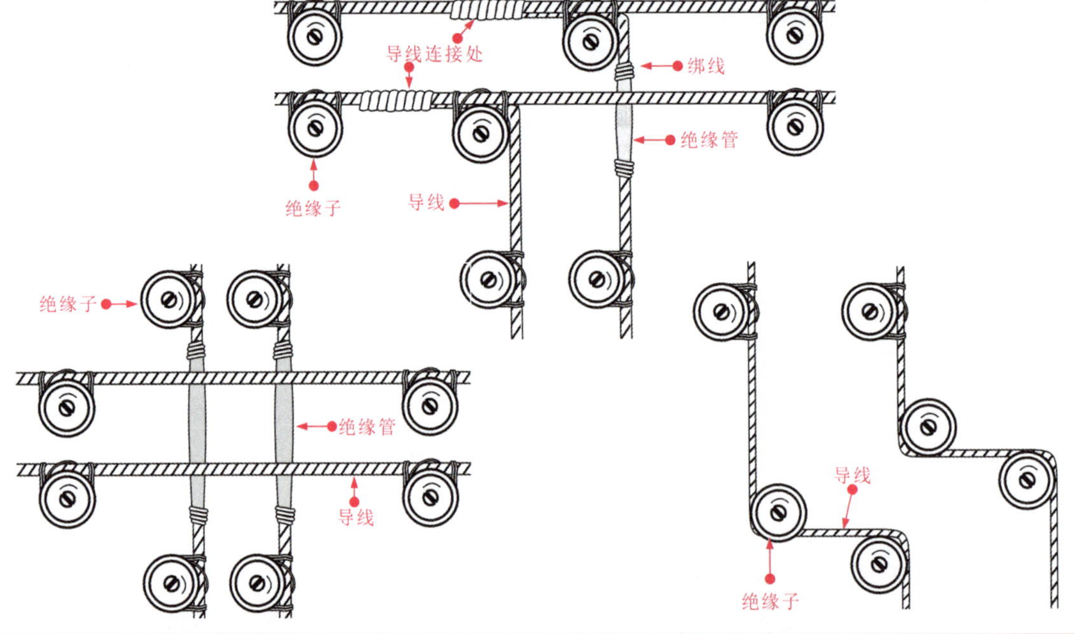

图 5-3 绝缘子配线

绝缘子配线绝缘效果好，机械强度大允许导线截面积较大，通常情况下，当导线截面积在 25mm² 以上时，可以使用绝缘子进行配线。

使用绝缘子配线时，需要将导线与绝缘子进行绑扎，在绑扎时通常会采用双绑、单绑以及绑回头几种方式，如图 5-4 所示。双绑方式通常用于受力绝缘子的绑扎，或导线的截面在 10mm² 以上的绑扎；单绑方式通常用于不受力绝缘子或导线截面在 6mm² 及以下的绑扎；绑回头的方式通常是用于终端导线与绝缘子的绑扎。

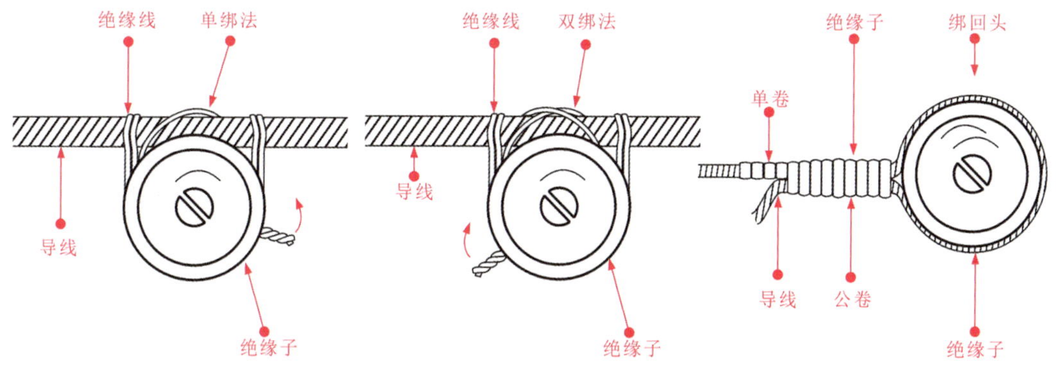

图 5-4 绝缘子与导线的绑扎

5.2 金属管配线

5.2.1 金属管明敷配线

金属管明敷配线时，有时要根据敷设现场的环境要求对金属管进行弯管操作，使其能够适应当前的需要。如图 5-5 所示，对于金属管的弯管操作要使用专业的弯管器以避出现裂缝、明显凹瘪等免弯制不良的现象。

另外，对于金属管弯曲半径不得小于金属管外径的 6 倍，若明敷且只有一个弯时，可将金属管的弯曲半径减少为管子外径的 4 倍。

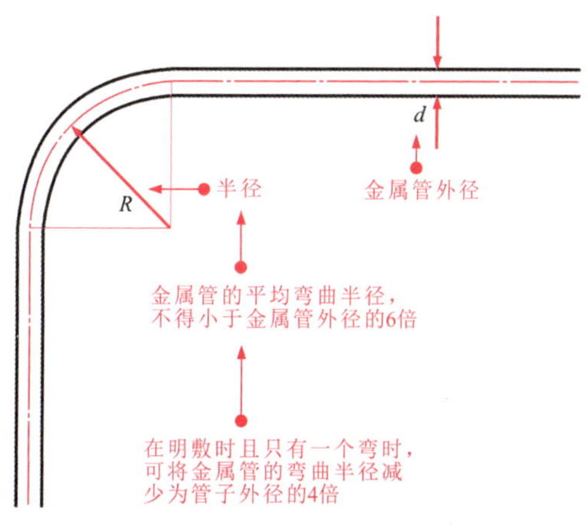

图 5-5 金属管弯头的操作

金属管配线明敷中，若管路较长或有较多弯头时，则需要适当加装接线盒，通常对于无弯头情况时，金属管的长度不应超过 30m；对于有一个弯头情况时，金属管的长度不应超过 20m；对于有两个弯头情况时，金属管的长度不应超过 15m；对于有三个弯头情况时，金属管的长度不应超过 8m，如图 5-6 所示。

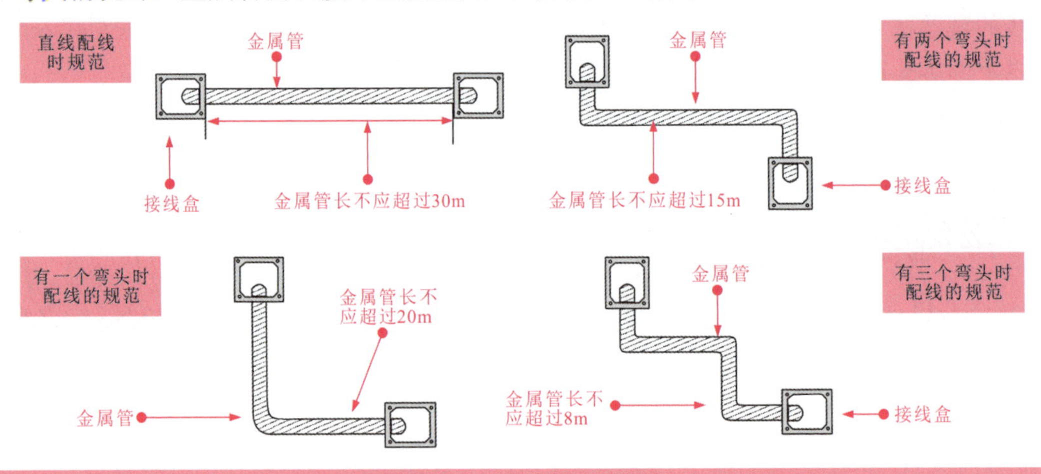

图 5-6 金属管弯头的操作

5.2.2 金属管暗敷配线

金属管暗敷配线若遇到弯头情况，金属管弯头弯曲的半径不应小于管外径的 6 倍；敷设于地下或是混凝土的楼板时，金属管的弯曲半径不应小于管外径的 10 倍。

金属管暗敷转角应大于 90°，为了便于导线的穿过，敷设金属管时，每根金属管的转弯点不应多于两个，并且不可以有 S 形拐角。

由于金属管暗敷配线内部穿线的难度较大，所以选用的管径要大一点，一般管内填充物最多为总空间的 30% 左右。

金属管暗敷通常采用直埋操作，为了减小直埋管在沉陷时连接管口处对导线的剪切力，在加工金属管管口时可以将其做成喇叭形，如图 5-7 所示，若是将金属管口伸出地面时，应距离地面 25 ～ 50 mm。

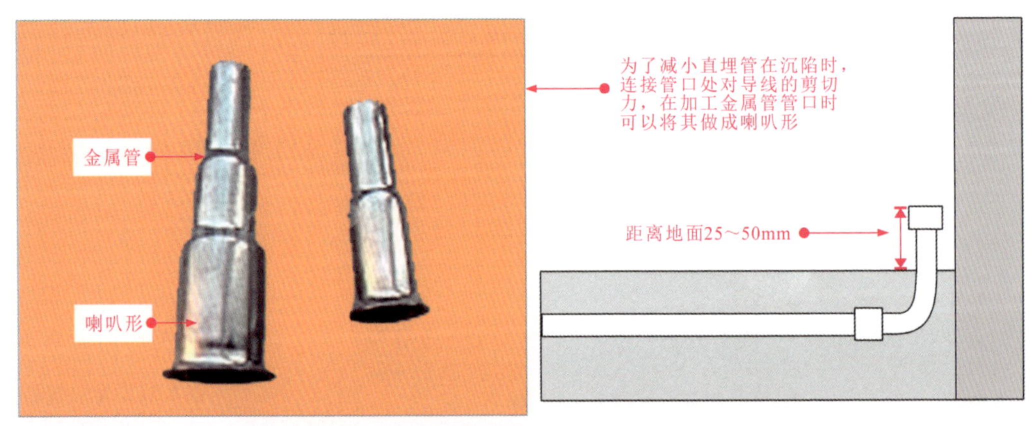

图 5-7 金属管管口的操作

在连接金属管时，可使用管箍连接，也可以使用接线盒进行连接，如图 5-8 所示，采用管箍连接两根金属管时，将钢管的丝扣部分应顺螺纹的方向缠绕麻丝绳后再拧紧，以加强其密封程度；采用接线盒进行连接两金属管时，钢管的一端应在连接盒内使用锁紧螺母夹紧，防止脱落。

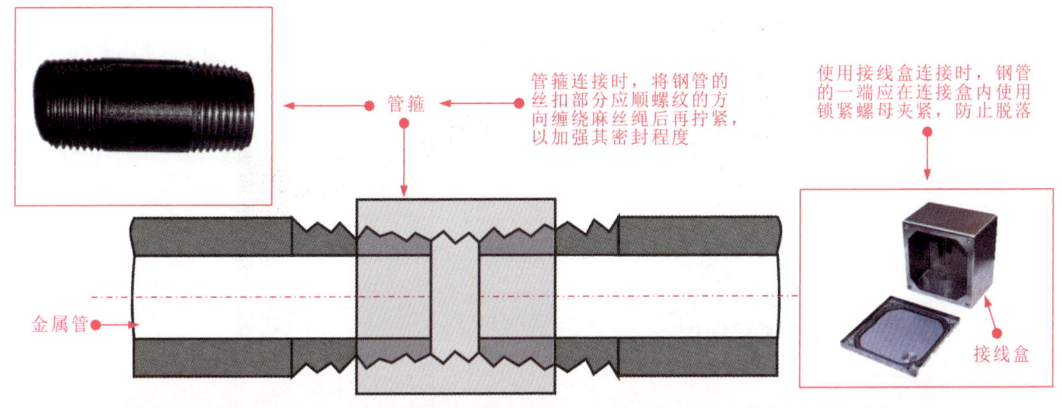

图 5-8　金属管的连接

5.3　线槽配线

5.3.1　塑料线槽明敷配线

塑料线槽明敷配线时，其内部的导线填充率及载流导线的根数，应满足导线的安全散热要求，并且在塑料线槽的内部不可以有接头、分支接头等，若有接头的情况，可以使用接线盒进行连接，如图 5-9 所示。

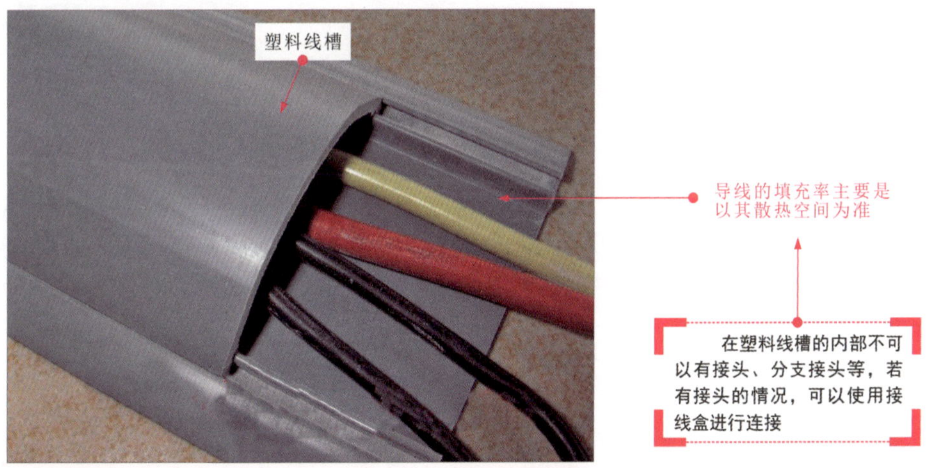

图 5-9　塑料线槽配线

提示说明

若为了节省成本和劳动，将强电导线和弱电导线放置在同一线槽内进行敷设，这会对弱电设备的通信传输造成影响，是错误的行为。另外，线槽内的线缆也不宜过多，通常规定在线槽内的导线或是电缆的总截面积不应超过线槽内总截面积的 20%。

如图 5-10 所示，线缆水平敷设在塑料线槽中可以不绑扎，其槽内的缆线应顺直，尽量不要交叉，在导线进出线槽的部位以及拐弯处应绑扎固定。

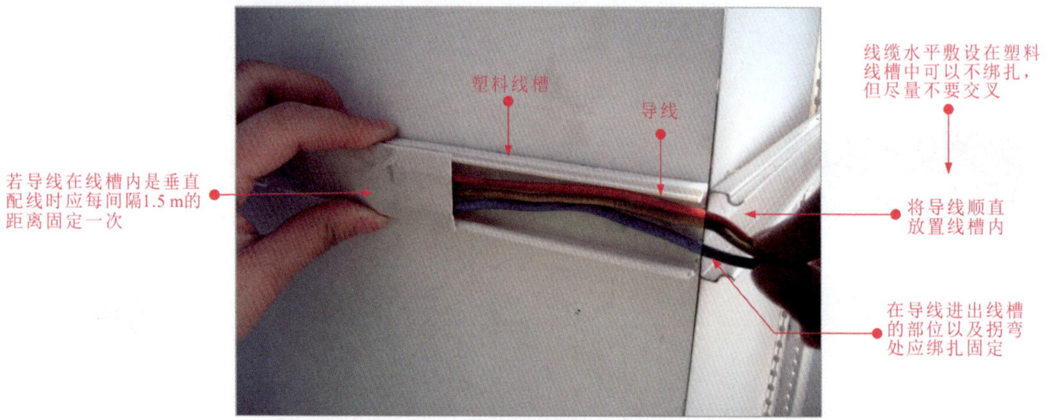

图 5-10 塑料线槽中导线的敷设

如图 5-11 所示，固定线槽时，其固定点之间的距离应根据线槽的规格而定。

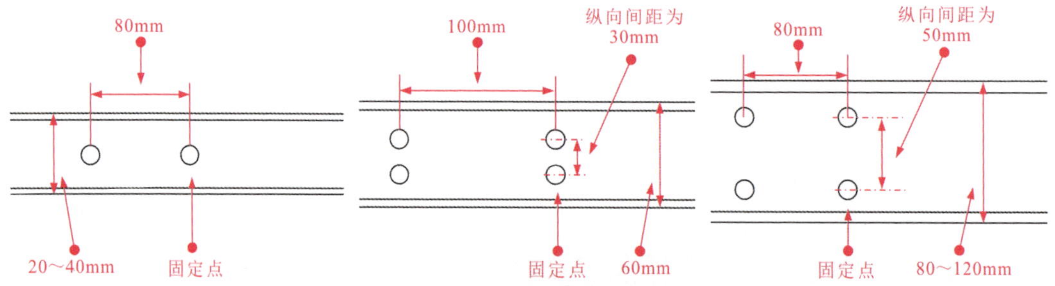

图 5-11 塑料线槽的固定

提示说明

塑料线槽的宽度为 20 ～ 40mm 时，其两固定点间的最大距离应 80mm，可采用单排固定法；若塑料线槽的宽度为 60mm 时，其两固定点的最大距离应为 100mm，可采用双排固定法并且固定点纵向间距为 30mm；若塑料线槽的宽度为 80 ～ 120mm 时，其固定点之间的距离应为 80mm，可采用双排固定法并且固定点纵向间距为 50mm。

5.3.2 金属线槽明敷配线

金属线槽暗敷配线通常适用于正常环境下大空间且隔断变化多、用电设备移动性大或敷设有多种功能的场所，主要是敷设于现浇混凝土地面、楼板或楼板垫层内。

如图 5-12 所示，金属线槽暗敷配线时，为便于穿线，金属线槽在交叉 / 转弯或是分支处配线时应设置分线盒；若线路长度超过 6m 时，应采用分线盒进行连接。

若是敷设在现浇混凝土的楼板内，要求楼板的厚度不应小于 200mm。

若是在楼板垫层内时，要求垫层的厚度不应小于 70mm，并且避免与其他的管路有交叉的现象。

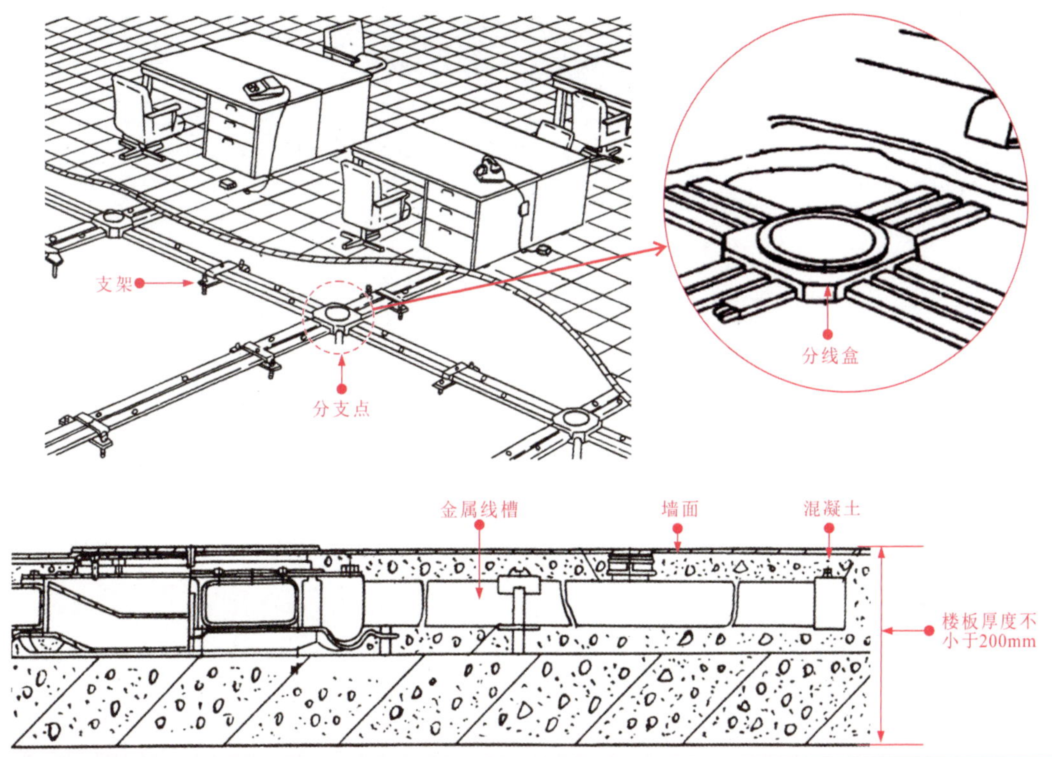

图 5-12 金属线槽暗敷配线

5.4 线管配线

5.4.1 塑料线管明敷配线

塑料线管明敷配线方式具有配线施工操作方便、施工时间短的特点。如图 5-13 所示，塑料线管配线时，应使用管卡进行固定、支撑。在距离塑料线管始端、终端、开关、接线盒或电气设备处 150 ～ 500mm 时应固定一次，多条塑料线管敷设时要保持其间距均匀。

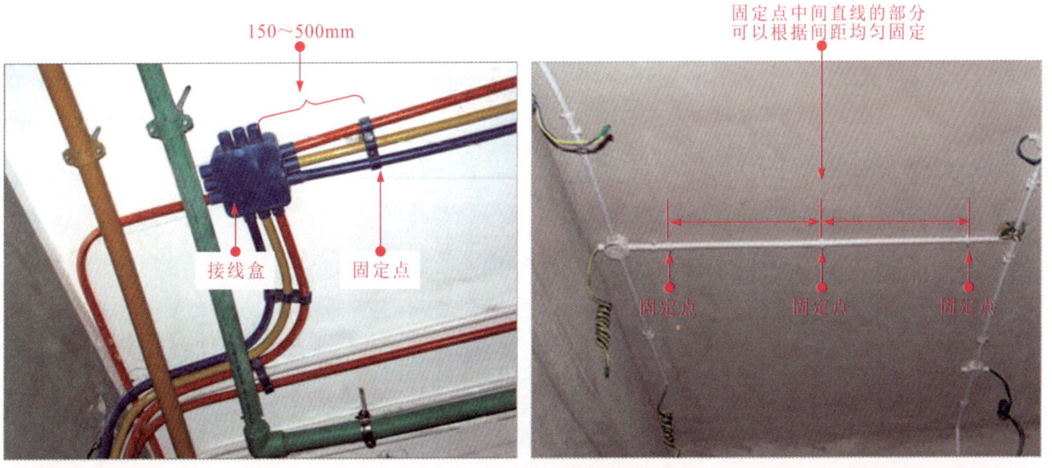

图 5-13 塑料线管的固定

塑料线管之间的连接可以采用插入法和套接法连接，如图 5-14 所示，插入法是指将粘接剂涂抹在 A 塑料硬管的表面，然后将 A 塑料硬管插入 B 塑料硬管内 A 塑料硬管管径的 1.2 ～ 1.5 倍深度即可；套接法则是同直径的硬塑料线管扩大成套管，其长度为硬塑料线管外径的 2.5 ～ 3 倍，插接时，先将套管加热至 130℃左右，1 ～ 2min 使套管软后，同时将两根硬塑料线管插入套管即可。

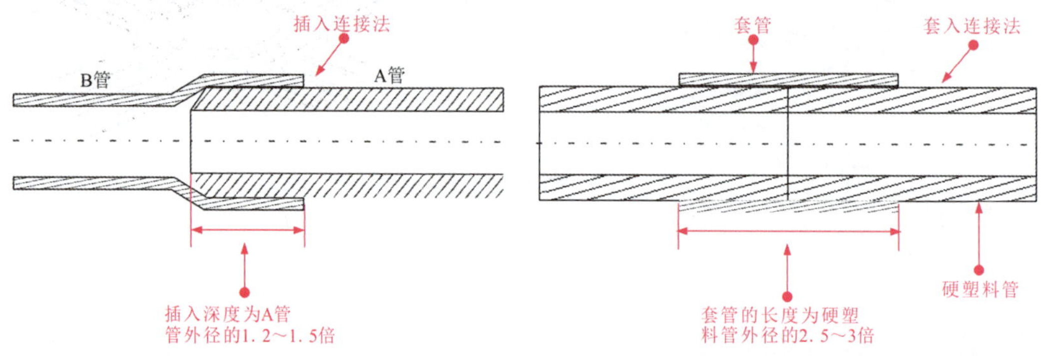

图 5-14 塑料线管的连接

5.4.2 塑料线管暗敷配线

塑料线管暗敷配线时，一般在土建砌砖时预埋，否则应先在砖墙上留槽或开槽，然后在砖缝里打入木榫并钉上钉子，再用铁丝将线管绑扎在钉子上，并进一步将钉子钉入墙中加以固定。另外，暗敷线管管壁的厚度应不小于 3mm。如图 5-15 所示，为了便于导线的穿越，塑料线管的弯头部分要有明显的圆弧，角度一般不应小于 90°，不可以出现管内弯瘪的现象。

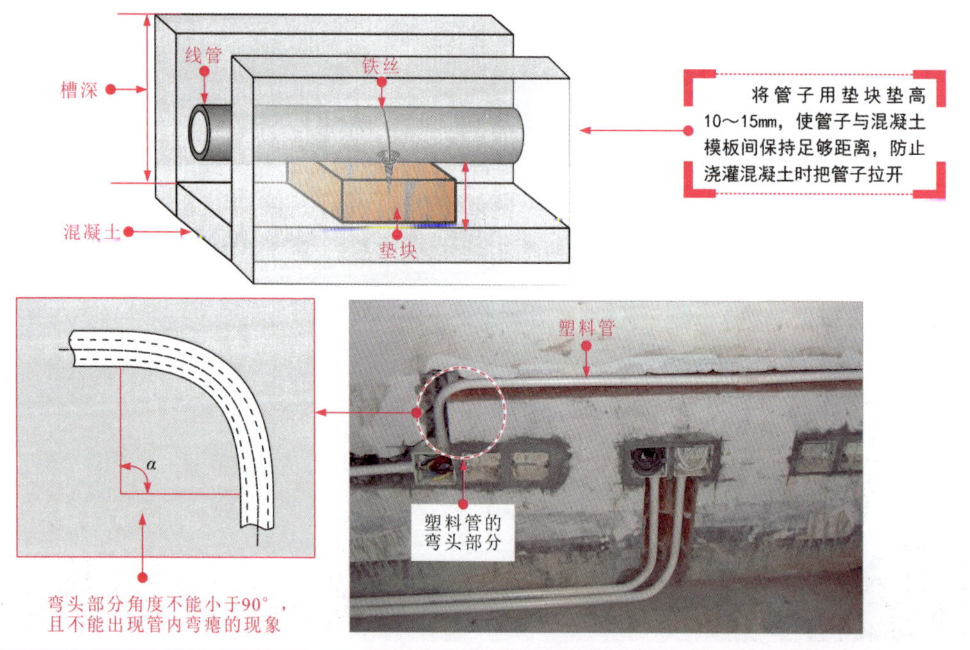

图 5-15 塑料线管暗敷配线

第 6 章　常用电器部件的特点与检测

6.1　开关的特点与检测

6.1.1　开关的特点

1　开启式负荷开关

开启式负荷开关又称闸刀开关，该类开关通常应用在低压电气照明电路、电热线路、建筑工地供电、农用机械供电以及分支电路的配电开关等。主要是在带负荷状态下接通或切断电源电路。图 6-1 为开启式负荷开关的结构外形。

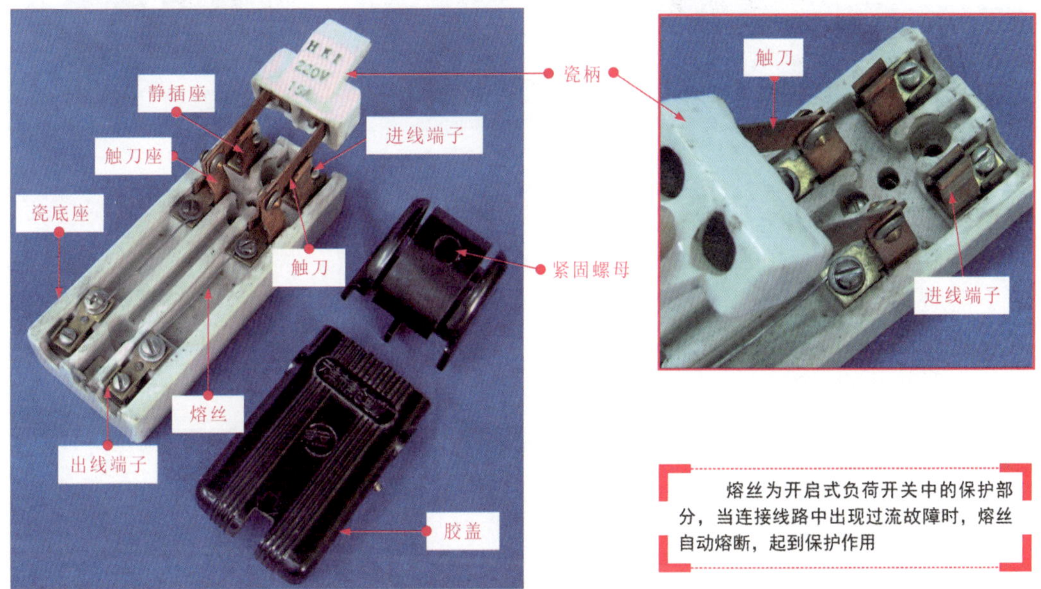

图 6-1　开启式负荷开关的结构外形

提示说明

如图 6-2 所示，开启式负荷开关按其极数的不同，主要分为两极式（220V）和三极式（380V）两种，两极开启式负荷开关主要应用于单相供电电路中作为分支电路的配电开关；三极开启式负荷开关主要用于三相供电电路中。

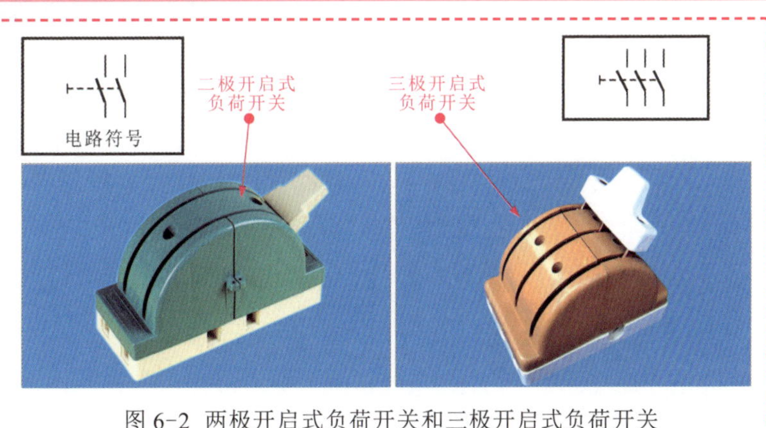

图 6-2　两极开启式负荷开关和三极开启式负荷开关

2 封闭式负荷开关

封闭式负荷开关又称为铁壳开关，是在开启式负荷开关的基础上改进的一种手动开关，其操作性能和安全防护都优于开启式负荷开关。封闭式负荷开关通常用于额定电压小于 500V，额定电流小于 200A 的电气设备中。图 6-3 为封闭式负荷开关的结构外形。

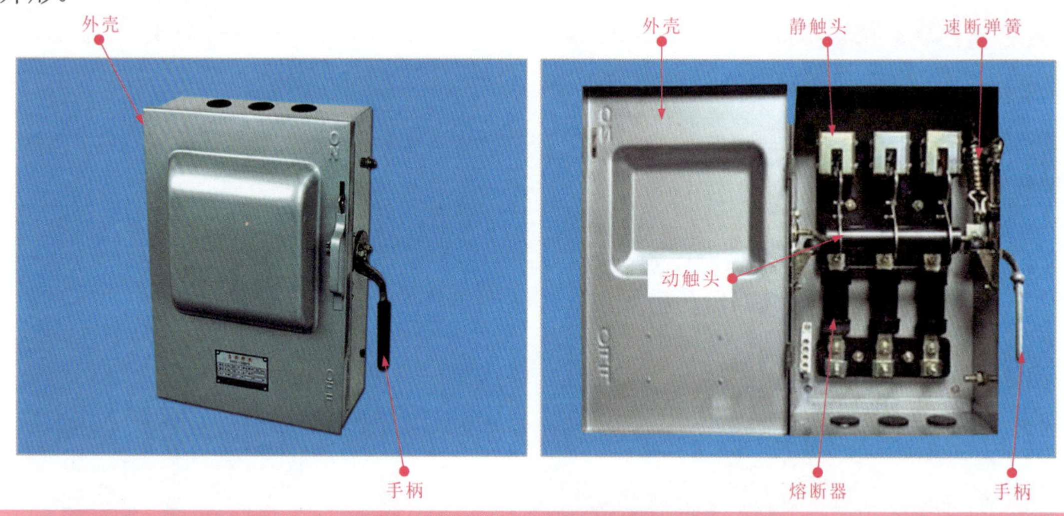

图 6-3 封闭式负荷开关的结构外形

如图 6-4 所示，封闭式负荷开关内部使用的速断弹簧，保证了外壳在打开的状态下，不能进行合闸，提高了封闭式负荷开关的安全防护能力，当手柄转至上方时，封闭式负荷开关的动、静触头处于接通状态；当封闭式负荷开关的手柄转至下方时，其动、静触头处理断开的状态，此时也断开了电路。

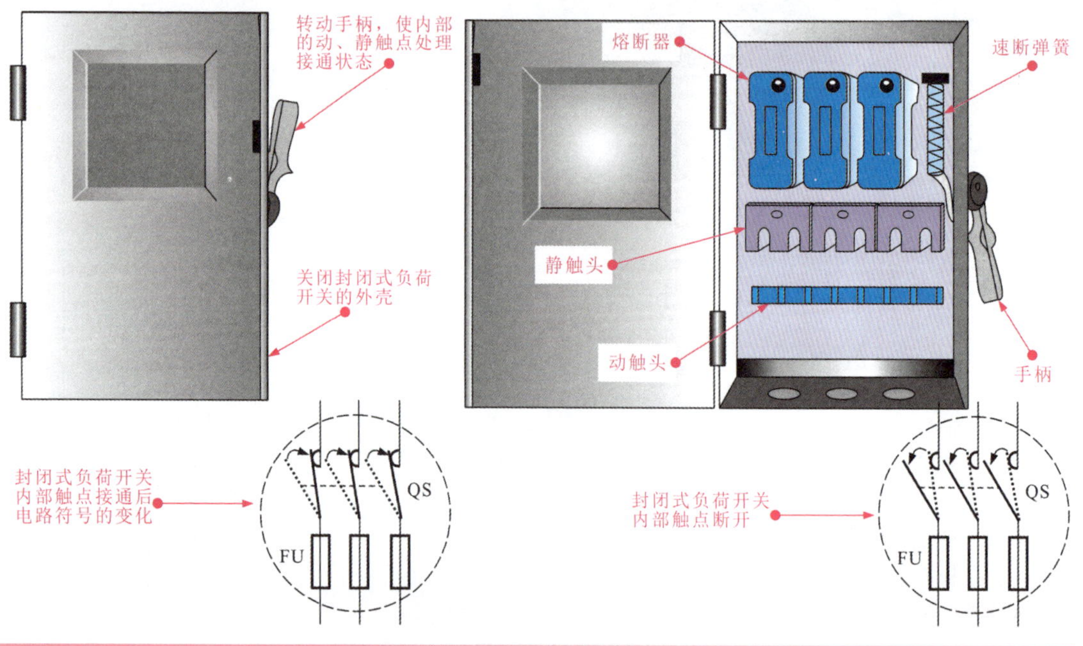

图 6-4 封闭式负荷开关的控制原理

3 组合开关

组合开关又称转换开关，是由多组开关构成的，是一种转动式的闸刀开关，主要用于接通或切断电路，具有体积小、寿命长、结构简单、操作方便等优点。通常在机床设备或其他的电气设备中应用比较广泛。图 6-5 所示为组合开关的结构外形。

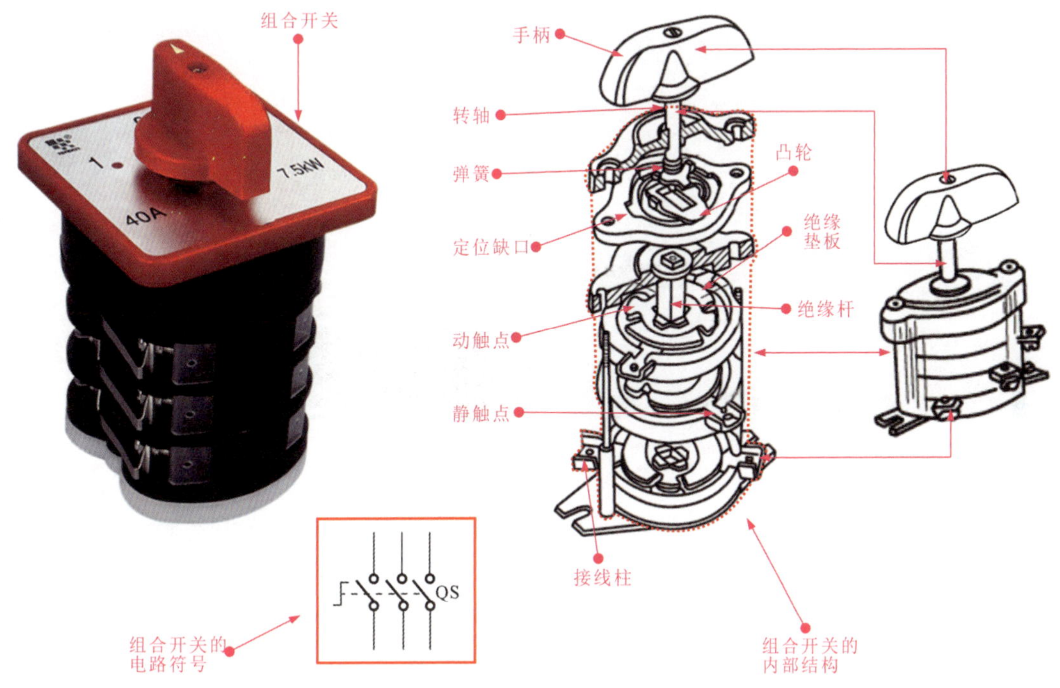

图 6-5 组合开关的结构外形

如图 6-6 所示，在组合开关内部有若干个动触片和静触片，分别装于多层绝缘件内，静触片固定在绝缘垫板上；动触片装在转轴上，随转轴旋转而变换通、断位置。

当组合开关的手柄转至不同的位置时，实现的功能也不相同，当手柄转至不同的挡位时，其相关的两个触点闭合，其他触点断开。

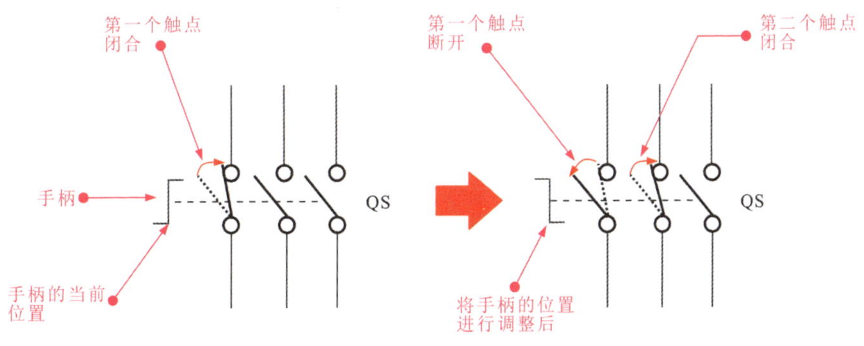

图 6-6 组合开关的控制原理

6.1.2 动合开关的检测

动合开关位于接触器线圈和供电电源之间，用来控制接触器线圈的得电，从而控制用电设备的工作。若该动合开关损坏，应对其触点的闭合和断开阻值进行检测。

图 6-7 所示为检测直流接触器的触点。将万用表调至“×1”欧姆挡，对触点的阻值进行检测，将红、黑表笔分别搭在触点接线柱上，正常情况下，测得阻值应为无穷大。

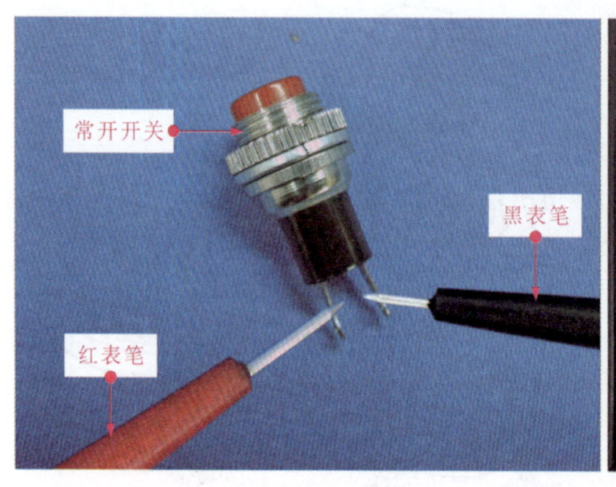

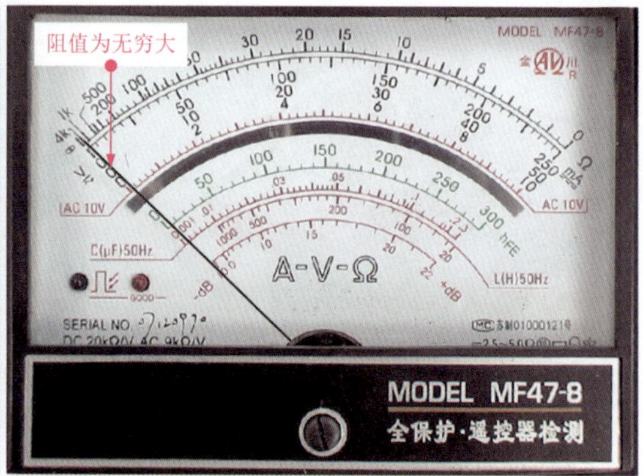

图 6-7 检测触点的阻值

按下开关后，红、黑表笔位置保持不变，测得阻值应变为 0。若测得阻值偏差很大，说明动合开关已损坏。图 6-8 所示为按下开关检测直流接触器触点的操作演示。

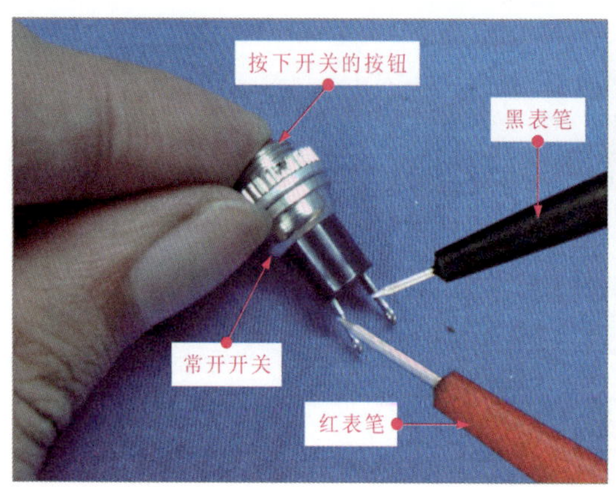

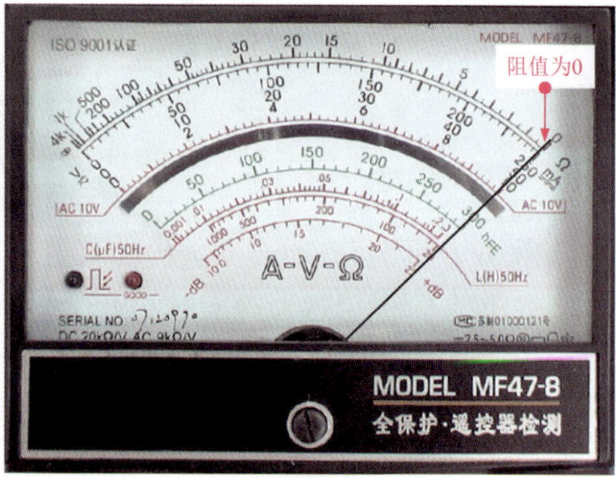

图 6-8 按下开关检测直流接触器的触点

6.1.3 复合开关的检测

在未操作前，复合开关内部的动断静触点处于闭合状态，动合静触点处于断开状态。在操作时，复合式开关内部的动断静触点断开，动合静触点闭合。

根据此特性，使用万用表分别对复合式开关进行检测。检测时将万用表调至“×1k”欧姆挡，将两表笔分别搭在两个动断静触头上，测得的阻值趋于零。

图 6-9 所示为复合按动式开关的动断触点阻值的检测演示。

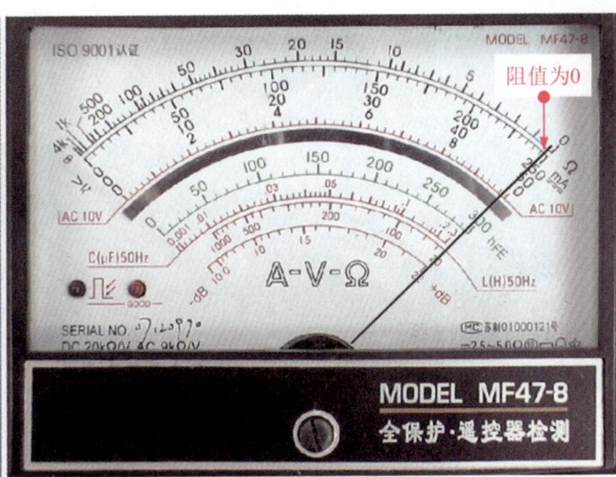

图 6-9 复合按动式开关的动断触点阻值的检测

接着用同样的方法检测两个动合静触头之间的阻值，测得的阻值趋于无穷大。图 6-10 所示为复合按动式开关的动合触点阻值的检测演示。

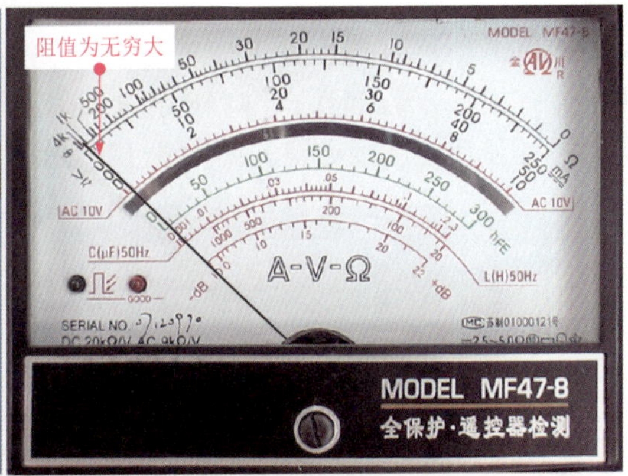

图 6-10 复合按动式开关的动合触点阻值的检测

然后用手按下开关，此时再对复合开关的两组触点进行检测。将红、黑表笔分别搭在动断触点上，由于动断触点断开，其阻值变为无穷大。图 6-11 所示为按下开关时复合按动式开关的动断触点阻值的检测演示。

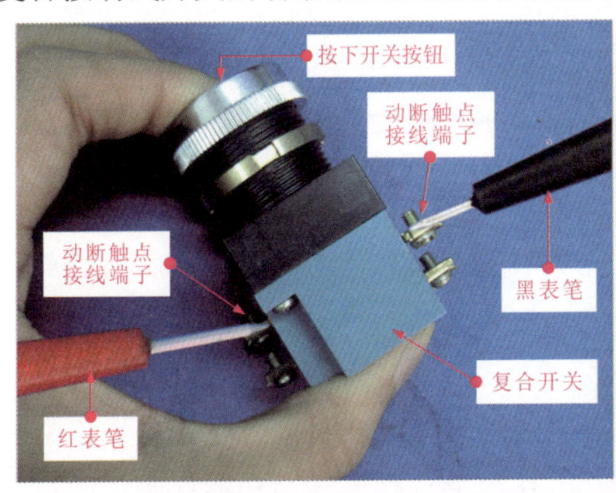

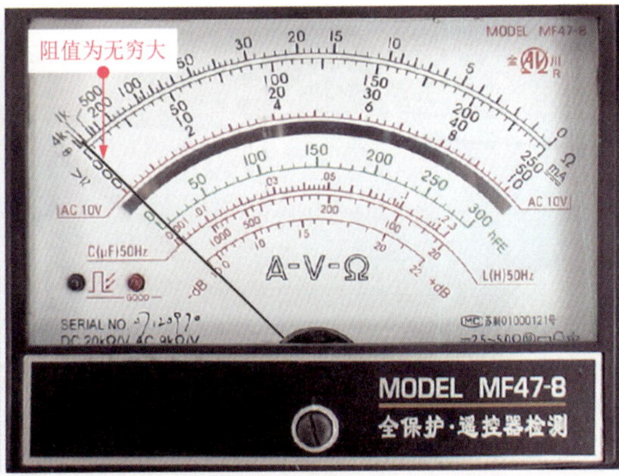

图 6-11 按下开关时复合按动式开关的动断触点阻值的检测

接下来，将红、黑表笔分别搭在动合触点上，而动断触点闭合，其阻值变为0。图6-12所示为按下开关时复合按动式开关的动合触点阻值的检测演示。

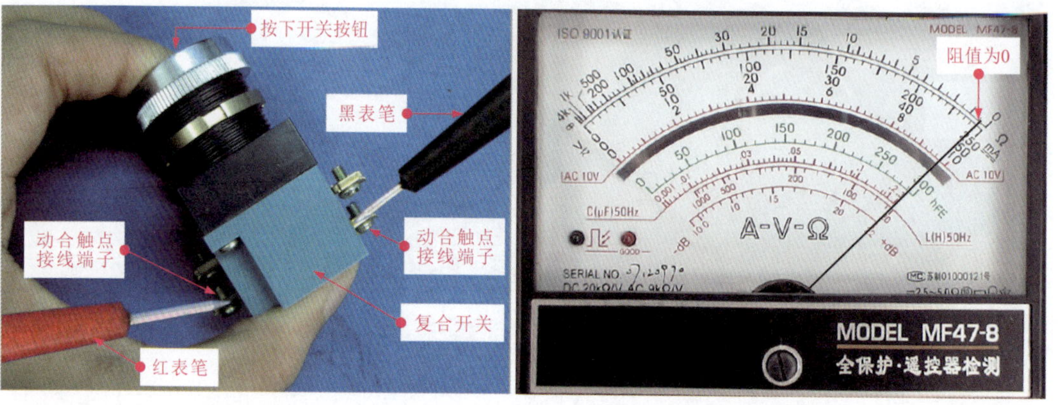

图 6-12 按下开关时复合按动式开关的动合触点阻值的检测

若检测结果不正常，说明该复合开关已损坏，可将复合开关拆开，检查内部的部件是否有损坏，若部件有维修的可能，将损坏的部件代换即可；若损坏比较严重，则需要将复合开关直接更换。如图 6-13 所示，为复合开关的内部部件。

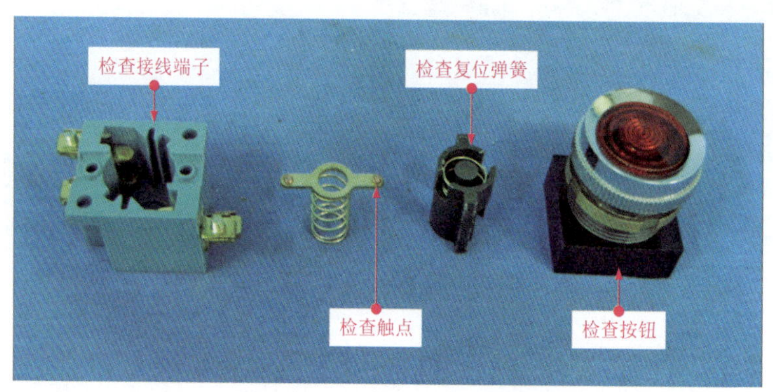

图 6-13 复合开关的内部部件

6.2 接触器的特点与检测

6.2.1 接触器的特点

1 交流接触器

交流接触器是一种应用于交流电源环境中的通断开关，在目前各种控制线路中应用最为广泛。具有欠电压、零电压释放保护、工作可靠、性能稳定、操作频率高、维护方便等特点。图 6-14 所示为交流接触器的结构外形。

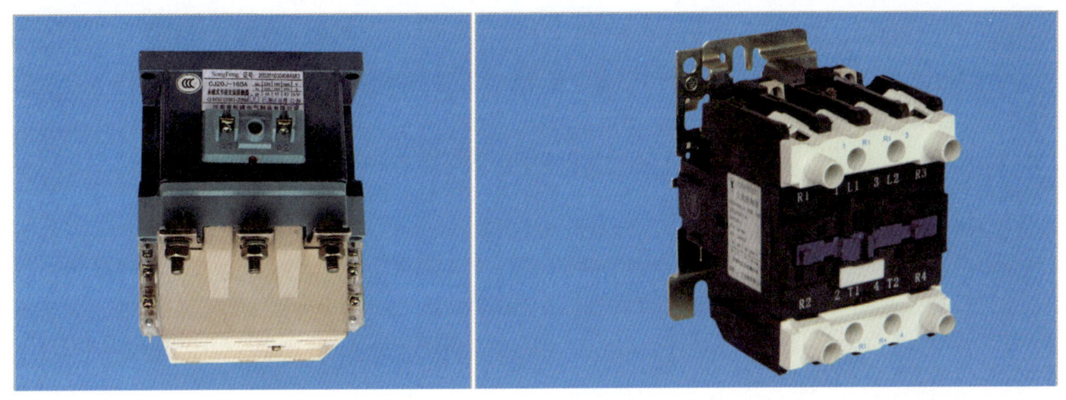

图 6-14 交流接触器的结构外形

在实际应用中，交流接触器主要作为交流供电电路中的通断开关，实现远距离接通与分断电路功能，如交流电动机和开断控制线路中。图 6-15 所示为交流接触器在三相交流电动机连续控制线路中的应用。

电动机控制盘（箱）

三相电源

交流380V

按键开关

接触器

根据接线关系可以看到，交流接触器安装于电动机的控制回路中，当操作控制开关接通三相交流电源后，由交流接触器实现对三相交流感应电动机的供电进行控制

主电源开关（供电断路器）

电动机

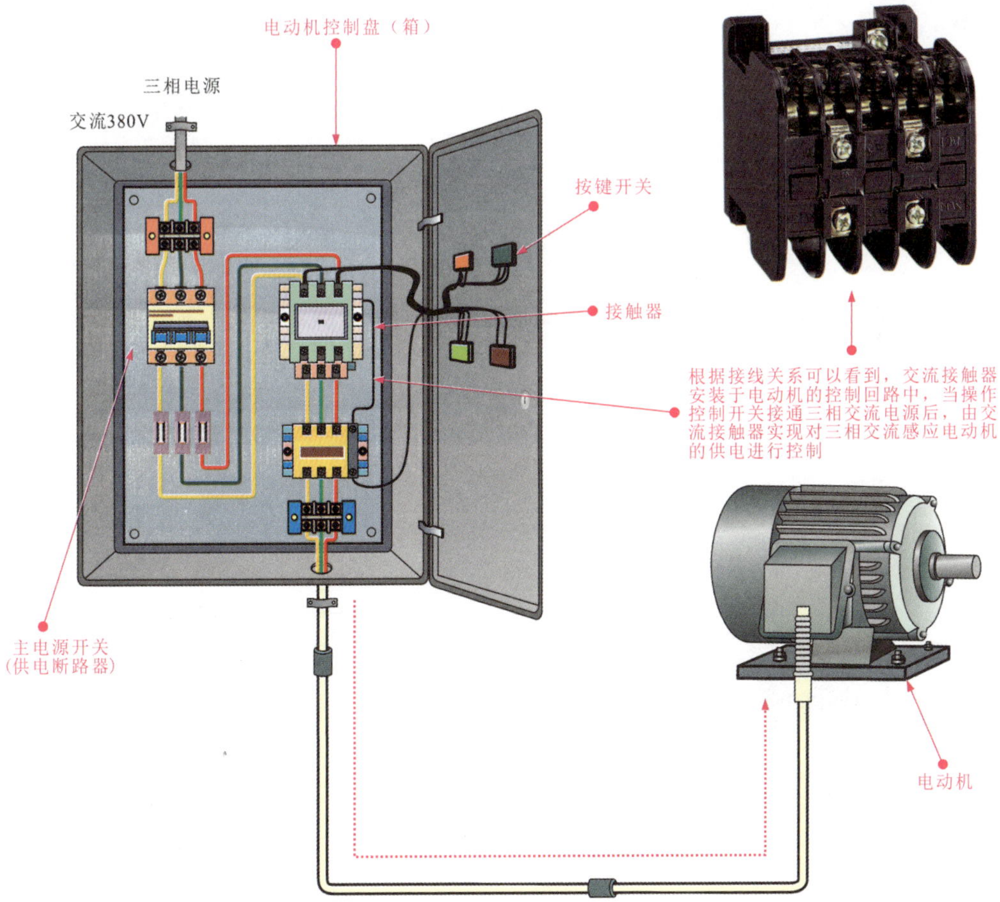

图 6-15 交流接触器在三相交流电动机连续控制线路中的应用

提示说明

在实际控制线路中，接触器一般利用主触点接通或分断主电路及其连接负载。用辅助触点执行控制指令。图 6-16 所示为交流接触器的控制原理。

在水泵的启、停控制线路中，控制线路中的交流接触器 KM 主要是由线圈、一组动合主触点 KM-1、两组动合辅助触点和一组动断辅助触点构成的。控制系统中闭合断路器 QS，接通三相电源。电源经交流接触器 KM 的动断辅助触点 KM-3 为停机指示灯 HL2 供电，HL2 点亮。按下启动按钮 SB1，交流接触器 KM 线圈得电：动合主触点 KM-1 闭合，水泵电动机接通三相电源启动运转。

同时，动合辅助触点 KM-2 闭合实现自锁功能；动断辅助触点 KM-3 断开，切断停机指示灯 HL2 的供电电源，HL2 随即熄灭；动合辅助触点 KM-4 闭合，运行指示灯 HL1 点亮，指示水泵电动机处于工作状态。

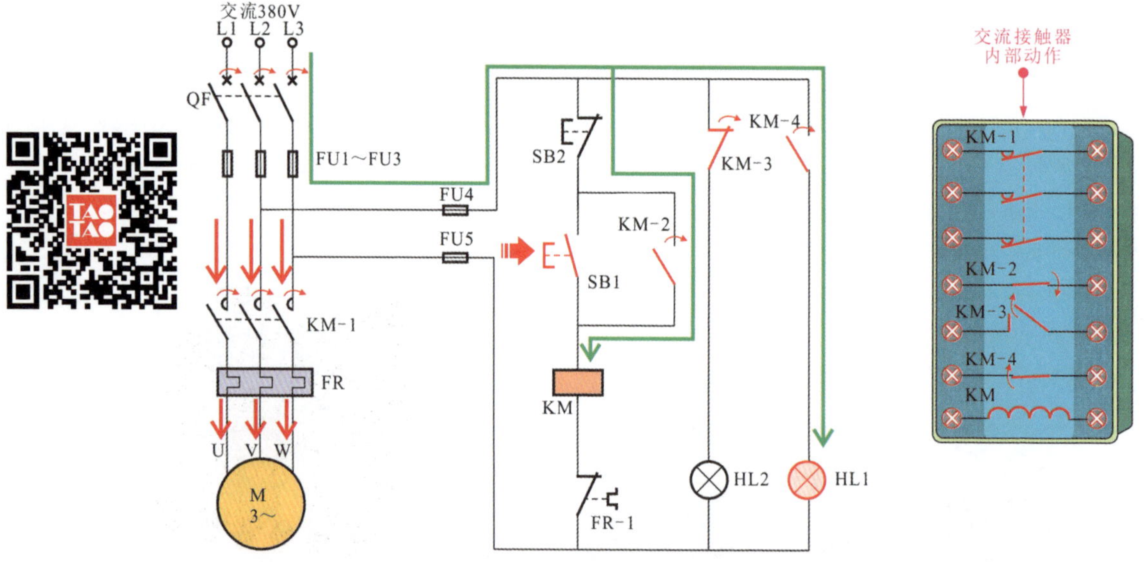

图 6-16 交流接触器的控制原理

2 直流接触器

直流接触器是一种应用于直流电源环境中的通断开关，具有低电压释放保护、工作可靠、性能稳定等特点。图 6-17 所示为直流接触器的结构外形。

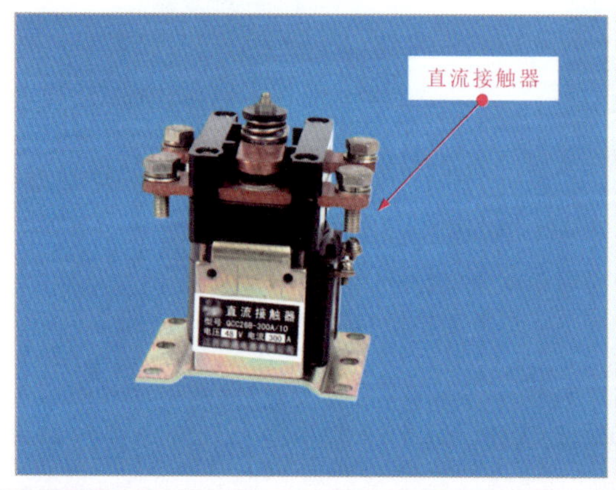

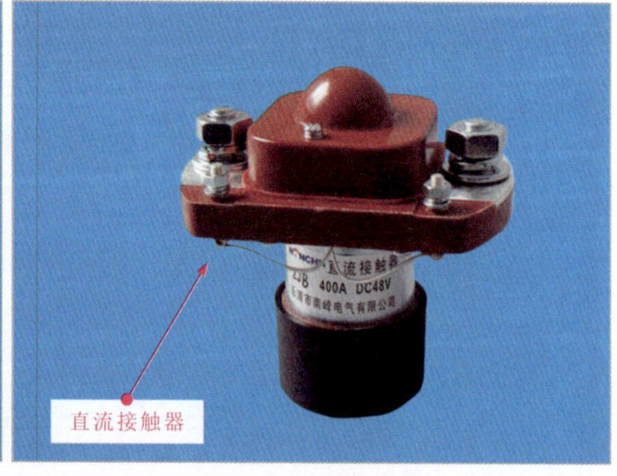

图 6-17 直流接触器的结构外形

直流接触器是由直流控制的电磁开关，也常用于控制直流电路，例如控制直流电动机的单向运转，主回路的电流是直流的。

在实际应用中，直流接触器用于远距离接通与分断直流供电或控制线路。如直流电动机启停控制，图 6-18 所示为直流接触器在典型直流电动机的启停控制线路中的应用。

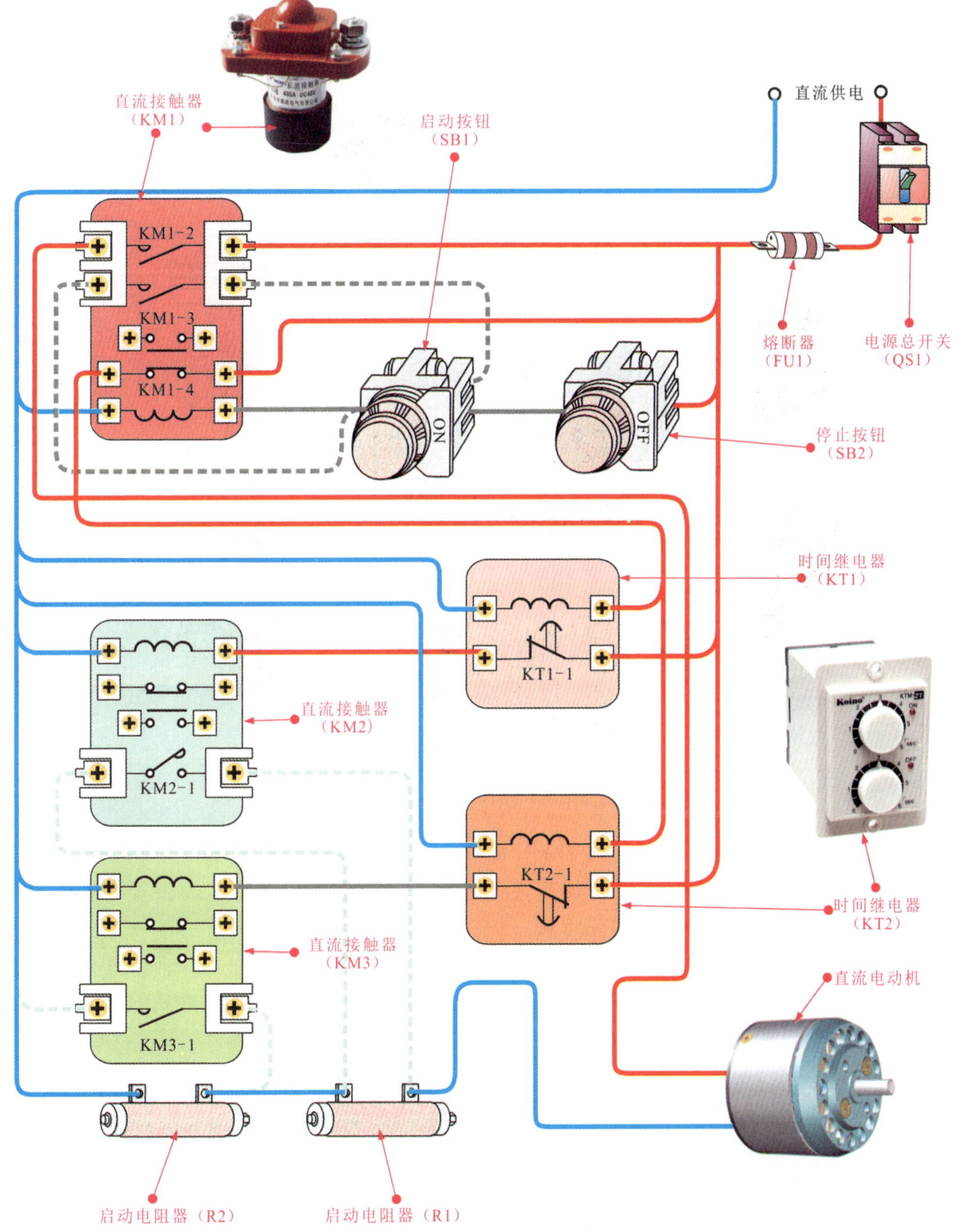

图 6-18 直流接触器在直流电动机的单向控制线路中的应用

6.2.2 接触器的检测

1 交流接触器的检测

交流接触器位于热过载继电器的上一级，用来接通或断开用电设备的供电线路。该接触器的主触点连接用电设备，线圈连接控制开关，若该接触器损坏，应对其触点和线圈的阻值进行检测。图 6-19 所示为典型电动机控制接线图。

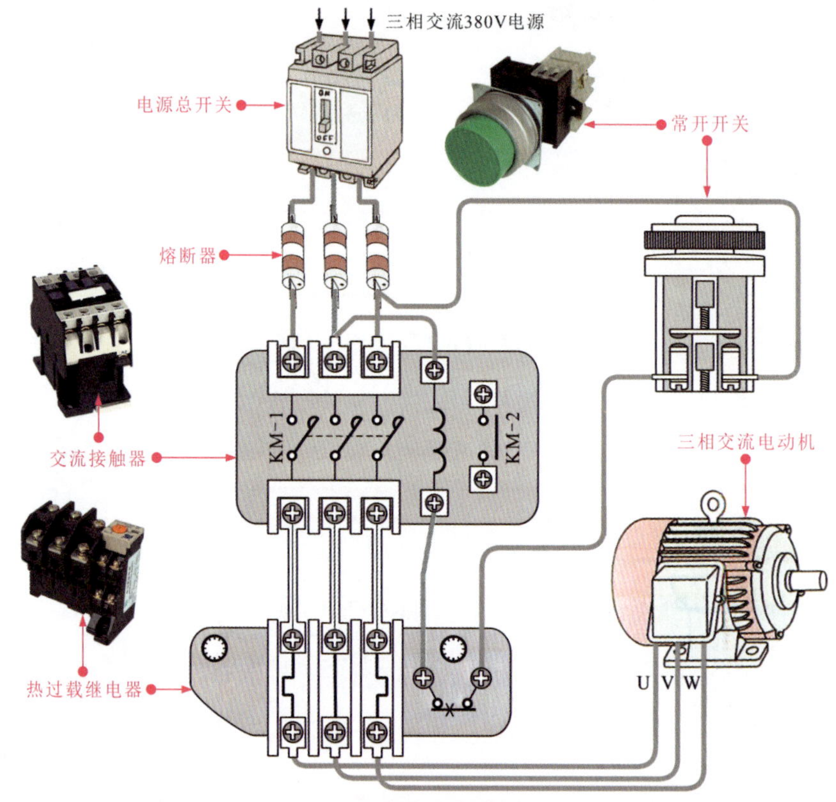

图 6-19 典型电动机控制接线图

图 6-20 所示为检测线圈阻值的操作演示。为了使检修结果准确，可将交流接触器从控制线路中拆下，然后根据标识判断好接线端子的分组后，将万用表调至“R×100”欧姆档，对接触器线圈的阻值进行检测。将红、黑表笔搭在与线圈连接的接线端子上，正常情况下，测得阻值为 1400Ω。若测得阻值为无穷大或测得阻值为 0，说明该接触器已损坏。图 6-21 所示为检测触点阻值的操作演示。当用手按下测试杆时，触点便闭合，红黑表笔位置不动，测量阻值变为 0。

2 直流接触器的检测

直流接触器受直流电的控制，它的检测方法与交流接触器相同，也是对线圈和触点的阻值进行检测。

图 6-22 所示为检测直流接触器的触点。正常情况下，触点间的阻值应为无穷大；触点闭合时，阻值为 0，断开时，阻值为无穷大。

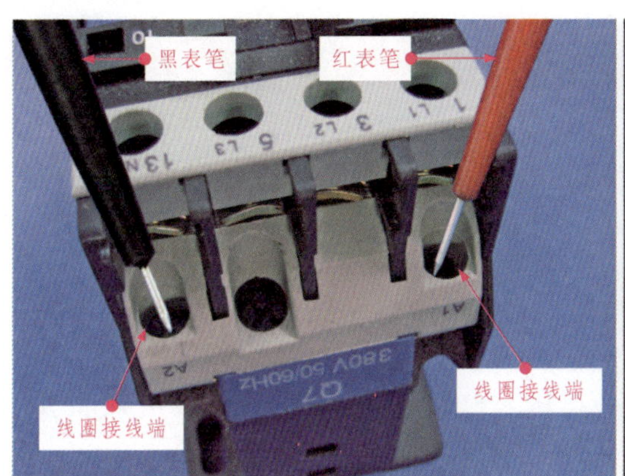

图 6-20 检测线圈阻值

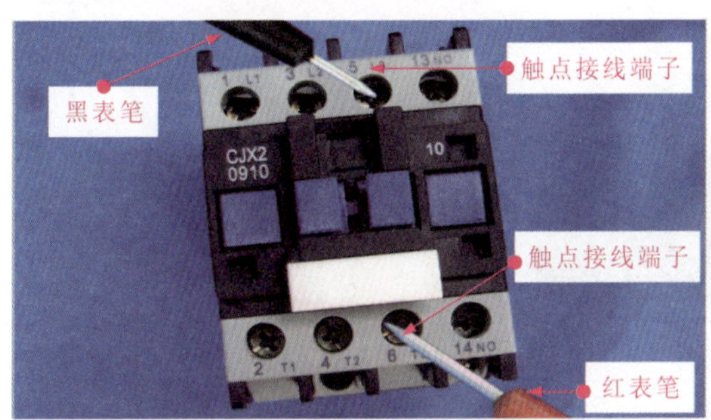

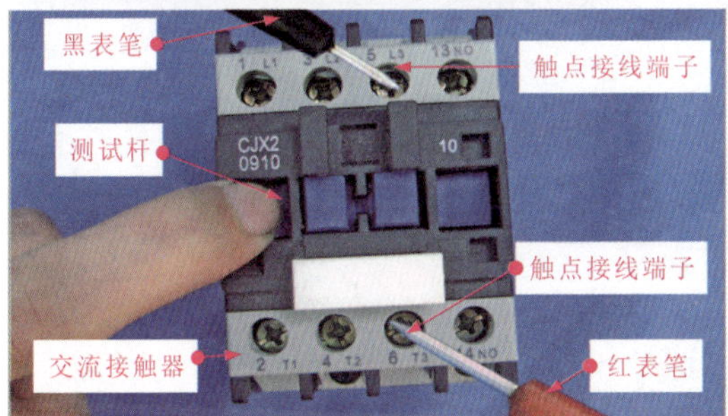

图 6-21 检测触点阻值

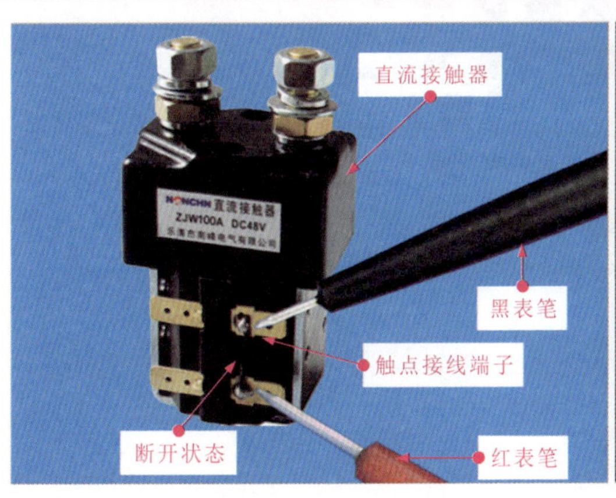

图 6-22 检测直流接触器的触点

6.3　继电器的特点与检测

6.3.1　继电器的特点

1　电磁继电器

电磁继电器是一种电子控制器件，具有输入回路和输出回路，通常用于自动的控制系统中，实际上是用较小的电流或电压去控制较大的电流或电压的一种“自动开关”，在电路中起到了自动调节、保护和转换电路的作用。图 6-23 所示为电磁继电器的外形结构与电路符号。

（a）电磁继电器的外形

线圈
触点弹片

（b）电磁继电器的内部结构

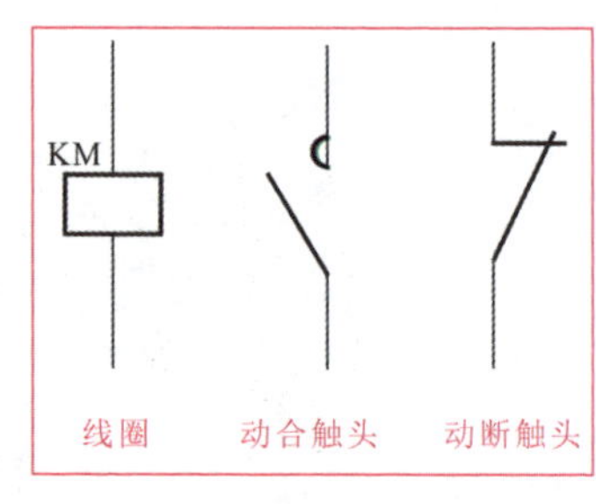

（c）电磁继电器的电路符号

图 6-23　电磁继电器的外形结构与电路符号

2　中间继电器

中间继电器是一种动作值与释放值固定的电压继电器，用来增加控制电路中信号数量或将信号放大。其输入信号是线圈的通电和断电，输出信号是触头的动作。图 6-24 所示为中间继电器的结构外形与电路符号。

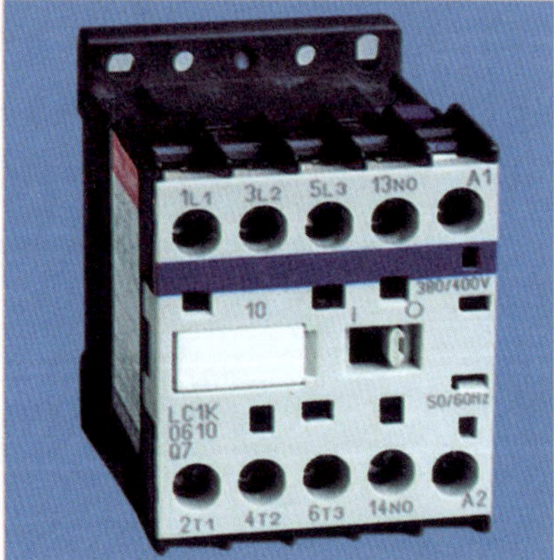

（a）中间继电器的外形

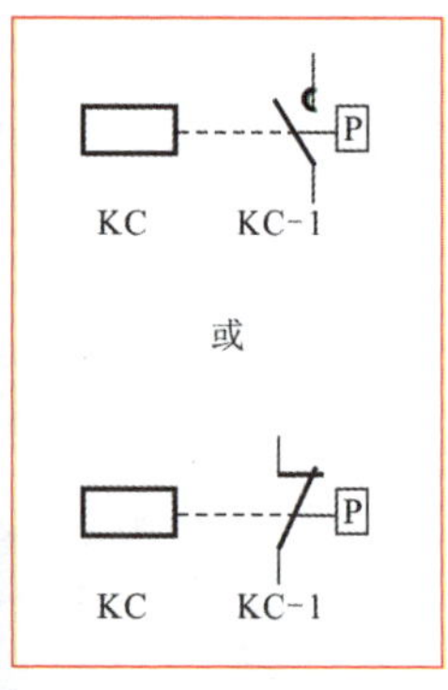

（b）中间继电器的电路符号

图 6-24　中间继电器的结构外形与电路符号

提示说明

在中间继电器的电路符号中，通常情况下用字母“KC”表示线圈；“KC-1”表示继电器的触点。由于中间继电器触头的数量较多，而且通过小电流，所以可以用来控制多个元件或回路。

3 电流继电器

当继电器的电流超过整定值时，引起开关电器有延时或无延时动作的继电器叫作电流继电器，图 6-25 所示为电流继电器的外形结构与电路符号。该类继电器主要用于频繁启动和重载启动的场合，作为电动机和主电路的过载和短路保护。

电流继电器又可分为过电流继电器和欠电流继电器。过电流继电器是指线圈中的电流高于允许值时动作的继电器；欠电流继电器是指线圈中的电流低于允许值时动作的继电器。

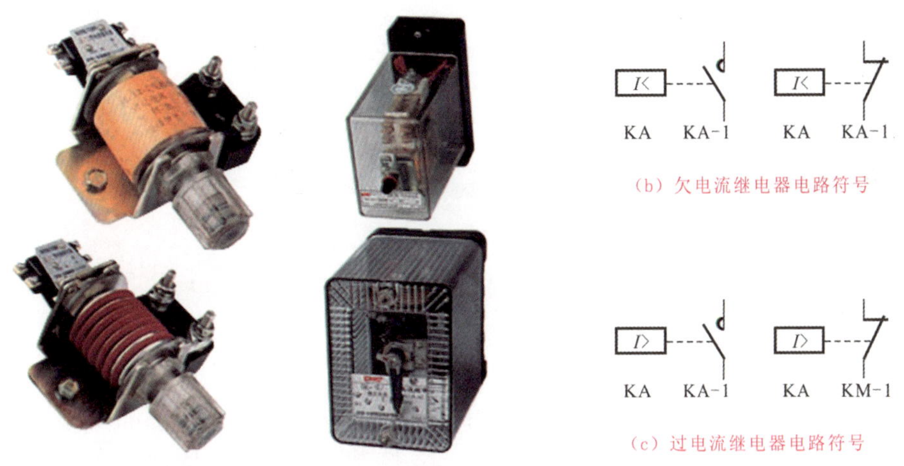

（a）电流继电器的外形结构

（b）欠电流继电器电路符号

（c）过电流继电器电路符号

图 6-25 电流继电器的外形结构与电路符号

4 电压继电器

电压继电器又称零电压继电器，是一种按电压值的大小而动作的继电器，当输入的电压值达到设定的电压时，其触点会做出相应动作，电压继电器具有导线细、匝数多、阻抗大的特点。图 6-26 所示为电压继电器的结构外形与电路符号。

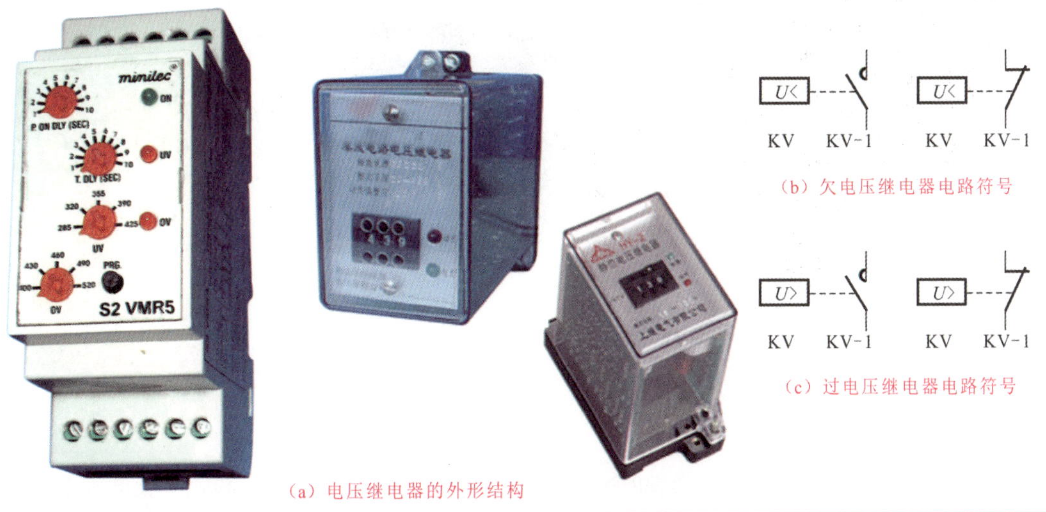

（a）电压继电器的外形结构

（b）欠电压继电器电路符号

（c）过电压继电器电路符号

图 6-26 电压继电器的外形结构与电路符号

5 速度继电器

速度继电器又称为反接制动继电器，主要是与接触器配合使用，实现电动机的反接制动。

速度继电器在电路中，通常用字母“KS”表示。常用的速度继电器主要有JY1型和JFZ0型两种。图6-27所示为速度继电器的外形结构与电路符号。

（a）速度继电器外形结构　（b）速度继电器的电路符号

图6-27　速度继电器的外形结构与电路符号

6 热继电器

热继电器是一种电气保护元件，利用电流的热效应来推动内部的动作机构使触头闭合或断开的保护电器。由于热继电器发热元件具有热惯性，因此，在电路中不能做瞬时过载保护，更不能做短路保护。

图6-28所示为热继电器的外形结构与电路符号。热继电器在电路中，通常用字母“FR”表示。该类继电器具有体积小、结构简单、成本低等特点，主要用于电动机的过载保护、电流不平衡运行的保护及其他电气设备发热状态的控制。

（a）热继电器的外形结构　（b）热继电器的电路符号

图6-28　热继电器的外形结构与电路符号

提示说明

当过载电流通过热元件后，热元件内的双金属片受热弯曲变形从而带动触点动作，使电动机控制电路断开实现电动机的过载保护。

7 时间继电器

时间继电器是指其内部的感测机构接收到外界动作信号，经过一段时间延时后触头才动作或输出电路产生跳跃式改变的继电器。图 6-29 所示为时间继电器的外形结构与电路符号。

在时间继电器的电路符号中，通常是以字母“KT”表示，触头数量是用字母和数字“KT-1”表示。时间继电器主要用于需要按时间顺序控制的电路中，延时接通和切断某些控制电路。

(a) 时间继电器的外形结构

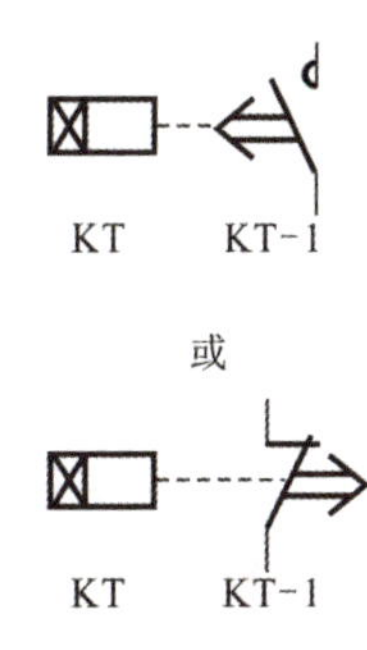

(b) 时间继电器的电路符号

图 6-29　时间继电器的外形结构与电路符号

时间继电器的种类很多，按动作原理可以分为空气阻尼式继电器、电磁阻尼式继电器、电动式继电器、电子式继电器等；按延时方式可以分为通电延时和断电延时两种方式的继电器。

8 压力继电器

压力继电器是将压力转换成电信号的液压器件。压力继电器通常用于机械设备的液压或气压的控制系统中，它可以根据压力的变化情况来决定触点的开通和断开，方便对机械设备提供控制和保护的作用。图 6-30 所示为压力继电器的外形结构与电路符号。压力继电器在电路中符号通常是用字母“KP”表示。

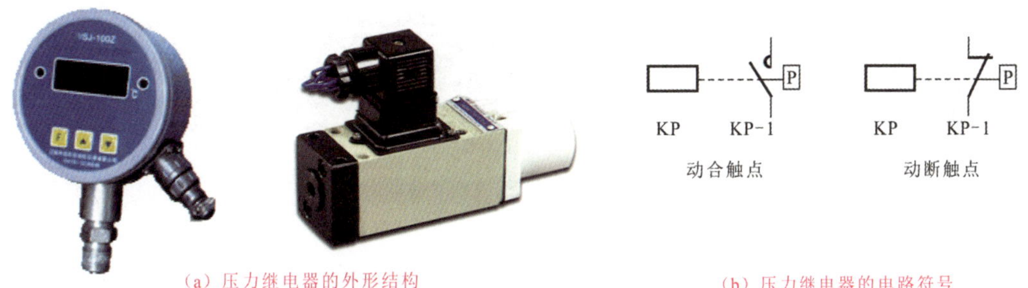

(a) 压力继电器的外形结构

(b) 压力继电器的电路符号

图 6-30　压力继电器的结构外形

6.3.2 电磁继电器的检测

安装于电路板上的电磁继电器需要先对引脚进行识别，然后再进行检测。有的印制电路板上标识有电路符号，线圈的符号为“⌒⌒⌒”，触点的符号为“—╱—”。图 6-31 所示为电磁继电器引脚识别。

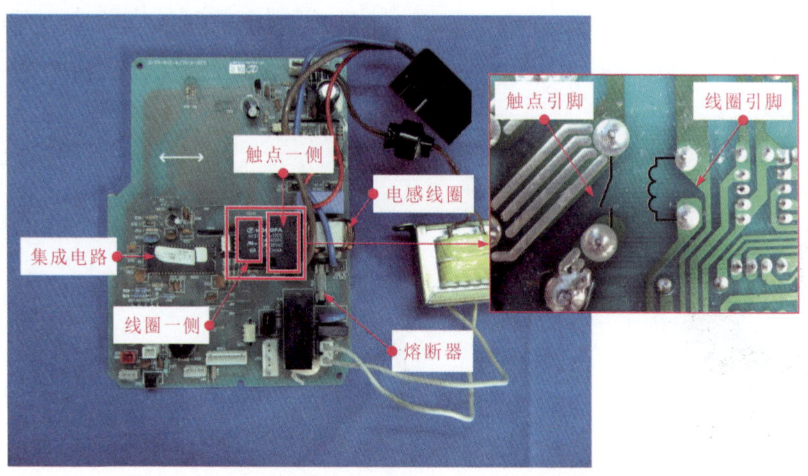

图 6-31 电磁继电器引脚识别

图 6-32 所示为检测线圈阻值的操作演示。将万用表调至“×10”欧姆挡，对线圈的阻值进行检测，将红、黑表笔搭在线圈的引脚上，测得阻值为 1300Ω。若测得阻值为 0 或无穷大，说明电磁继电器已损坏。

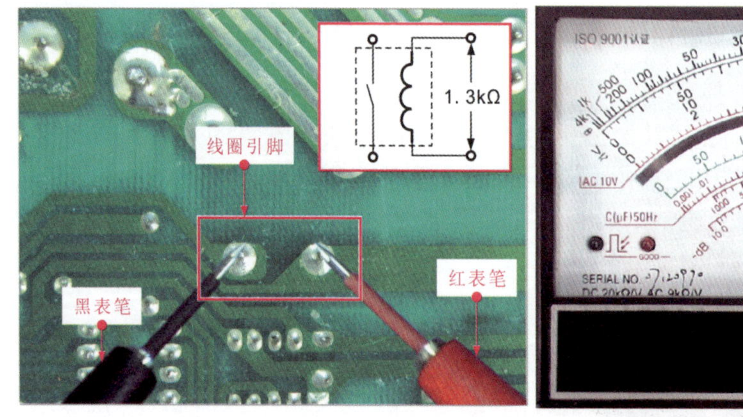

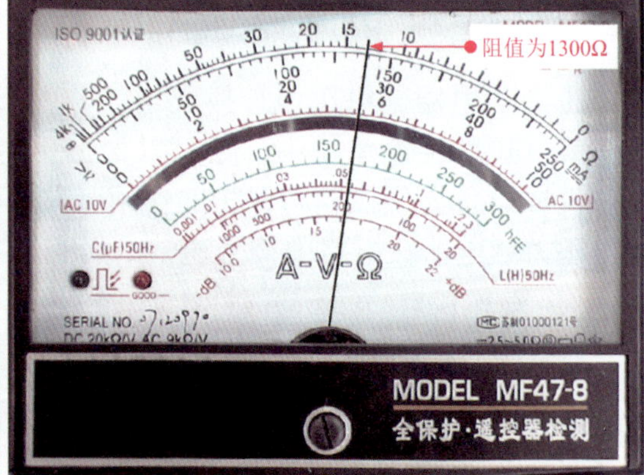

图 6-32 检测线圈的阻值

接下来对电磁继电器的触点进行检测，将万用表调至“×1”欧姆挡，对触点的阻值进行检测。如图 6-33 所示，将红、黑表笔搭在触点的引脚上，在断开状态下，阻值应为无穷大。当为线圈提供电流后，触点闭合，测得的阻值应为 0。

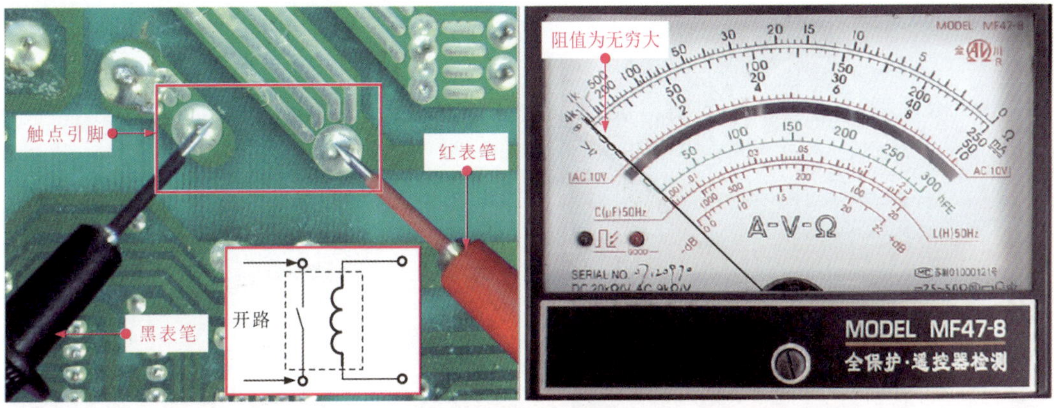

图 6-33 检测触点的阻值

提示说明

对于外壳透明的电磁继电器，检测线圈正常后，可直接观察内部的触点等部件是否损坏，根据情况进行维修或更换。而对于封闭式电磁继电器，则需要检测线圈和触点的阻值，若发现继电器损坏需要进行整体更换。图 6-34 所示为外壳透明的电磁继电器的检测。

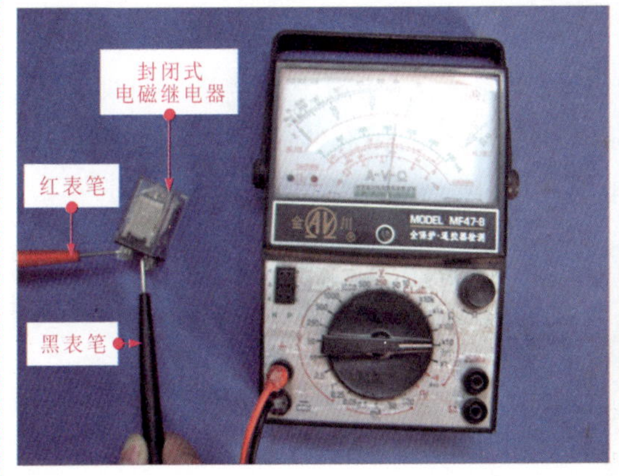

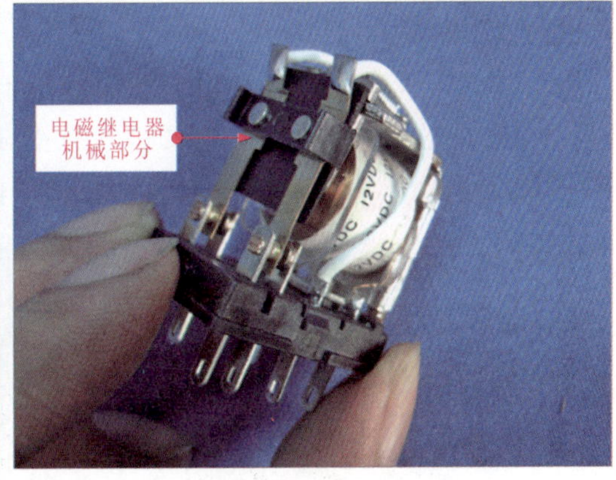

图 6-34 可拆卸式电磁继电器的检测

除了通过检测判断电磁继电器好坏外，还可使用直流电源为其供电，直接观察其触点是否动作来判断继电器是否损坏。图 6-35 所示为通电检测电磁继电器的方法。继电器线圈的工作电压都标在铭牌上（如 12V、24V 等），为继电器线圈加电压检测时，必须符合线圈的额定值。

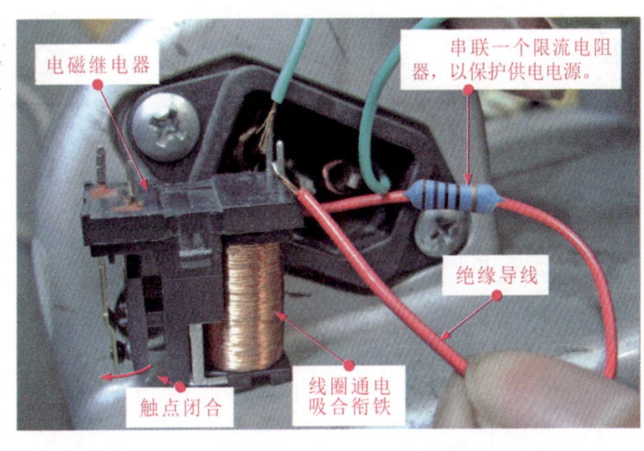

图 6-35 通电检测电磁继电器的方法

6.3.3 时间继电器的检测

时间继电器通常有多个引脚，如图 6-36 所示为时间继电器外壳上的引脚连接图。从图中可以看出，在未工作状态下，①脚和④脚、⑤脚和⑧脚为接通状态。此外，②脚和⑦脚为控制电压的输入端，②脚为负极，⑦脚为正极。

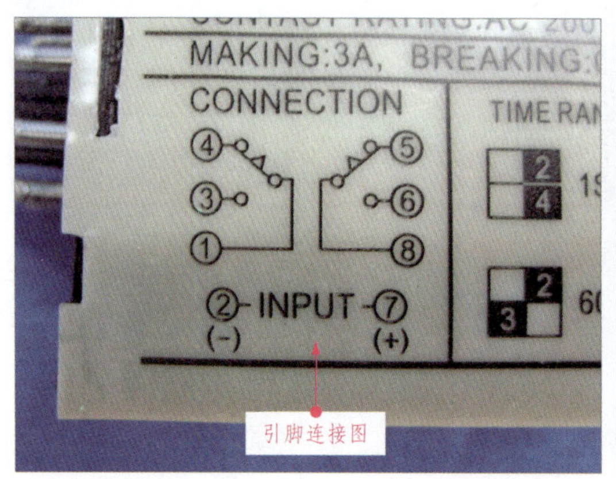

图 6-36　识别引脚功能

图 6-37 所示为检测时间继电器引脚间阻值的操作演示。将万用表调至"×1"欧姆挡，进行零欧姆校正后，将红、黑表笔任意搭在时间继电器的①和④脚上。万用表测得两引脚间阻值为 0，然后将红、黑表笔任意搭在⑤和⑧脚上，测得两引脚间阻值也为 0。

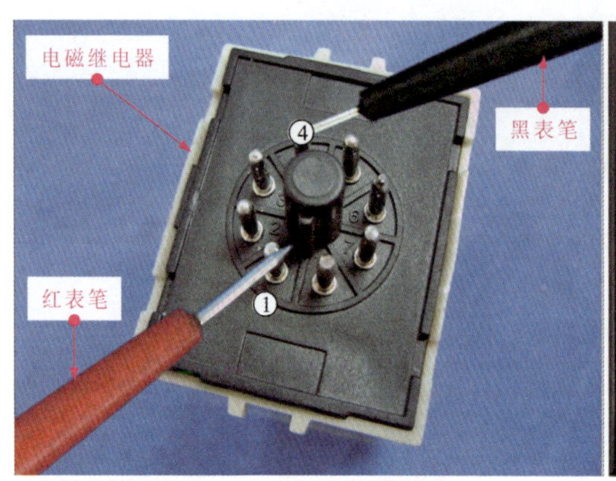

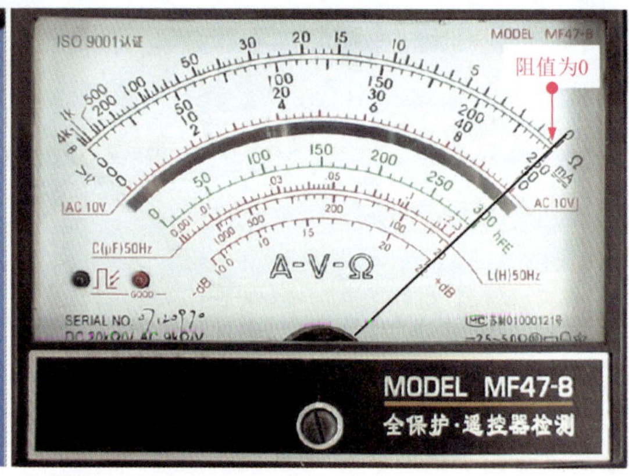

图 6-37　检测时间继电器引脚间阻值的操作演示

在未通电状态下，①脚和④脚，⑤脚和⑧脚是闭合状态，而在通电动作后，延迟一定的时间后①脚和③脚，⑥脚和⑧脚是闭合状态。闭合引脚间阻值应为零，而未接通引脚间阻值应为无穷大。

若确定时间继电器损坏，可将器拆开后，分别对内部的控制电路和机械部分进行检查，若控制电路中有元器件损坏，将损坏元器件更换即可；若机械部分损坏，可更换内部损坏的部件或直接将机械部分更换。图 6-38 所示为时间继电器的内部检查。

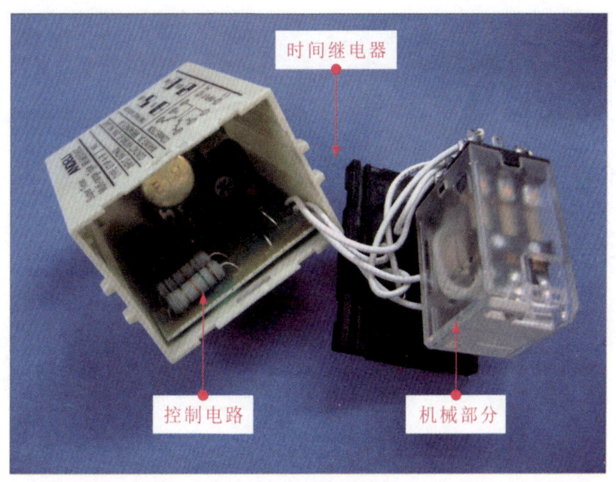

图 6-38 时间继电器的内部

6.3.4 热过载继电器的检测

如图 6-39 为热过载继电器的引脚识别方法。热过载继电器上有三组相线接线端子，即 L1 和 T1、L2 和 T2、L3 和 T3，其中 L 一侧为输入端，T 一侧为输出端。接线端子 95、96 为动断触点接线端，97、98 为动合触点。

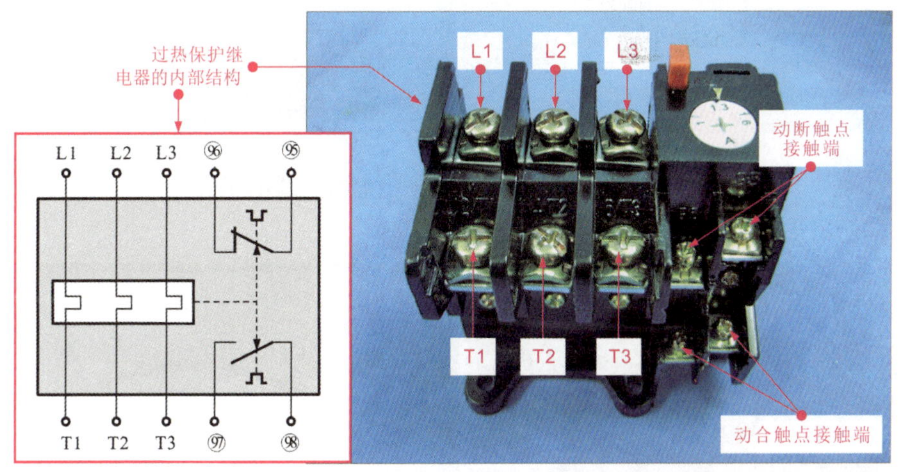

图 6-39 识别引脚功能

将万用表调至“×1”欧姆挡，进行零欧姆校正后，将红、黑表笔搭在热过载继电器的 95、96 端子上，测得动断触点的阻值为 0Ω。图 6-40 所示为检测动断触点阻值的操作演示。

然后将红、黑表笔搭在 97、98 端子上，测得动合触点的阻值为无穷大。图 6-41 所示为检测动合触点阻值的操作演示。

用手拨动测试杆，模拟过载环境，将红、黑表笔搭在热过载继电器的 95、96 端子上，此时测得的阻值为无穷大。图 6-42 所示为拨动测试杆检测动断触点阻值的操作演示。

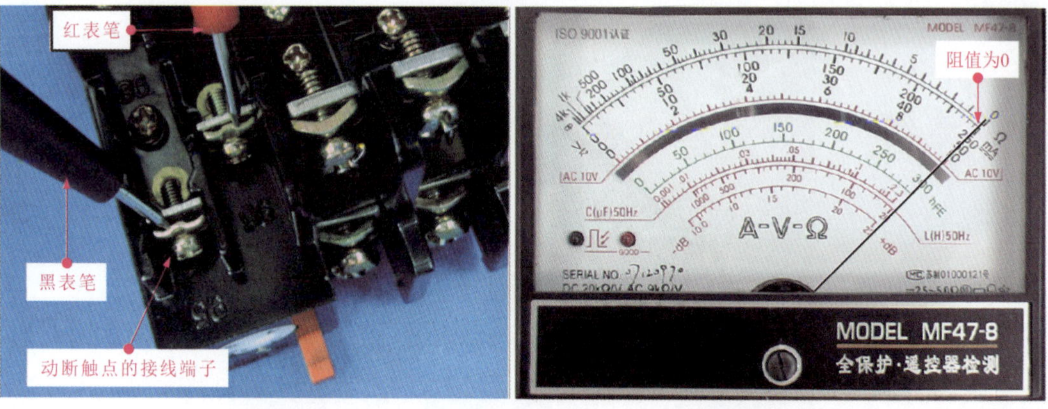

图 6-40 检测动断触点阻值的操作演示

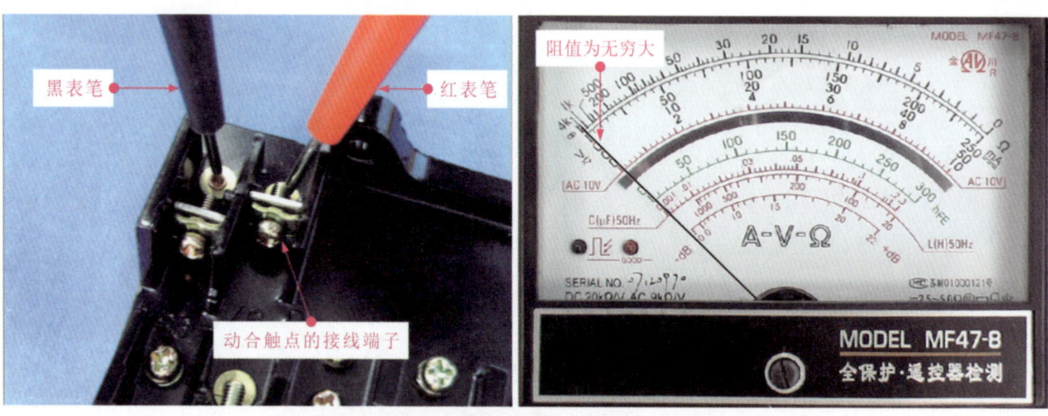

图 6-41 检测动合触点阻值的操作演示

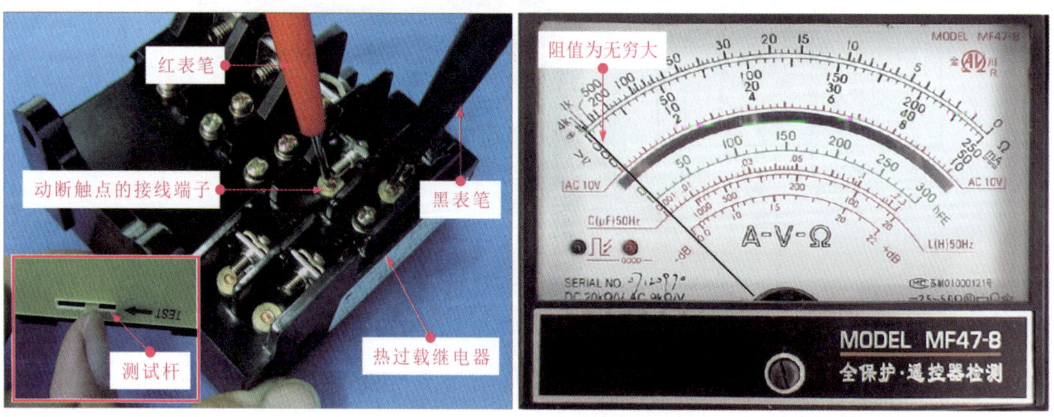

图 6-42 拨动测试杆检测动断触点

继续用手拨动测试杆，模拟过载环境，然后将红、黑表笔搭在 97、98 端子上，测得的阻值为 0。图 6-43 所示为拨动测试杆检测动合触点阻值的操作演示。

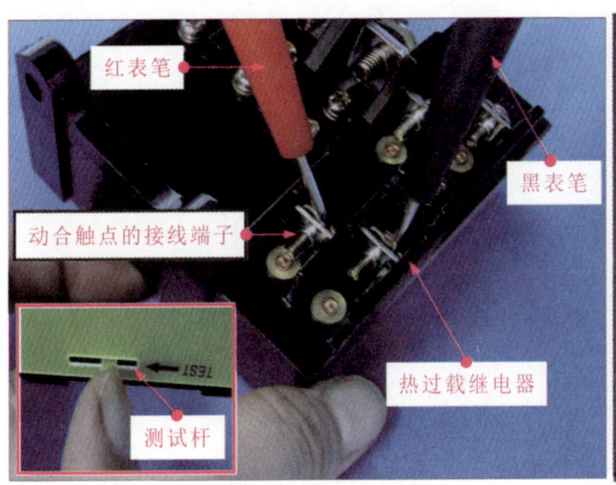

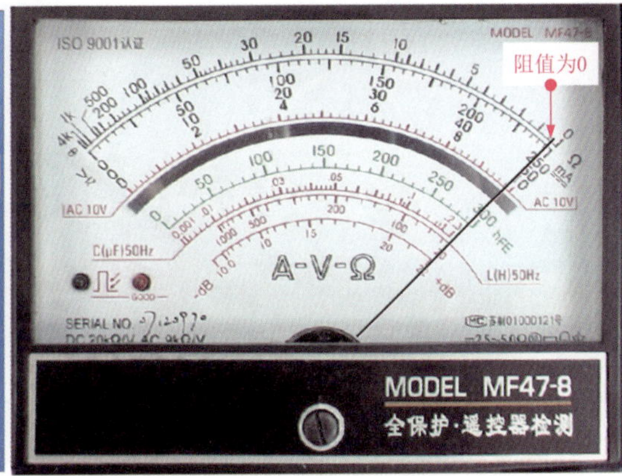

图 6-43 拨动测试杆检测动合触点的阻值

提示说明

若确定热过载继电器损坏，可先将继电器拆开，对其内部的触点以及热元件等进行检查，发现损坏部件后，可更换该部件或直接更换继电器。图 6-44 所示为检查热过载继电器的内部。

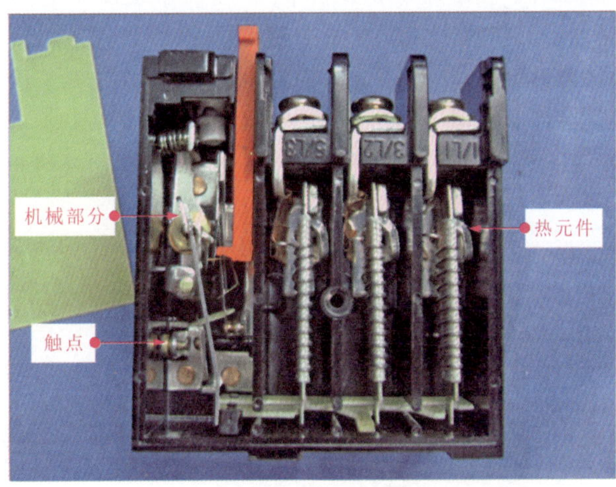

图 6-44 检查热过载继电器的内部

6.4 变压器的特点与检测

6.4.1 变压器的特点

1 单相变压器

单相变压器是一种一次绕组为单相绕组的变压器，单相变压器的一次绕组和二次绕组均缠绕在铁芯上，一次绕组为交流电压输入端，二次绕组为交流电压输出端。二次绕组的输出电压与线圈的匝数成正比。图 6-45 所示为单相变压器的结构外形。

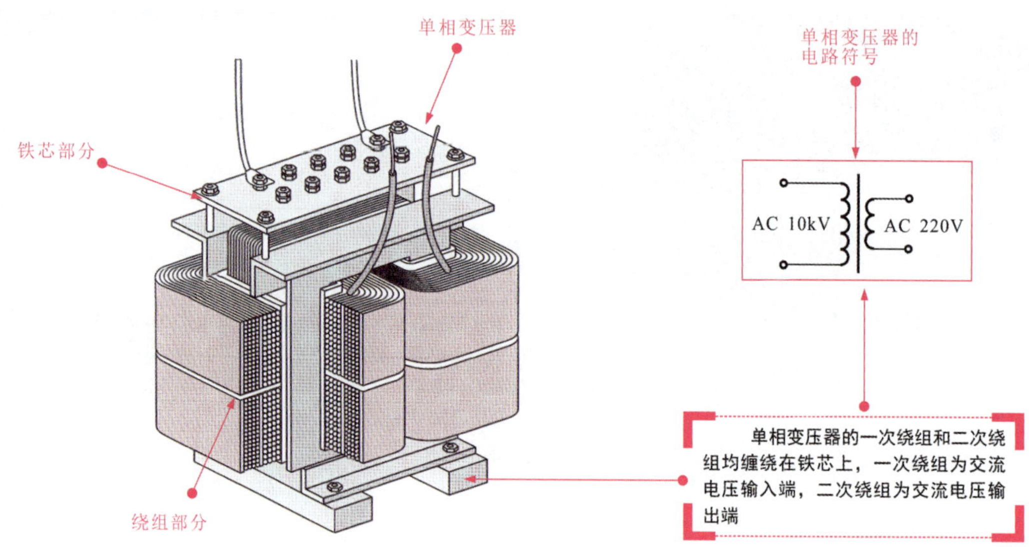

图 6-45 单相变压器的结构外形

单相变压器可将高压供电变成单相低压供各种设备使用，例如可将交流 6600V 高压经单相变压器变为交流 220V 低压，为照明灯或其他设备供电。

如图 6-46 所示，单相变压器具有结构简单、体积小、损耗低等优点，适宜在负荷较小的低压配电线路（60 Hz 以下）中使用。

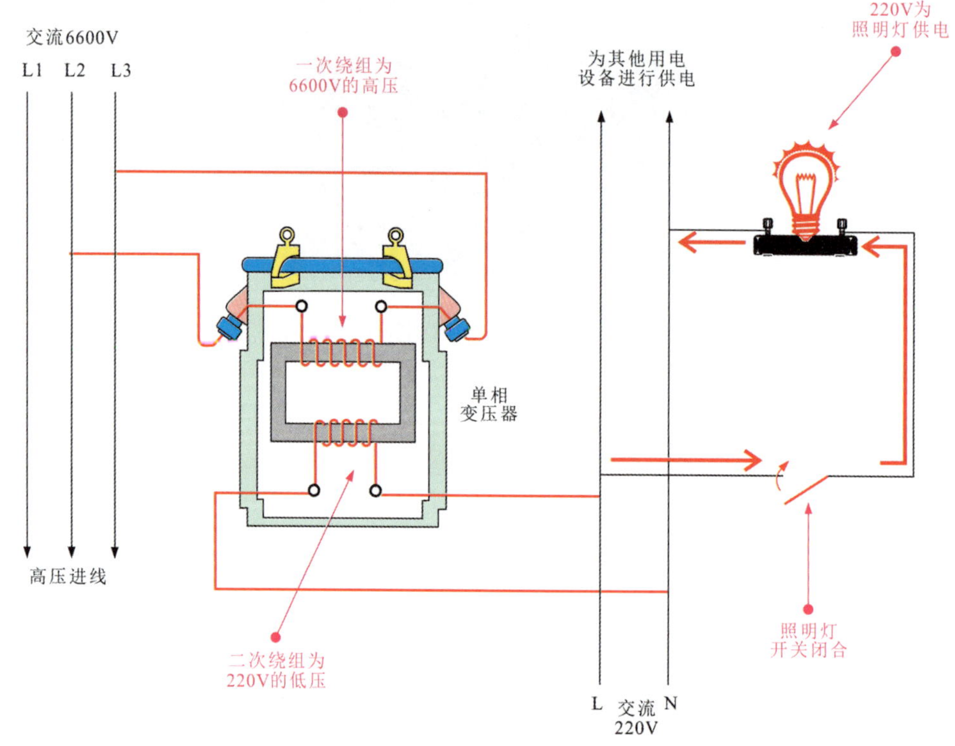

图 6-46 单相变压器的功能

2 三相变压器

三相变压器是电力设备中应用比较多的一种变压器，三相变压器实际上是由 3 个相同容量的单相变压器组合而成的，一次绕组（高压线圈）为三相，二次绕组（低压线圈）也为三相，图 6-47 所示为三相变压器的结构外形。

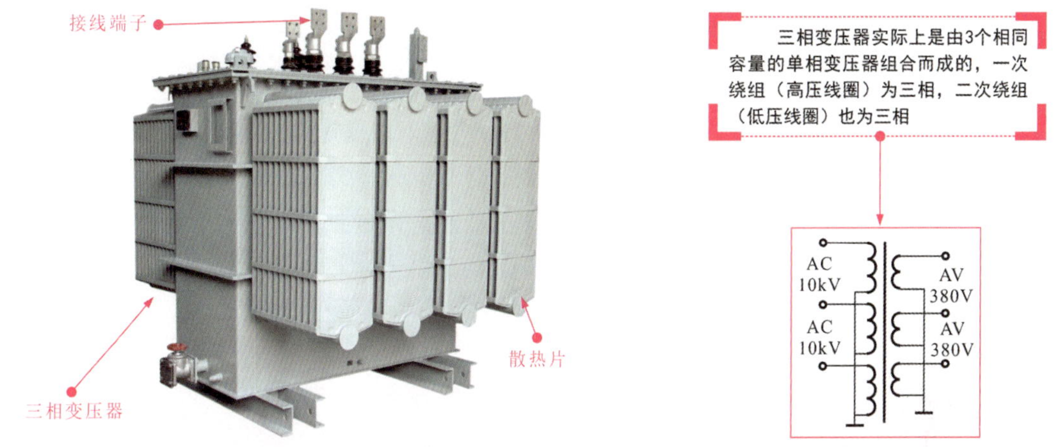

图 6-47 三相变压器的结构外形

如图 6-48 所示，三相变压器主要用于三相供电系统中的升压或降压，比较常用的就是将几千伏的高压变为 380V 的低压，为用电设备提供动力电源。

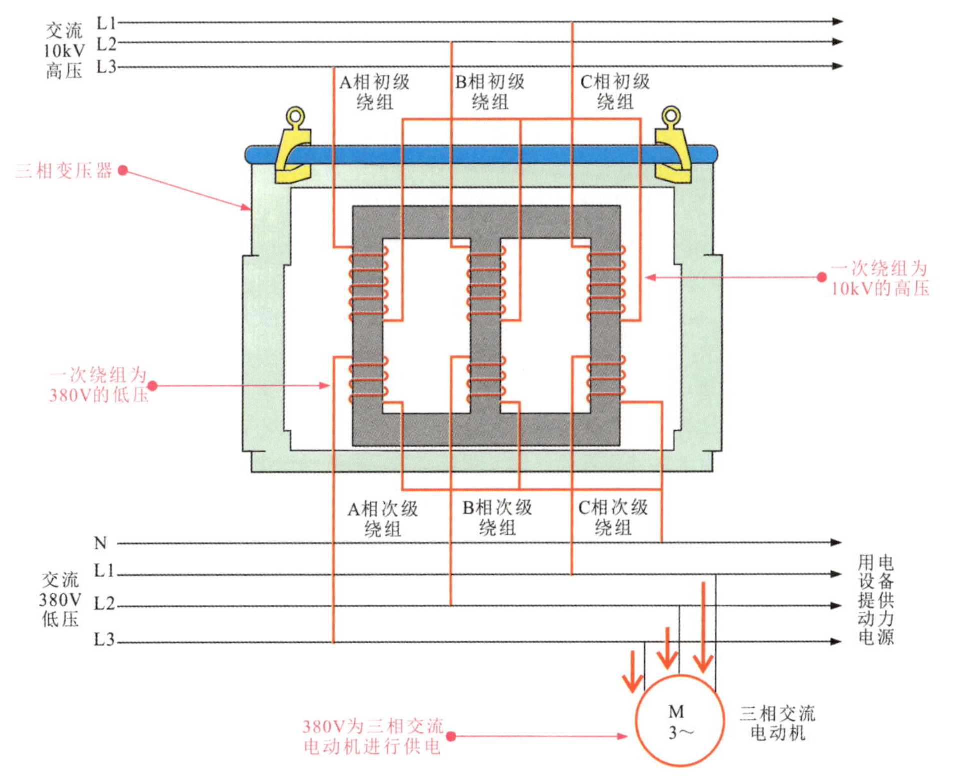

图 6-48 三相变压器的功能

6.4.2 电力变压器的检测

电力变压器的体积一般较大，且附件较多，检测电力变压器时，检测其绝缘电阻和绕组直流电阻是两种有效的检测手段。

1 电力变压器绝缘电阻的检测方法

如图 6-49 所示，使用绝缘电阻表测量电力变压器的绝缘电阻是检测设备绝缘状态最基本的方法。这种测量手段能有效地发现设备受潮、部件局部脏污、绝缘击穿、瓷件破裂、引线接外壳以及老化等问题。

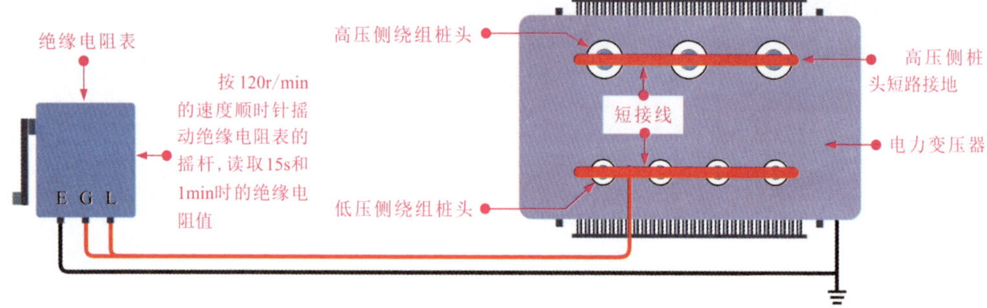

图 6-49 电力变压器绝缘电阻的检测方法

提示说明

检测电力变压器的绝缘电阻主要分低压绕组对外壳的绝缘电阻测量、高压绕组对外壳的绝缘电阻测量和高压绕组对低压绕组的绝缘电阻测量。以低压绕组对外壳的绝缘电阻测量为例。将高、低压侧的绕组桩头用短接线连接。接好绝缘电阻表，按 120r/min 的速度顺时针摇动绝缘电阻表的摇杆，读取 15s 和 1min 时的绝缘电阻值。将实测数据与标准值进行比对，即可完成测量。

高压绕组对外壳的绝缘电阻测量则是将“线路”端子接三相变压器高压侧绕组桩头，“接地”端子与三相变压器接地连接即可。

若检测高压绕组对低压绕组的绝缘电阻时，将“线路”端子接三相变压器高压侧绕组桩头，“接地”端子接低压侧绕组桩头，并将“屏蔽”端子接三相变压器外壳。

另外需要注意的是，使用绝缘电阻表测量三相变压器绝缘电阻前，要断开电源，并拆除或断开设备外接的连接线缆，使用绝缘棒等工具对三相变压器充分放电（约 5min 为宜）。

接线测量时，要确保测试线的接线准确无误。测量完毕，断开绝缘电阻表时要先将“电路”端测试引线与测试桩头分开后，再降低绝缘电阻表摇速，否则会烧坏绝缘电阻表。测量完毕，在对三相变压器测试桩头充分放电后，方可允许拆线。

2 电力变压器绕组阻值的检测方法

电力变压器绕组阻值的测量主要是用来检查变压器绕组接头的焊接质量是否良好、绕组层匝间有无短路、分接开关各个位置接触是否良好以及绕组或引出线有无折断等情况。

如图 6-50 所示，借助直流电桥可精确测量电力变压器绕组的阻值。

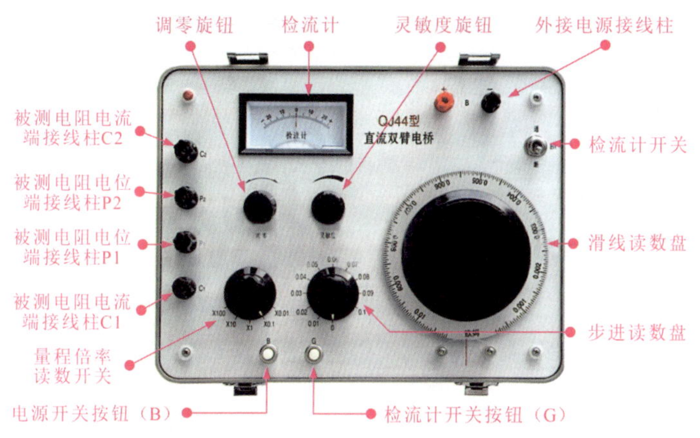

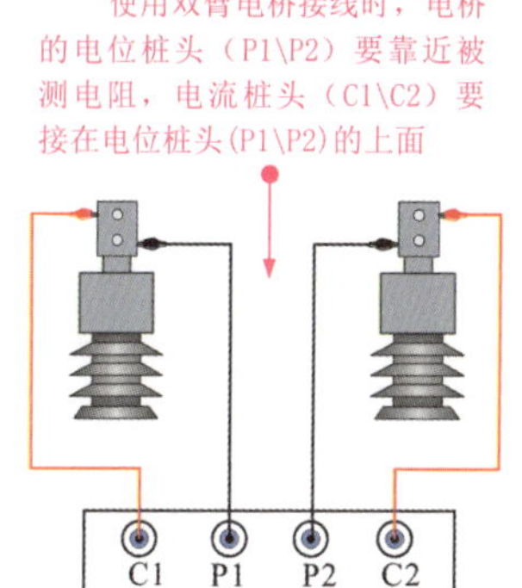

图 6-50 电力变压器绕组阻值的检测方法

提示说明

在测量前，将待测变压器的绕组与接地装置连接，进行放电操作。放电完成后拆除一切连接线。连接好电桥对变压器各相绕组（线圈）的直流电阻值进行测量。估计被测变压器绕组的阻值，将电桥倍率旋钮置于适当位置，检流计灵敏度旋钮调至最低位置，将非被测线圈短路接地。先打开电源开关按钮（B）充电，充足电后按下检流计开关按钮（G），迅速调节测量臂，使检流计指针向检流计刻度中间的零位线方向移动，增大灵敏度微调，待指针平稳停在零位上时记录被测线圈电阻值（被测线圈电阻值＝倍率数 × 测量臂电阻值）。测量完毕，为防止在测量具有电感的直流电阻时其自感电动势损坏检流计，应先按检流计开关按钮（G），再放开电源开关按钮（B）。

6.4.3 电源变压器的检测

变压器的主要功能是实现电压的传输和变换。因此，检测电源变压器时，除检测绕组阻值外，还可在通电条件下检测其输入和输出的电压值，来判断变压器的性能。

检测前，需要首先确认电源变压器的一次、二次绕组引脚功能或相关参数值，图 6-51 所示为备检变压器的外形和电路符号。

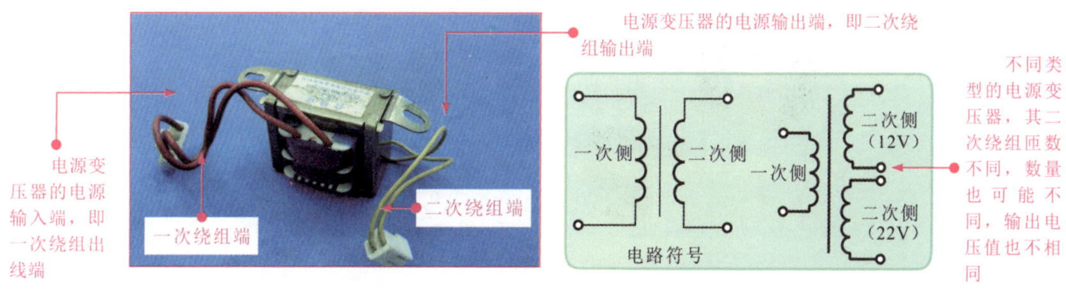

图 6-51 备检变压器的外形和电路符号

如图 6-52 所示，在通电的情况下，检测电源变压器输入电压值和输出电压值，正常情况下输出端应有变换后的电压输出。

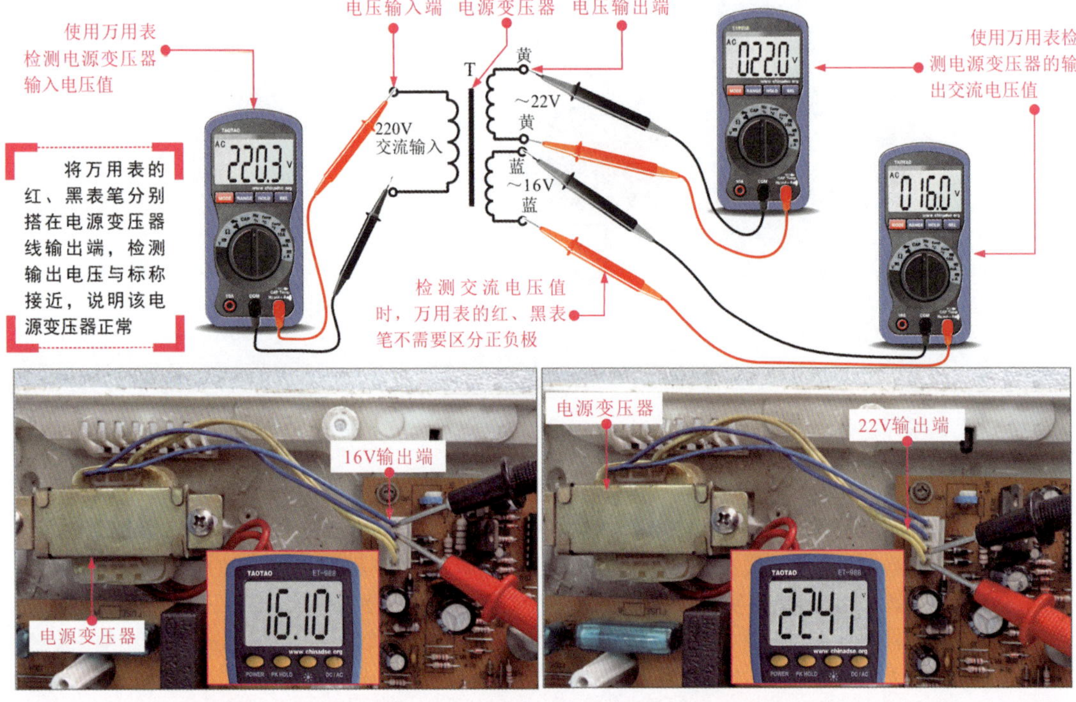

图 6-52 电源变压器的检测方法

6.5 电动机的特点与检测

6.5.1 电动机的特点

1 直流电动机

（1）永磁式直流电动机和电磁式直流电动机。永磁式直流电动机的定子磁极或转子磁极是由永久磁体组成的，它是利用永磁体提供磁场，使转子在磁场的作用下旋转；电磁式直流电动机的定子磁极或转子磁极是由铁芯和绕组组成的，在直流电流的作用下，形成驱动转矩，驱动转子旋转。

图 6-53 所示为典型永磁式和电磁式直流电动机的结构外形。

永磁式直流电动机的定子磁极是由永久磁体制成的
（a）

电磁式直流电动机的定子磁极是由铁芯和线圈绕制而成的
（b）

图 6-53 永磁式直流电动机和电磁式直流电动机的结构外形

（2）有刷直流电动机和无刷直流电动机。图 6-54 所示为典型有刷直流电动机和无刷直流电动机的结构外形。

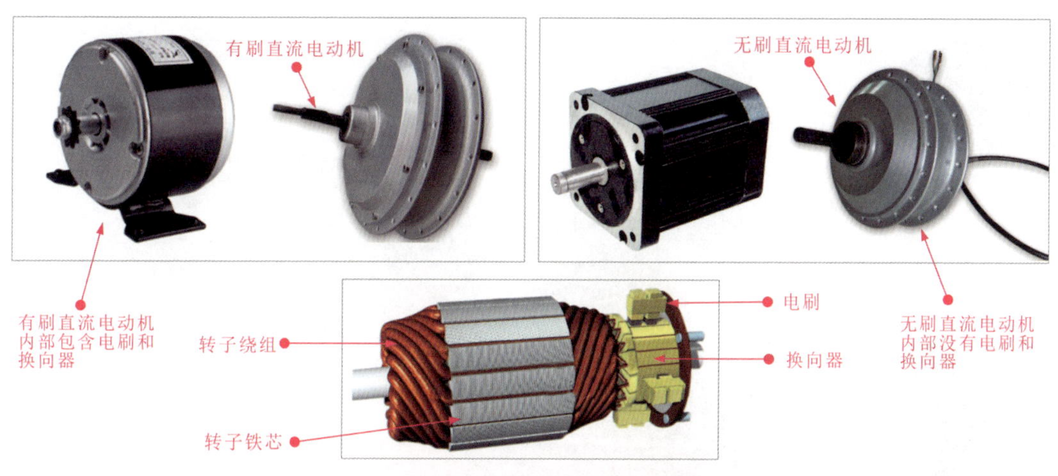

图 6-54 有刷直流电动机和无刷直流电动机的结构外形

有刷电动机的定子是永磁体，绕组绕在转子铁芯上。有刷电动机工作时，绕组和换向器旋转，直流电源通过电刷为转子上的绕组供电。

无刷电动机的转子是由永久磁钢（多磁极）制成的，设有多对磁极（N、S），不需要电刷供电。绕组设置在定子上，控制加给定子绕组的电流，使之形成旋转磁场，通过磁场的作用使转子旋转起来，属于电子换向方式，可有效消除电刷火花的干扰。

（3）步进电动机和伺服电动机。步进电动机是将电脉冲信号转换为角位移或线位移的开环控制器件。在负载正常的情况下，电动机的转速、停止的位置（或相位）只取决于驱动脉冲信号的频率和脉冲数，不受负载变化的影响。图 6-55 所示为典型步进电动机的实物外形和应用。

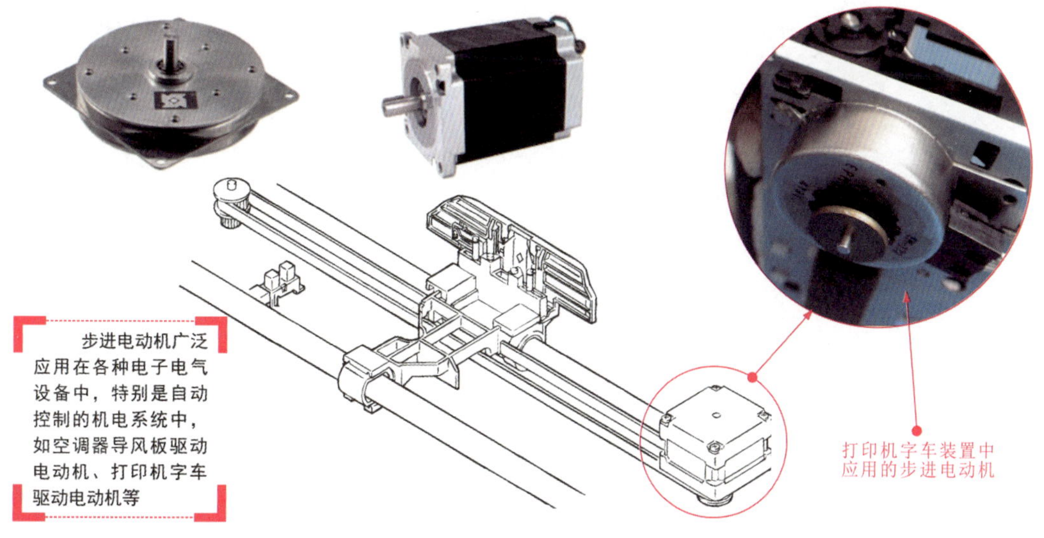

图 6-55 步进电动机的实物外形与应用

伺服电动机主要用于伺服系统中。图 6-56 所示为典型伺服电动机的实物外形和应用。

图 6-56 伺服电动机的实物外形与应用

2 交流电动机

交流电动机是通过交流电源供给电能，并可将电能转换为机械能的一类电动机。交流电动机根据供电方式的不同，可分为单相交流电动机和三相交流电动机两大类。其中每一类电动机根据转动速率与电源频率关系的不同，可以分为同步和异步两种。

（1）单相交流电动机。单相交流电动机是利用单相交流电源供电方式提供电能，多用于家用电子产品中。图 6-57 所示为典型单相交流电动机的实物外形和典型应用。

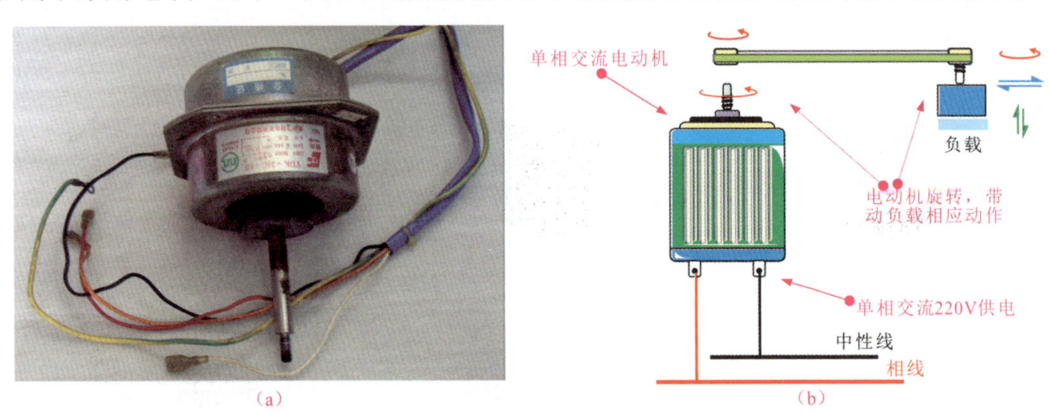

图 6-57 单相交流电动机的实物外形和典型应用

如图 6-54 所示，单相交流电动机根据转动速率和电源频率关系的不同，又可以细分为单相交流同步电动机和单相交流异步电动机两种。

单相交流同步电动机的转速度与供电电源的频率保持同步，其速度不随负载的变化而变化；而单相交流异步电动机的转速与电源供电频率不同步，具有输出转矩大、成本低等特点。

（2）三相交流电动机。三相交流电动机是利用三相交流电源供电方式提供电能，工业生产中的动力设备多采用三相交流电动机。图 6-58 所示为典型三相交流电动机的实物外形和典型应用。通常，三相交流电动机的额定供电电压为三相 380V。

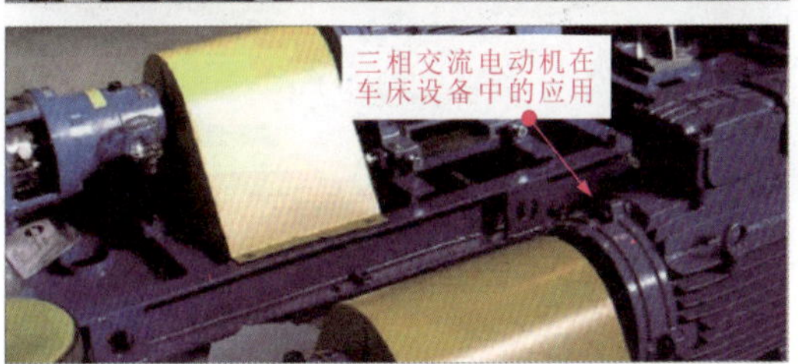

图 6-58　三相交流电动机的实物外形和典型应用

如图 6-59 所示，三相交流电动机根据转动速率和电源频率关系的不同，又可以细分为三相交流同步电动机和三相交流异步电动机两种。

三相交流同步电动机的转速与电源供电频率同步，转速不随负载的变化而变化，功率因数可以调节；三相交流异步电动机的转速与电源供电频率不同步，结构简单，价格低廉，应用广泛，运行可靠。

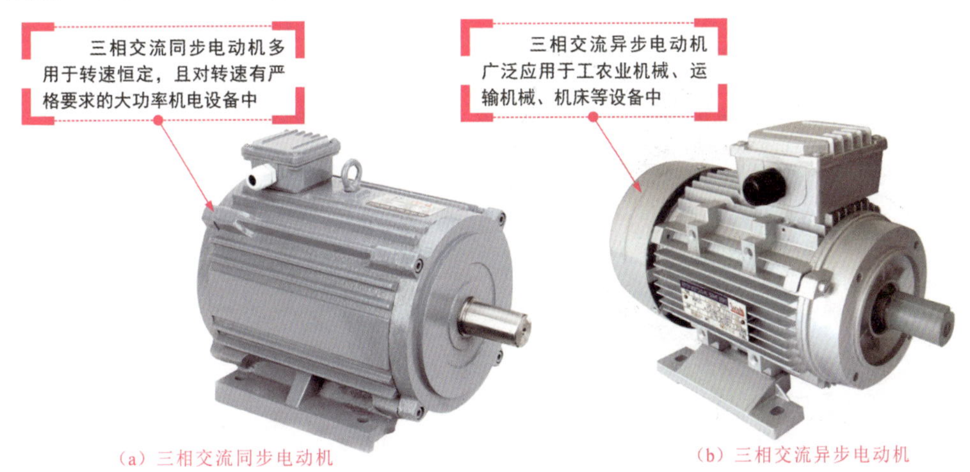

图 6-59　三相交流电动机

6.5.2 直流电动机的检测

普通直流电动机内部一般只有一相绕组，从电动机中引出有两根引线，检测直流电动机是否正常时，可以使用万用表检测直流电动机的绕组阻值是否正常。

图6-60所示为直流电动机的检测方法。将万用表量程调至“200”欧姆挡，把万用表红黑表笔分别搭在小型直流电动机的两只绕组引脚端，正常情况下，普通直流电动机（两根绕组引线）的绕组阻值应为一个固定数值（实际检测阻值为100.2Ω）；若实测为无穷大，则说明该电动机的绕组存在断路故障。

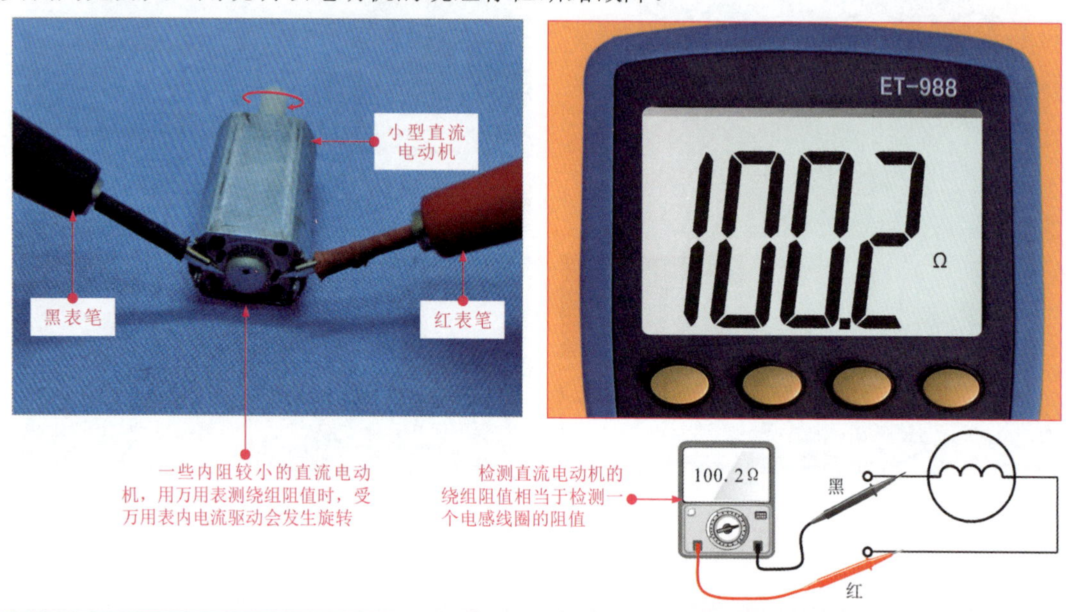

图6-60 直流电动机的检测方法

6.5.3 单相交流电动机的检测

如图6-61所示，单相交流电动机由单相交流电源提供电能。通常单相交流电动机的额定工作电压为单相交流220V。

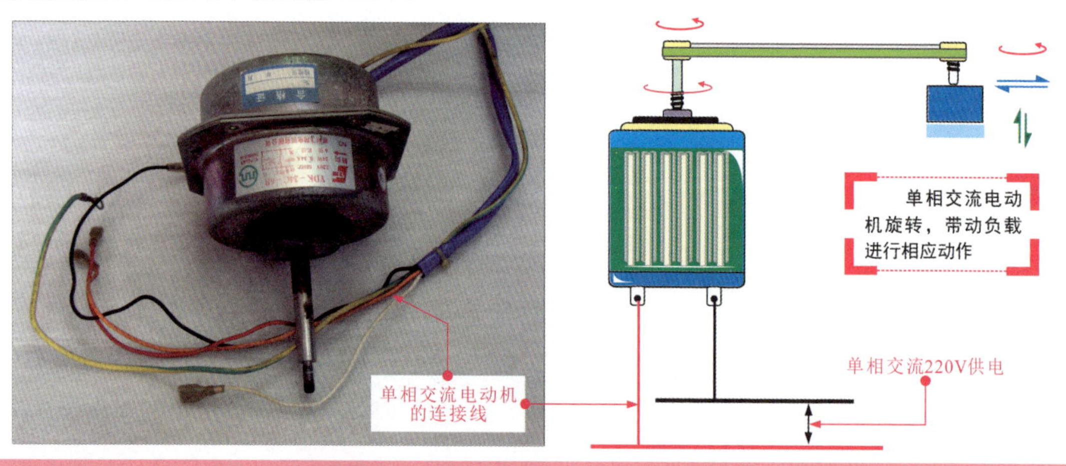

图6-61 单相交流电动机的实物及应用

普单相交流电动机内部多数包含有两相绕组，但从电动机中引出有三根引线，其中分别为公共端、启动绕组、运行绕组，检测交流电动机是否正常，可使用万用表检测单相交流电动机绕组阻值时，需分别对两两引线之间的 3 组阻值进行检测。

图 6-62 所示为交流电动机的检测方法。将万用表量程调至“2k”欧姆挡，把万用表红、黑表笔分别搭在交流电动机的任意两只绕组引脚上即可。

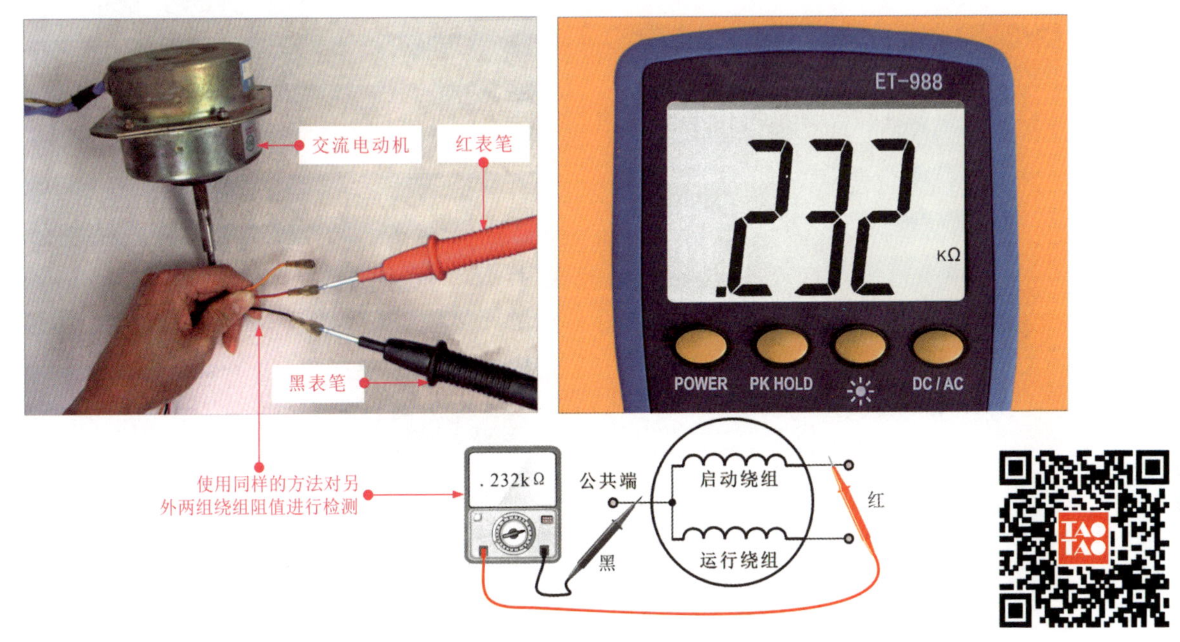

图 6-62 单相交流电动机的检测方法

提示说明

正常情况下，单相交流电动机（三根绕组引线）两两引线之间的 3 组阻值，应满足其中两个数值之和等于第三个值，如图 6-63 所示；若 3 组数值任意一阻值为无穷大，说明绕组内部存在断路故障。

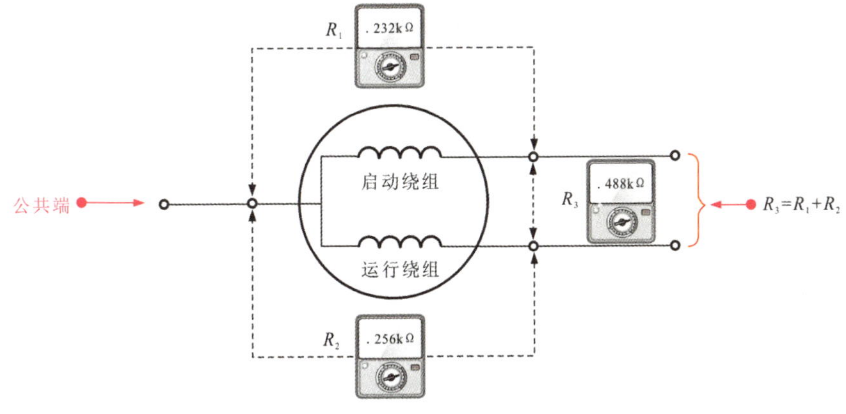

图 6-63 单相交流电动机检测示意图

6.5.4 三相交流电动机的检测

如图 6-64 所示，单相交流电动机由单相交流电源提供电能。通常单相交流电动机的额定工作电压为单相交流 220V。

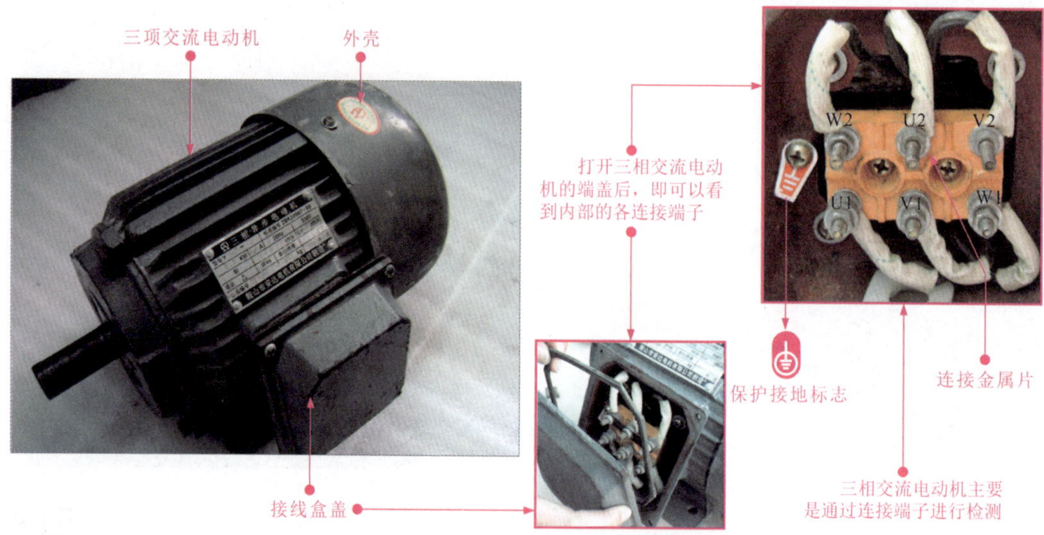

图 6-64 三相交流电动机的实物外形

提示说明

如图 6-65 所示，检测三相交流电动机的方法与检测单相交流电动机的方法类似，可先对三相交流电动机每两个连接端子的电阻值进行测量，结果应基本相同。若 R_1、R_2、R_3 任意一组阻值为无穷大或 0，则说明绕组内部存在断路或短路故障。

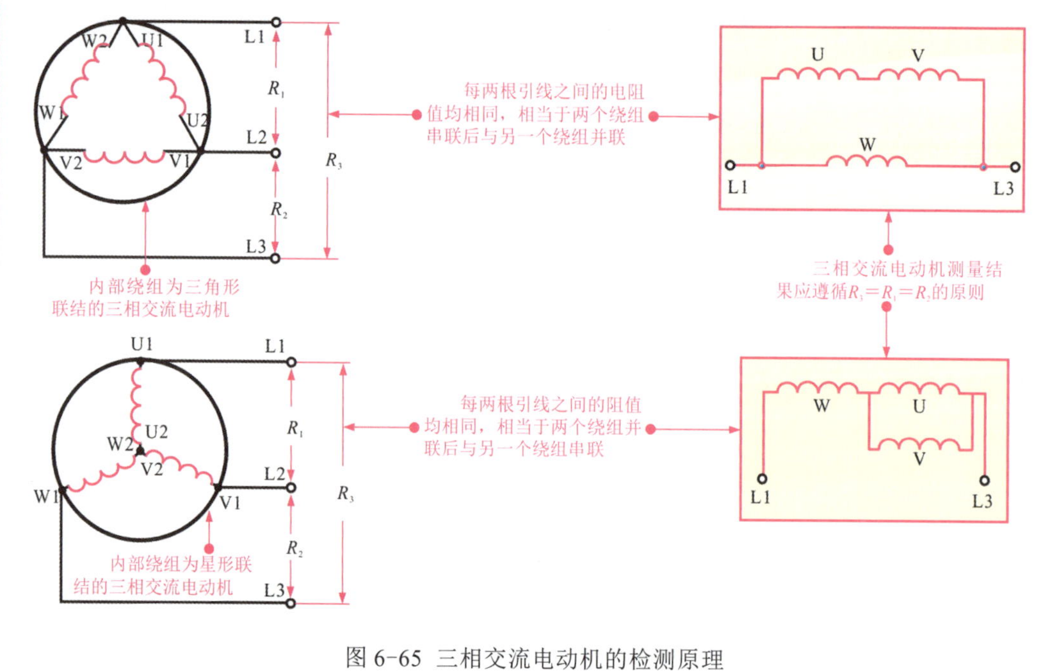

图 6-65 三相交流电动机的检测原理

如图 6-66 所示，先将连接端子的连接金属片拆下，使交流电动机的三组绕组互相分离（断开），然后分别检测各绕组，以保证测量结果的准确性。

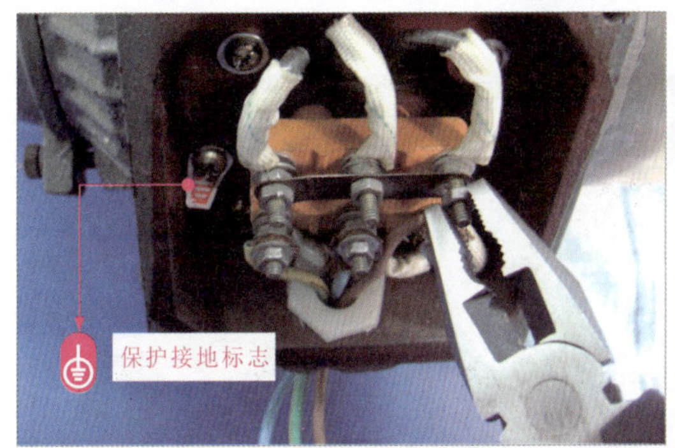

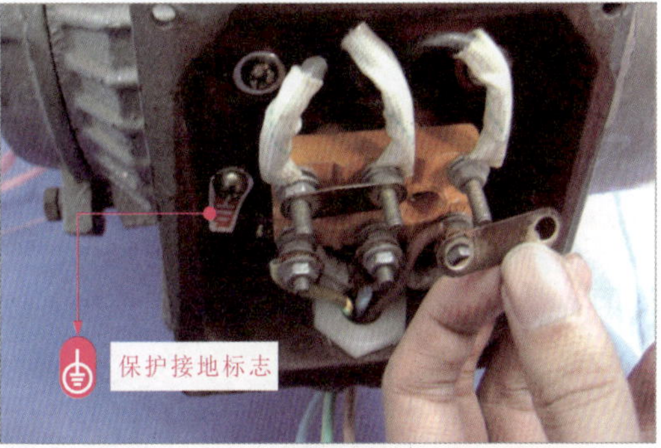

图 6-66 拆卸连接端子的连接金属片

如图 6-67 所示，将鳄鱼夹夹在电动机第一相绕组的两端引出线上，检测电阻值。万用电桥实测数值为 0.433×10Ω=4.33Ω，属于正常范围。

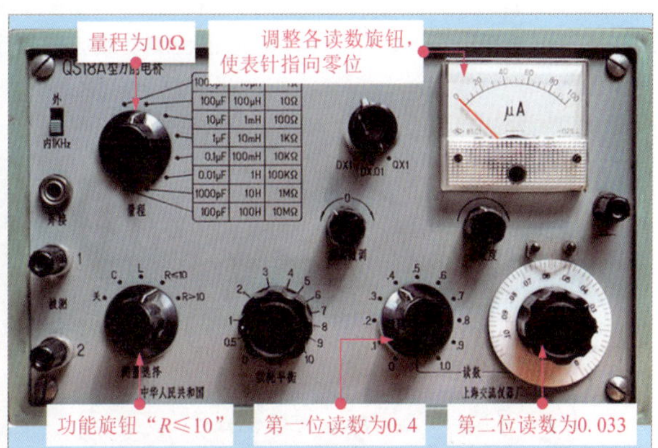

图 6-67 三相交流电动机第一相绕组的检测方法

图 6-68 所示为检测三相交流电动机第二相绕组的方法。使用相同的方法，将鳄鱼夹夹在电动机第二相绕组的两端引出线上，检测电阻值。万用电桥实测数值为 0.433×10Ω=4.33Ω，属于正常范围。

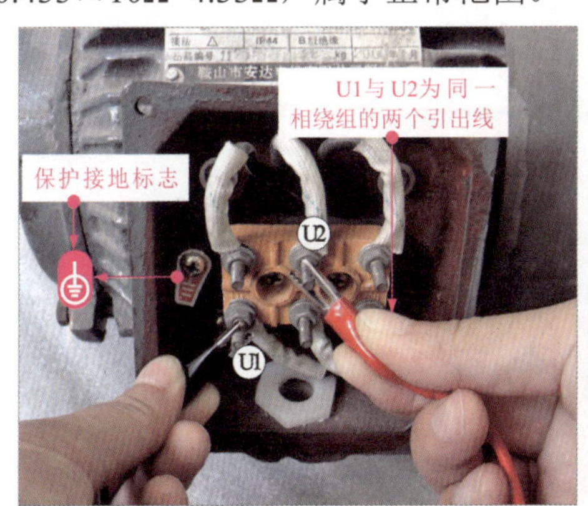

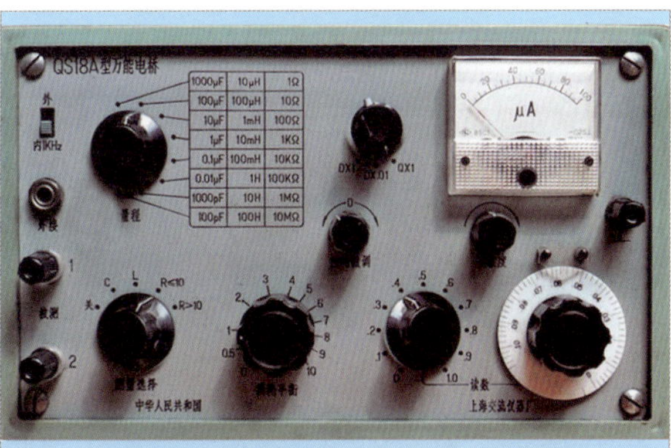

图 6-68 三相交流电动机第二相绕组的检测方法

图 6-69 所示为检测三相交流电动机第三相绕组的方法。将万用电桥测试线上的鳄鱼夹夹在电动机第三相绕组的两端引出线上，检测电阻值。万用电桥实测数值为 0.433×10Ω=4.33Ω，属于正常范围。

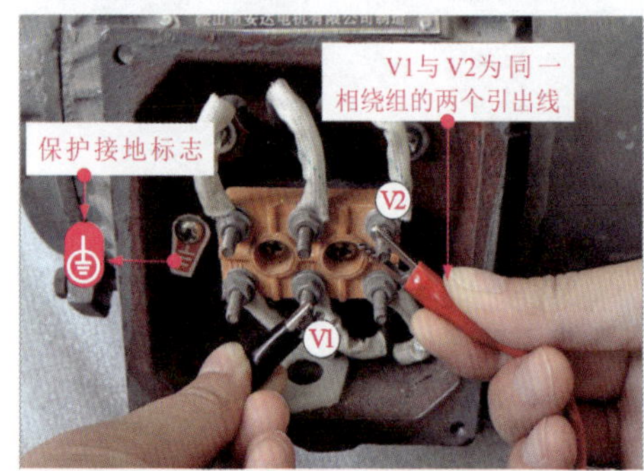

图 6-69 三相交流电动机第三相绕组的检测方法

提示说明

在正常情况下，三相交流电动机每相绕组的电阻值约为 4.33Ω，若测得三组绕组的电阻值不同，则绕组内可能有短路或断路情况。若通过检测发现电阻值出现较大的偏差，则表明电动机的绕组已损坏。

接下来，继续检测三相交流电动机的绝缘电阻。图 6-70 所示为检测三相交流电动机外壳与绕组间绝缘电阻的方法。绝缘电阻表实测绝缘电阻值大于 1MΩ，正常。

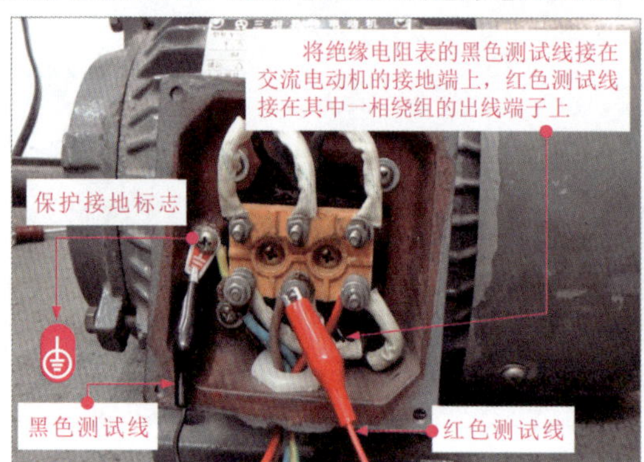

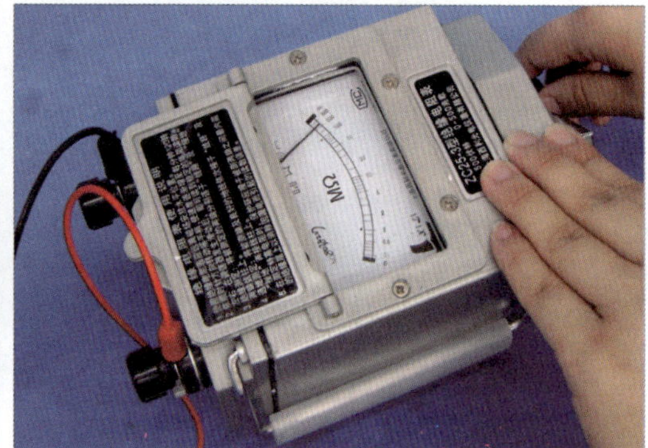

图 6-70 三相交流电动机外壳与绕组间绝缘电阻的检测方法

图 6-71 所示为检测三相交流电动机各绕组间绝缘电阻的方法。正常情况下，绕组间的绝缘电阻值应大于 1MΩ。

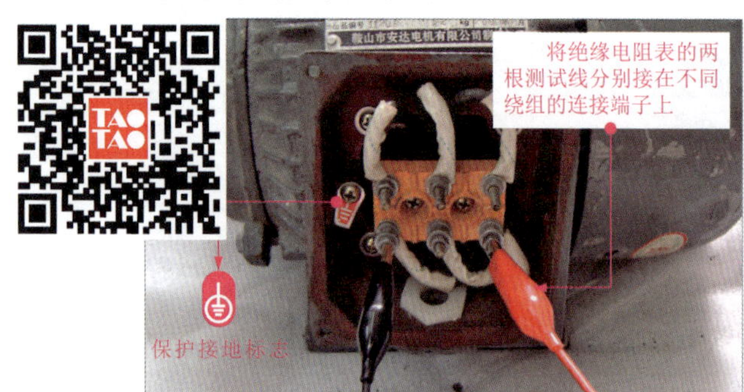

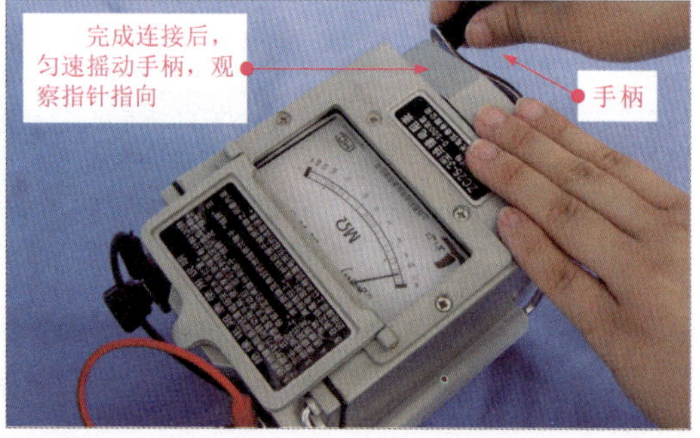

图 6-71 检测三相交流电动机各绕组间绝缘电阻的方法

第 7 章 电气设备的安装

7.1 照明灯具和开关的安装

7.1.1 照明灯具的安装

照明灯具的安装是电工的一项基础技能。常见的有照明灯泡的安装、日光灯的安装及节能灯的安装等。

1 照明灯泡的安装

如图 7-1 所示，在照明灯座的顶端，有两个接线柱，其中与灯口内顶部铜片连接的接线柱是灯座的相线接线柱；与灯口内螺纹金属套连接的接线柱是灯座的中性线接线柱。这两个接线柱分别用以连接供电线的相线和中性线。

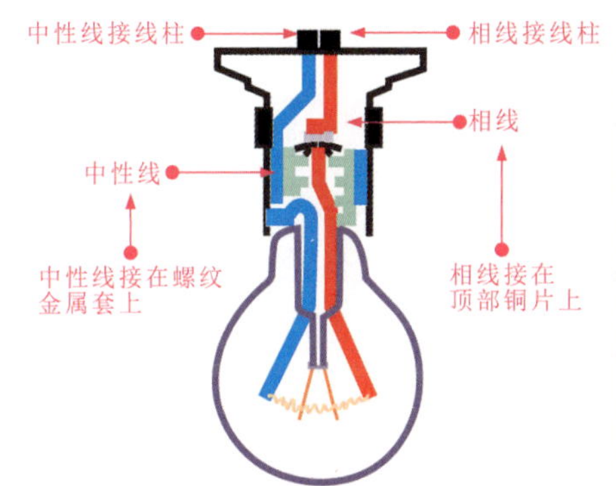

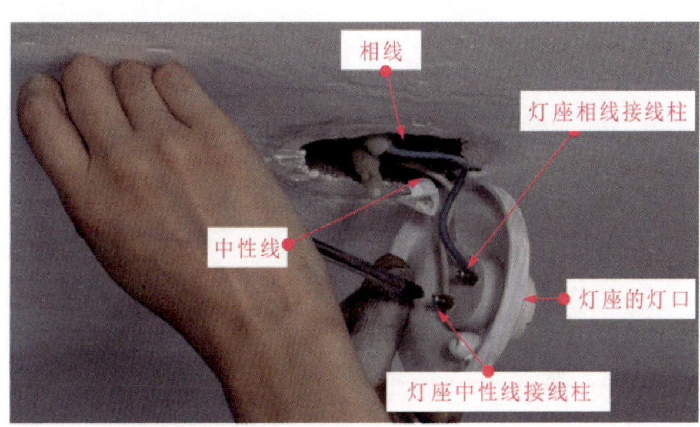

图 7-1 照明灯座的安装连接

接下来，如图 7-2 所示，拧紧灯座两侧的固定螺钉，使灯座固定牢固，然后将灯泡由灯口顺时针旋入，直至旋紧在灯座的灯口中，照明灯具安装完毕。

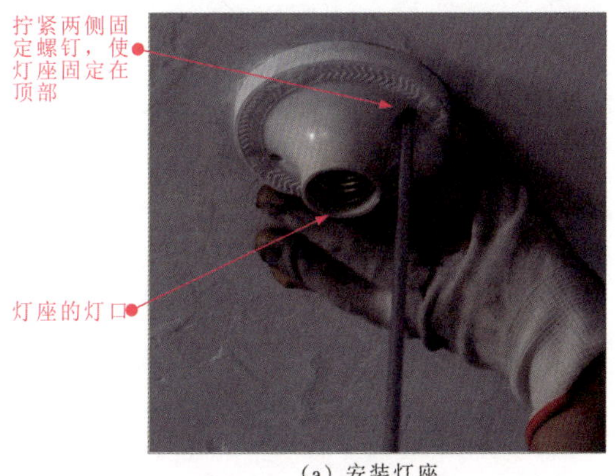

(a) 安装灯座

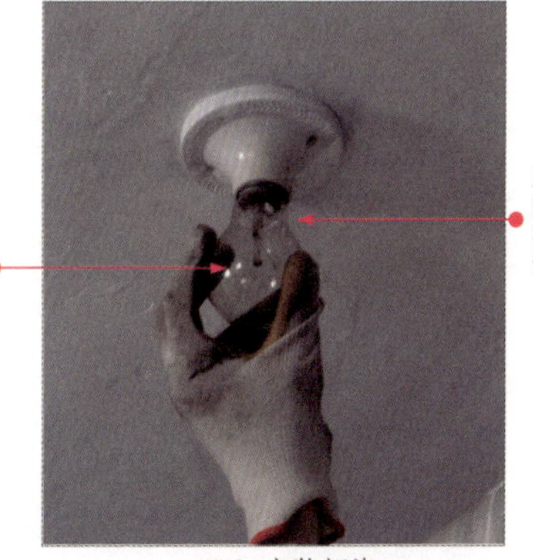

(b) 安装灯泡

图 7-2 照明灯具的安装

2 日光灯的安装

日光灯是室内照明的常用的照明工具，可满足家庭、办公、商场、超市等场所的照明需要，应用范围十分广泛。图7-3为日光灯的安装示意图。

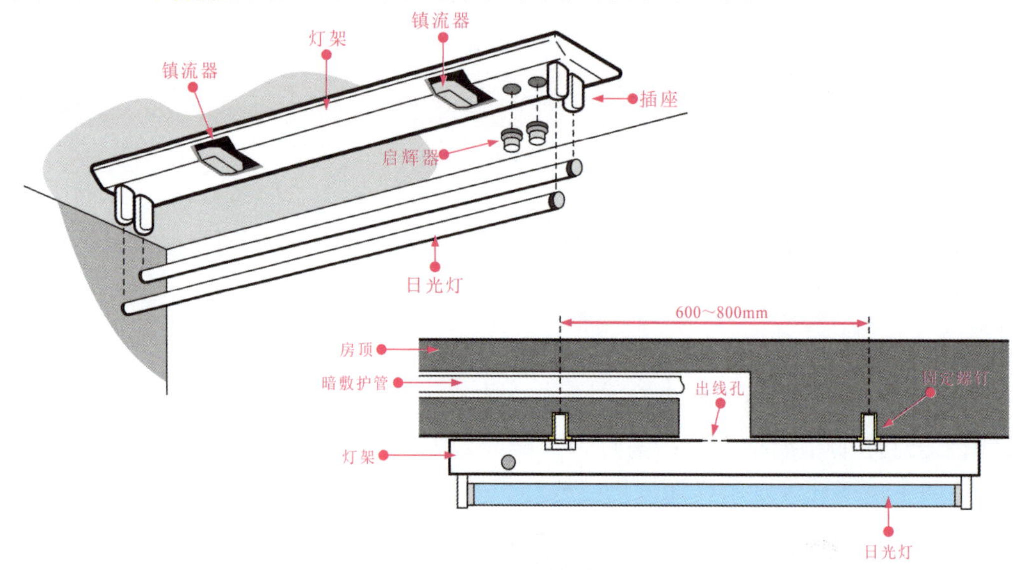

图7-3 日光灯的安装示意

日光灯的线路连接如图7-4所示。将布线时预留的照明支路线缆与灯架内的电线相连。将相线与镇流器连接线进行连接；中性线与日光灯灯架连接线进行连接。

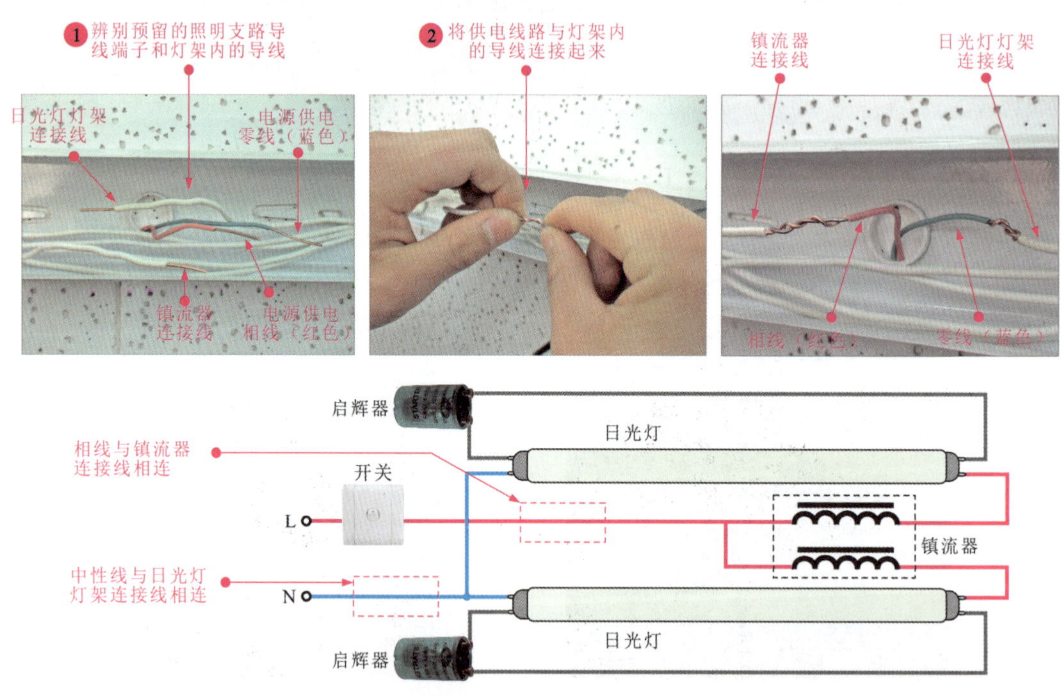

图7-4 日光灯的线路连接

3 节能灯的安装

节能灯的安装方式与白炽灯泡的安装类似。图 7-5 所示为节能灯的安装。

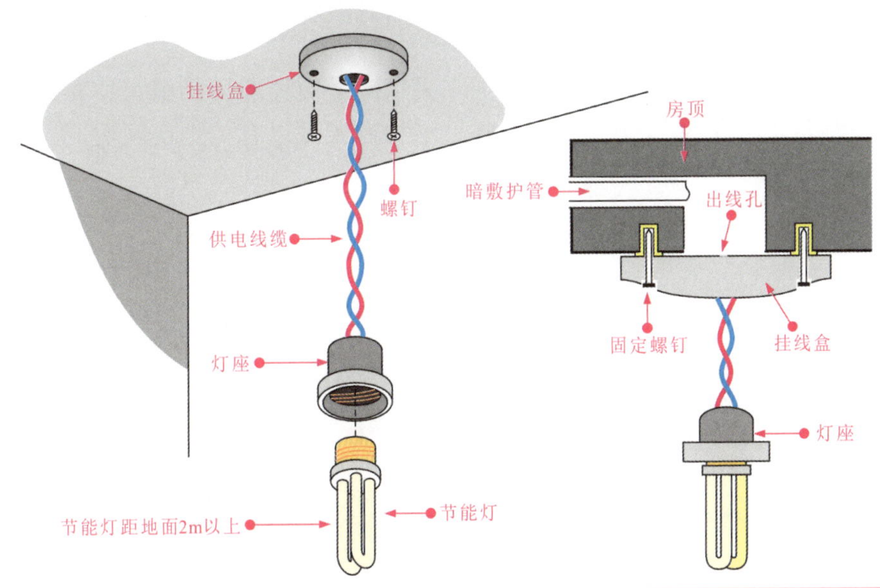

图 7-5 节能灯的安装

7.1.2 开关的安装

开关主要用于对电路中的电气设备实现控制。开关的种类多样，根据目前的使用情况。安装单控开关和多控开关最为普遍。

1 单控开关的安装

一般来说，单控开关就是用单个开关实现对电气设备（如照明灯具）的简单控制。图 7-6 所示为单控开关的安装连接。

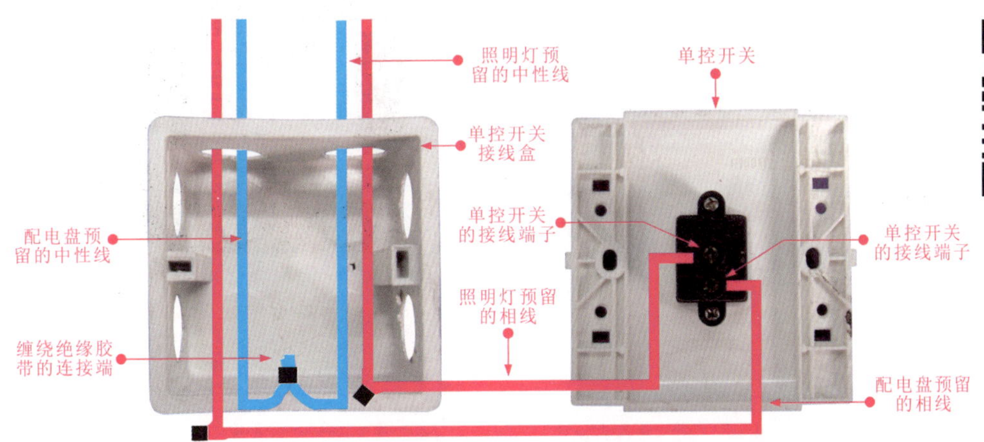

图 7-6 单控开关的安装连接

2　多控开关的安装

多控开关就是用多个开关对一个用电设备进行控制，实现在无限多的地点控制照明灯。无论安装多少个控制开关，多控开关的安装原理都是在双控开关的两个单刀双掷开关中间串联一个（多个）双刀双掷开关。

图 7-7 所示为双控开关的安装示意图。采用两个双控开关的组合连接来对同一照明灯进行控制是十分常见的一种控制方式。这种方式可以有效地实现对同一照明灯的两地控制。

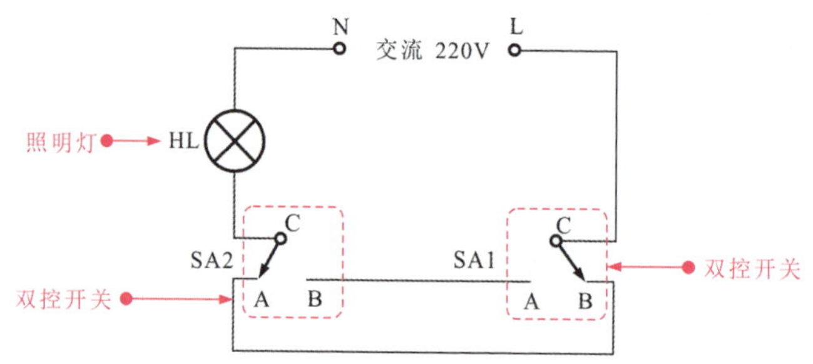

（a）双控开关的电路连接

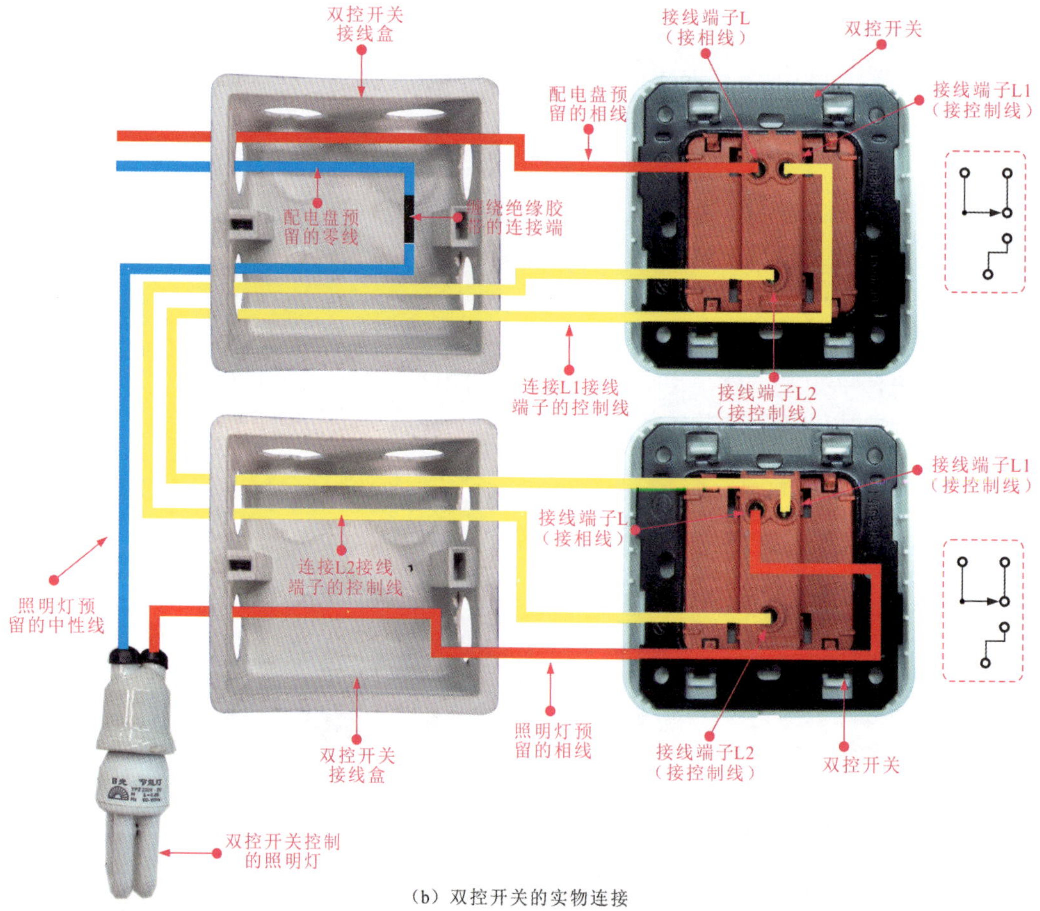

（b）双控开关的实物连接

图 7-7　多控开关的安装连接

7.2 插座的安装

7.2.1 电源插座的安装

电源插座的安装是将入户的供电线引入接线盒中与电源插座进行连接，并将电源插座固定在接线盒上。常用的电源插座主要有三孔电源插座、五孔电源插座及带开关电源插座等。

1 三孔电源插座的安装

三孔电源插座是指插座面板上仅设有相线孔、中性线孔和接地孔三个插孔的电源插座。家装中三孔电源插座属于大功率电源插座，规格多为 16A，主要用于连接空调器等大功率电器。图 7-8 所示为三孔电源插座的安装连接。

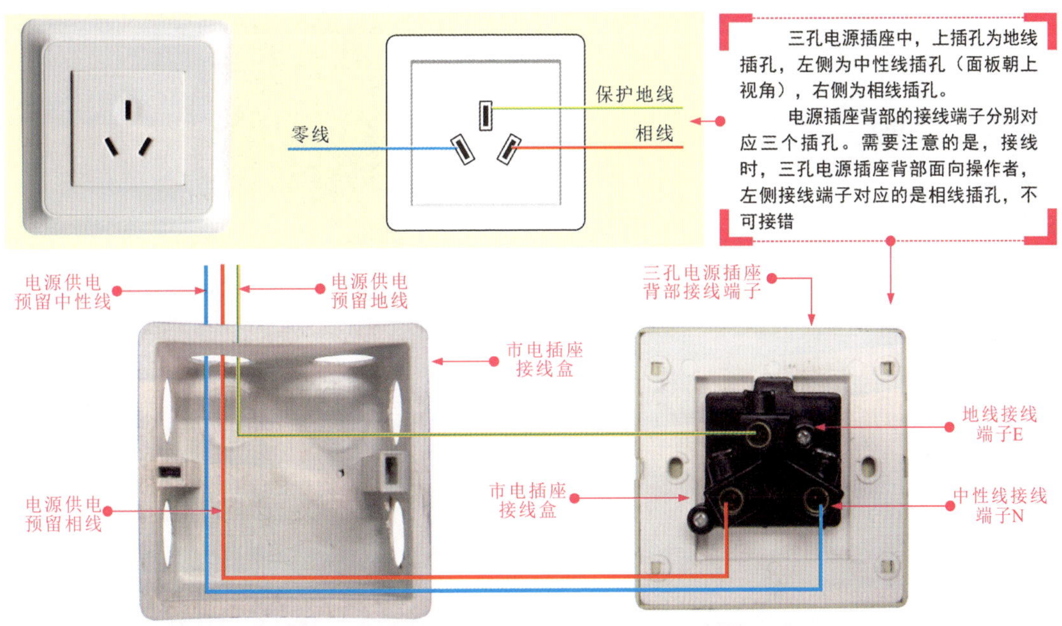

图 7-8 三孔电源插座的安装连接

将三孔电源插座背部接线端子的固定螺钉拧松，并将预留插座接线盒中的三根电源线线芯对应插入三孔电源插座的接线端子内，即相线插入相线接线端子内，中性线插入中性线接线端子内，保护地线插入地线接线端子内，然后逐一拧紧固定螺钉，完成三孔电源插座的接线。最后，将连接线缆合理盘绕在接线盒中，然后用固定螺钉将三孔电源插座的护板拧紧在接线盒上即可。

提示说明

在连接电源插座时，线缆一定要牢固的固定在相应的接线端子内，不能有任何的松动，线缆与线缆的接头不能有接触的可能。

为了使用安全，不能将中性线和接地线互换连接，通常可根据导线的颜色区分，红色为相线，蓝色为中性线，黄绿色为接地线。

2 五孔电源插座的安装

五孔电源插座实际是两孔电源插座和三孔电源插座的组合，上方的两孔插座为采用两孔插头电源线的电气设备供电；下方的三孔电源插座为采用三孔插头电源线的电气设备供电。图 7-9 所示为五孔电源插座的安装连接。

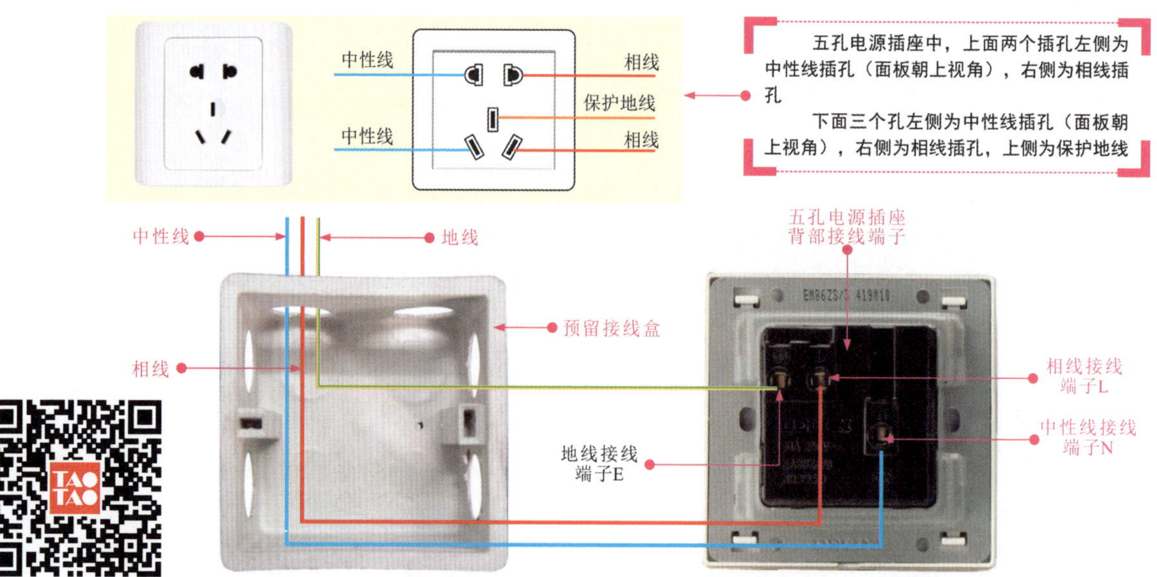

图 7-9 五孔电源插座的安装连接

3 带开关电源插座的安装

带开关电源插座中设有开关。图 7-10 所示为带开关电源插座的安装连接。

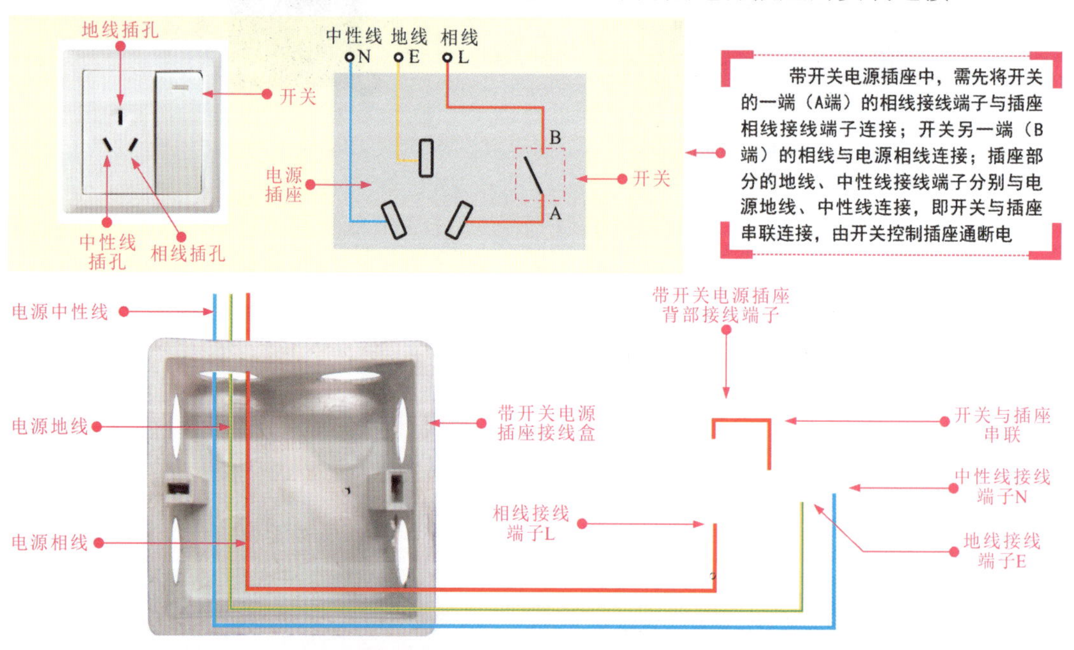

图 7-10 带开关电源插座的安装连接

7.2.2 弱电插座的安装

弱电插座主要指网络插座、有线电视插座及电话插座等。

1 网络插座的安装

图 7-11 所示为网络插座的安装连接。

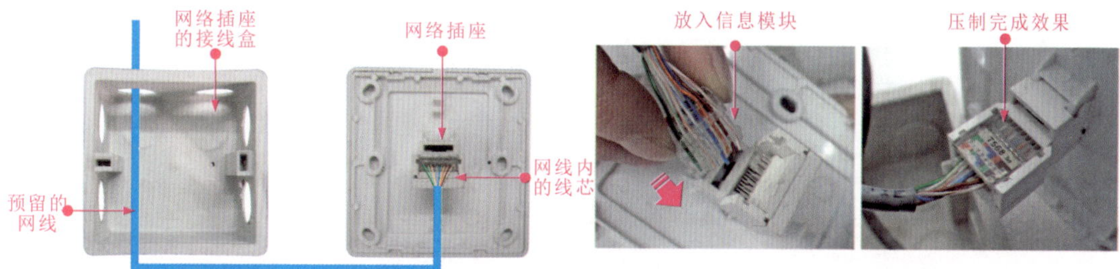

图 7-11　网络插座的安装连接

2 有线电视插座的安装

图 7-12 所示为有线电视插座的安装连接。

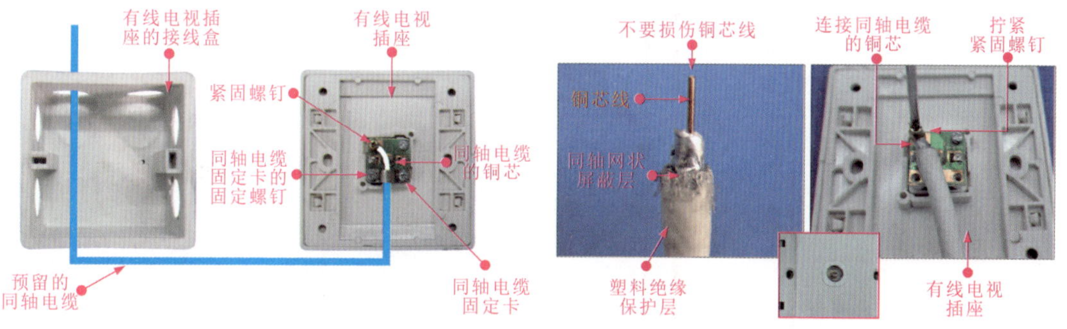

图 7-12　有线电视插座的安装连接

3 电话插座的安装

图 7-13 所示为电话插座的安装连接。

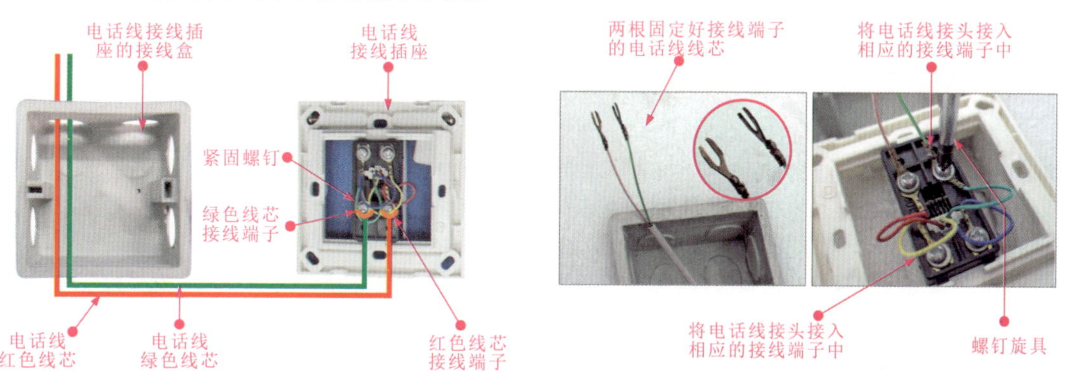

图 7-13　电话插座的安装连接

7.3 控制及保护器件的安装

7.3.1 交流接触器的安装

交流接触器也称电磁开关，一般安装在控制电动机、电热设备、电焊机等控制线路中。图 7-14 所示为交流接触器的安装连接。

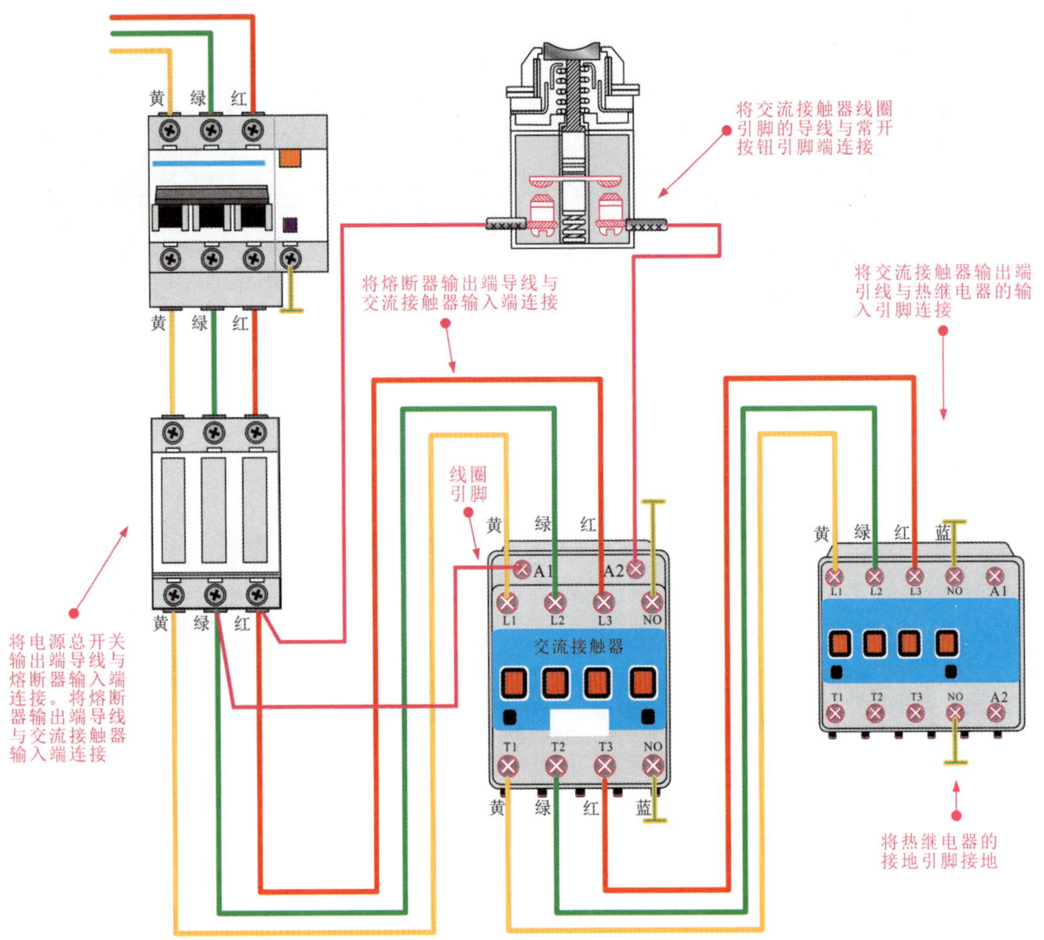

图 7-14　交流接触器的安装连接

提示说明

在安装交流接触器时应注意以下几点：

（1）在确定交流接触器的安装位置时，应考虑以后检查和维修的方便性。

（2）安装交流接触器应垂直安装，其底面与地面应保持平行。安装 CJ0 系列的交流接触器时，应使有孔的两面处于上下方向，以利于散热；应留有适当空间，以免烧坏相邻电器。

（3）安装孔的螺栓应装有弹簧垫圈和平垫圈，并拧紧螺栓，以免因震动而松脱；安装接线时，勿使螺栓、线圈、接线头等失落，以免落入接触器内部，造成卡住或短路。

（4）安装完毕，检查接线正确无误后，应在主触点不带电的情况下，先使吸引线圈通电分合数次，检查其动作是否可靠。只有确认接触器处于良好状态，才可投入运行。

7.3.2 热继电器的安装

热继电器是电气部件中通过热量保护负载的一种器件，在安装热继电器之前，要了解热继电器的安装形式和连接方法，然后安装。图 7-15 所示为热继电器的安装连接。

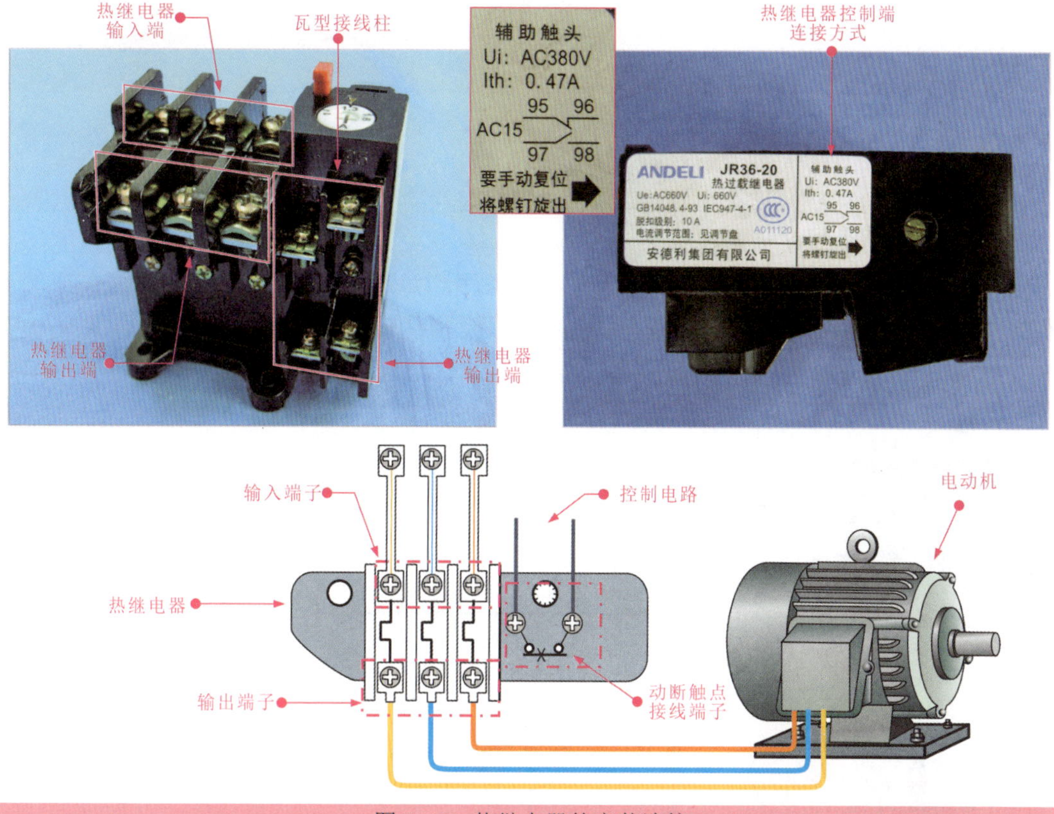

图 7-15 热继电器的安装连接

7.3.3 熔断器的安装

熔断器是指在电工线路或电气系统中用于线路或设备的短路及过载保护的器件。图 7-16 所示为熔断器的安装连接。

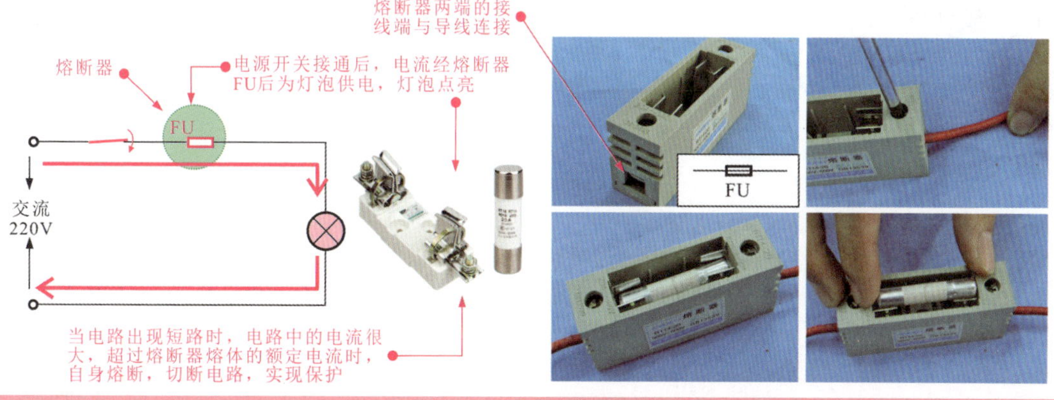

图 7-16 熔断器的安装连接

第 8 章 常用电工线路的检修

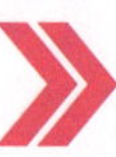

8.1 供配电线路的检修

8.1.1 高压供配电线路的检修

高压供配电线路是由各种高压供配电器件和设备组合连接所形成的。如图 8-1 所示，当高压供配电系统出现故障时，需要先通过故障现象，对整个高压供配电系统的线路进行分析，从而缩小故障范围，锁定故障的器件，并对其进行检修。以前面介绍的系统构成的电路图为例，当线路中发生故障时，应当从最末级向上查找故障，首先检查区域配电所中的设备和线路是否正常，然后按照供电电流的逆向流程检查高压变电站中的设备和线路。

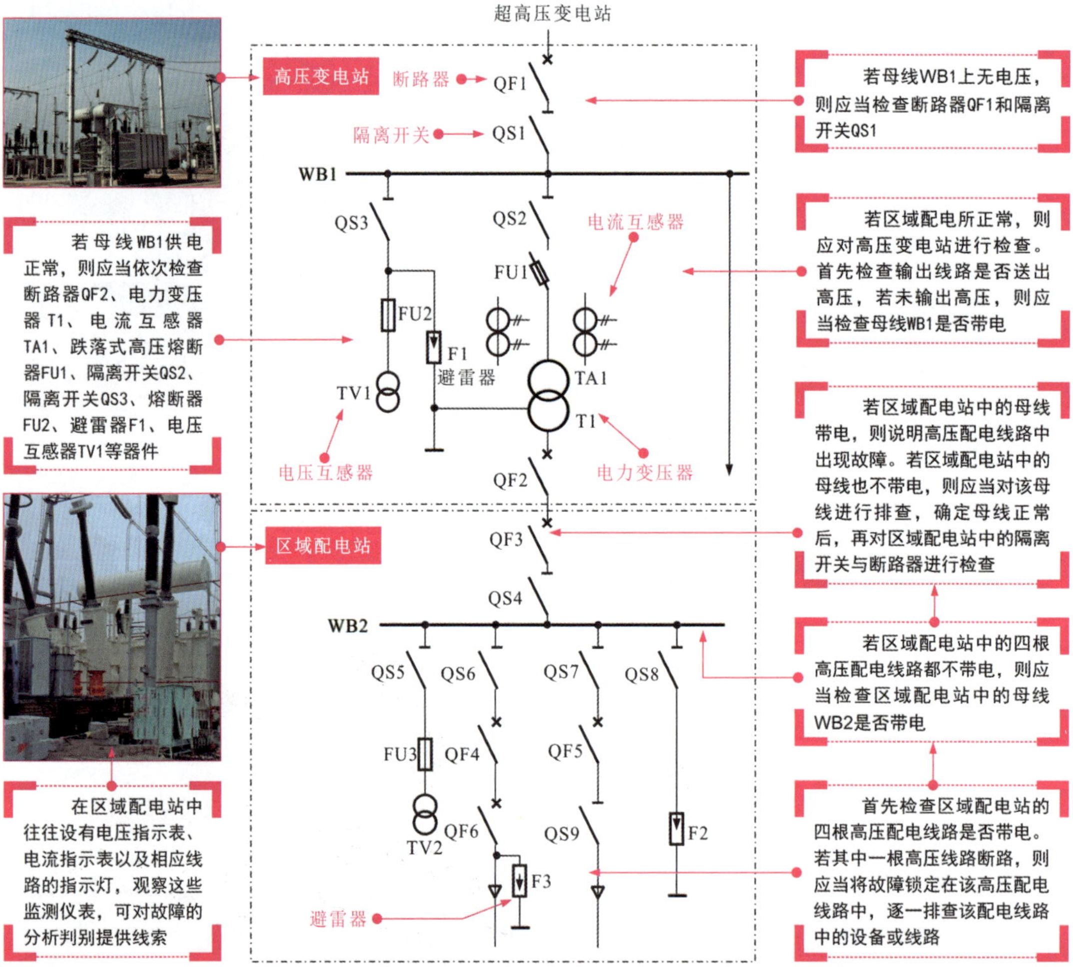

超高压变电站
高压变电站
断路器
QF1
隔离开关
QS1
WB1
QS3
QS2
FU1
电流互感器
FU2
F1
避雷器
TV1
TA1
T1
电压互感器
电力变压器
QF2
区域配电站
QF3
QS4
WB2
QS5
QS6
QS7
QS8
FU3
QF4
QF5
TV2
QF6
QS9
F2
F3
避雷器
若母线WB1上无电压，则应当检查断路器QF1和隔离开关QS1
若母线WB1供电正常，则应当依次检查断路器QF2、电力变压器T1、电流互感器TA1、跌落式高压熔断器FU1、隔离开关QS2、隔离开关QS3、熔断器FU2、避雷器F1、电压互感器TV1等器件
若区域配电所正常，则应对高压变电站进行检查。首先检查输出线路是否送出高压，若未输出高压，则应当检查母线WB1是否带电
若区域配电站中的母线带电，则说明高压配电线路中出现故障。若区域配电站中的母线也不带电，则应当对该母线进行排查，确定母线正常后，再对区域配电站中的隔离开关与断路器进行检查
若区域配电站中的四根高压配电线路都不带电，则应当检查区域配电站中的母线WB2是否带电
在区域配电站中往往设有电压指示表、电流指示表以及相应线路的指示灯，观察这些监测仪表，可对故障的分析判别提供线索
首先检查区域配电站的四根高压配电线路是否带电。若其中一根高压线路断路，则应当将故障锁定在该高压配电线路中，逐一排查该配电线路中的设备或线路

图 8-1 典型的高压供配电线路

如图 8-2 所示，当高压供配电系统的某一配电支路中出现停电现象时，可以参考下面的检修流程进行具体检修，查找故障部位。

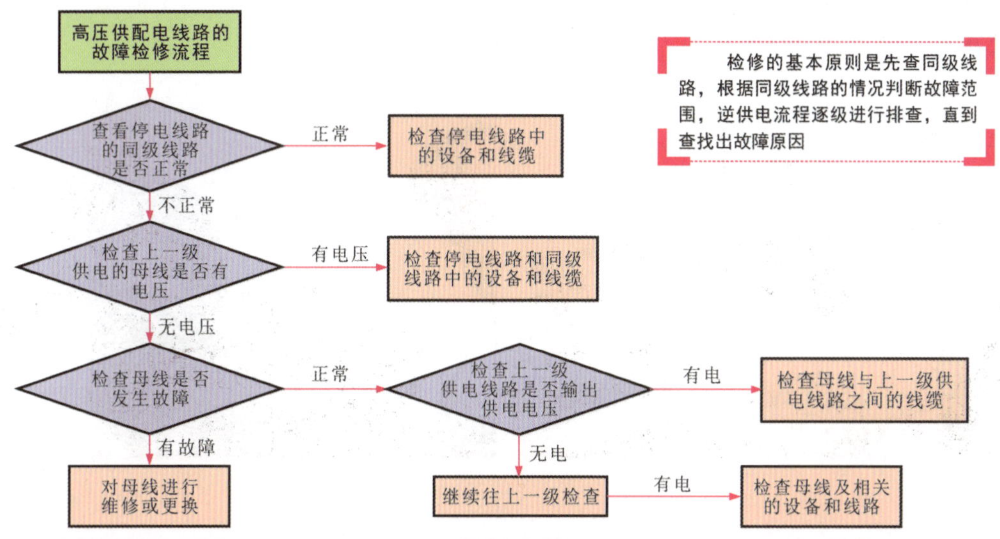

图 8-2 高压供配电线路的检修分析

1 检查高压线路的电流

如图 8-3 所示，可以使用高压钳形表检测该线路的电流。通过检测可以判别各相电流是否正常，如有异常应查各路负载线路及相关设备。

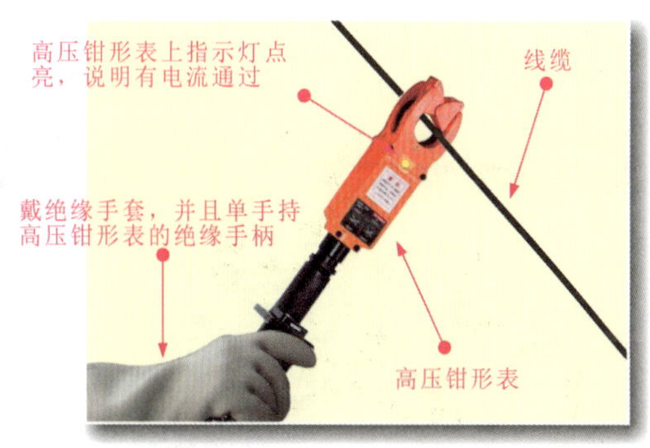

图 8-3 检查同级高压线路

提示说明

判别供电线路故障主要借助设在配电柜面板上的电压表、电流表及各种功能指示灯。若判别是否有缺相情况，也可通过继电器和保护器的动作来判断。当需要检测线路电流时，如图 8-4 所示，可使用高压钳形表。若高压钳形表上指示灯无反应，则说明该线路上无电流通过，应对该线路与相关设备端进行检查。

图 8-4 高压钳形表检测电流

2 检查母线

如图 8-5 所示，检查母线时，必须使整个维修环境处在断路停电的条件下，应先清除母线上的杂物、锈蚀，然后再对母线及连接处进行检查。

图 8-5　检查母线

提示说明

检查母线应重点检查与个输入和输出线的连接处。如连接不良会引起相关位置过热、烧毁、变色、锈蚀等情况，严重时应整体更换。

3 检查高压熔断器

在高压供配电线路的检修过程中，若供电线路正常，则可进一步检查线路中的高压电气部件。检查时，一般先从高压熔断器开始，如图 8-6 所示。

图 8-6　检查高压熔断器

提示说明

在更换高压器件之前，应使用接地棒对高压线缆中原有的电荷进行释放对地短路，以免对维修人员造成人身伤害，如图 8-7 所示。

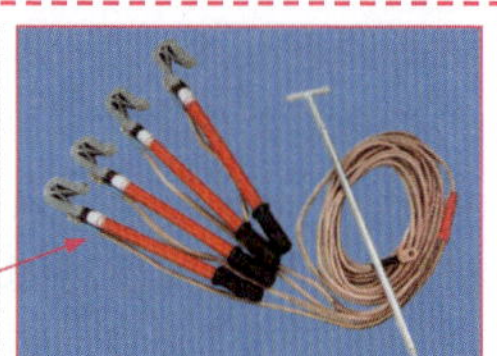

图 8-7　放电操作

4 检查高压电流互感器

如果发现高压熔断器损坏，则说明该线路中发生过电流或雷击等意外情况。如果电流指示失常，还应对高压电流互感器等部件进行检查，如图 8-8 所示。

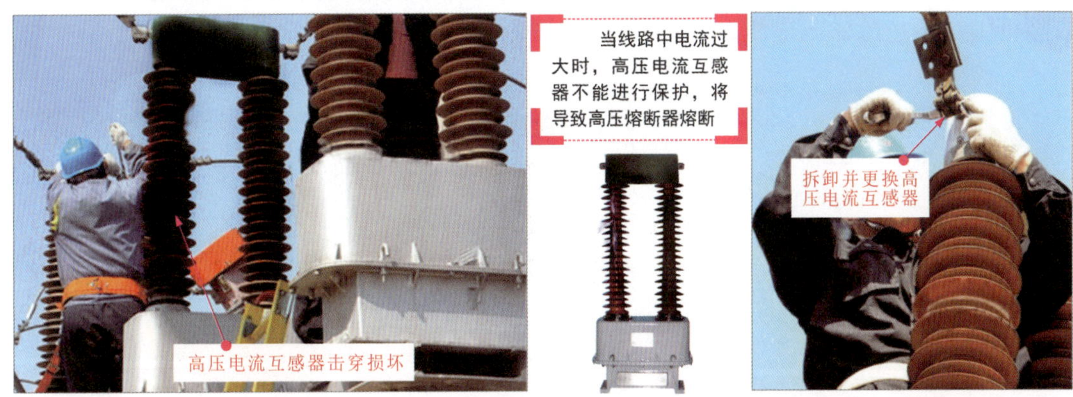

图 8-8 检查高压电流互感器

5 检查高压隔离开关

若高压电流互感器正常，则应继续对相关的器件和线路进行检查，检查高压隔离开关图 8-9 所示。

图 8-9 检查高压隔离开关

提示说明

如图 8-10 所示，高压供配电系统的故障有时是由于线路中的避雷器损坏而引起的，也有可能是由于电线杆上的连接绝缘子损坏而引起的，因此，应做好定期维护和检查，保证设备正常运行。

图 8-10 检查绝缘子和避雷器

8.1.2 低压供配电线路的检修

低压供配电线路是由各种低压供配电器件和设备组合连接所形成的。如图 8-11 所示，当低压供配电系统出现故障时，从同级线路入手，根据同级线路的工作情况判断故障范围，再按照供电电压走向逐级排查故障。

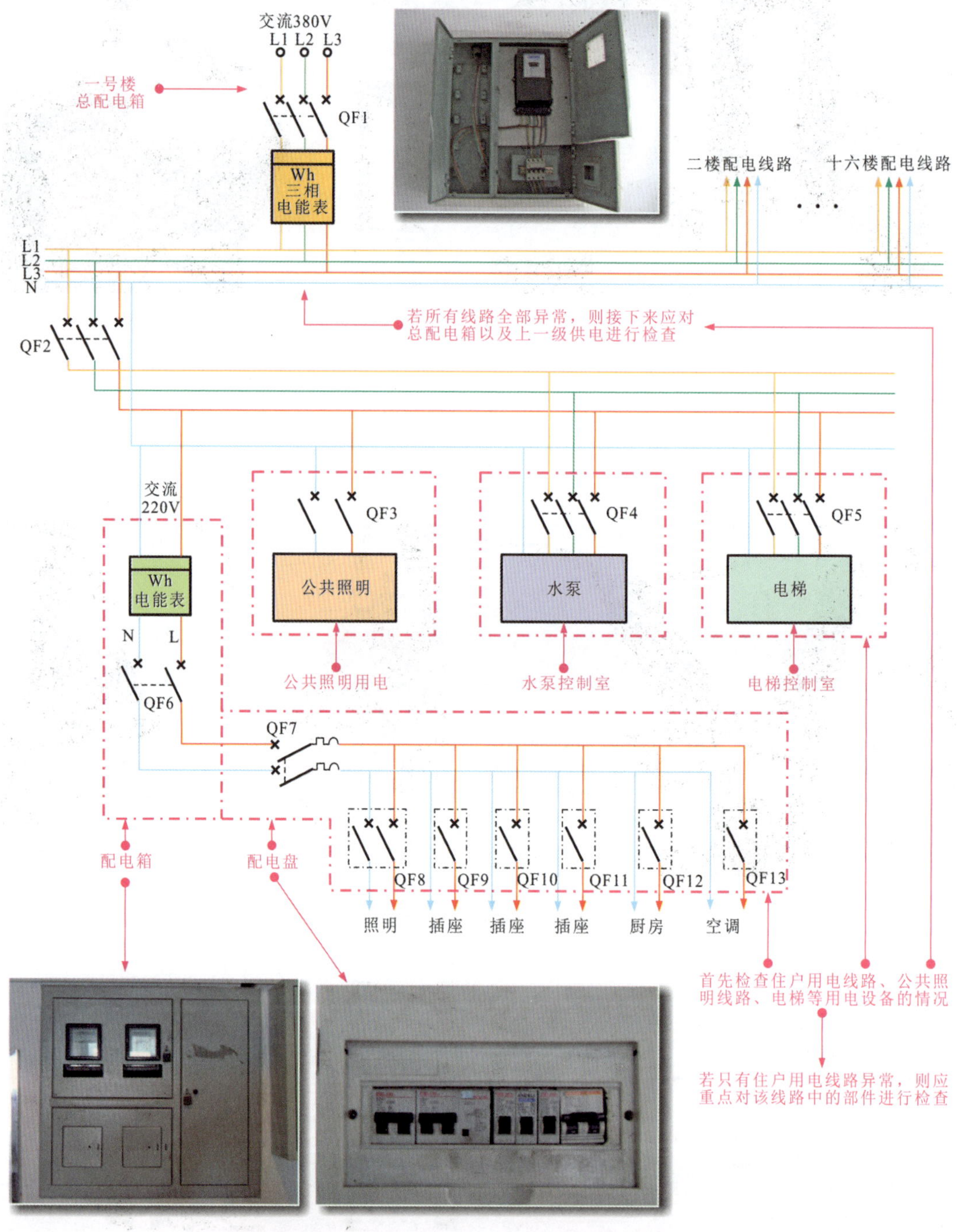

图 8-11 典型的低压供配电线路

当低压供配电系统的某一配电支路中出现停电现象时，可以参考图 8-12 所示的检修流程进行具体检修，查找故障部位。

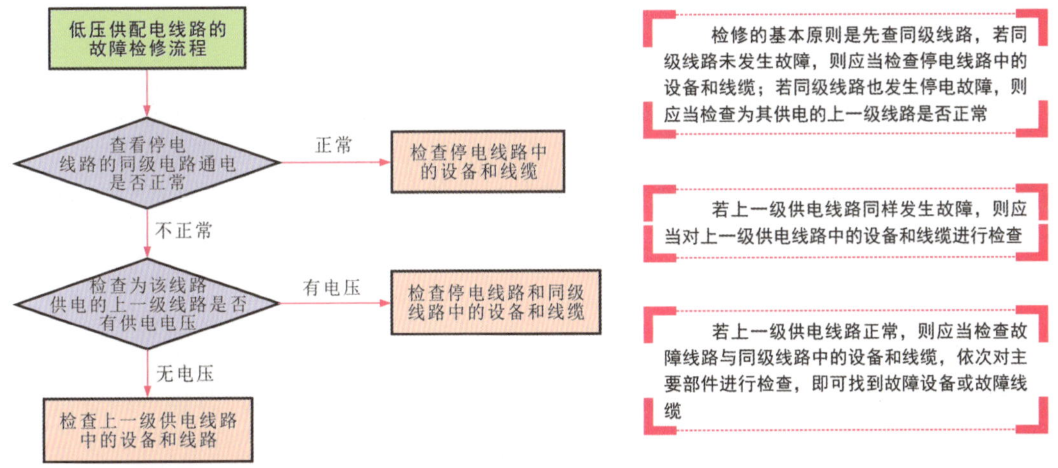

图 8-12 低压供配电线路的检修分析

一旦住户用电线路发生故障，应先检查同级低压线路，如查看楼道照明线路和电梯供电线路是否正常。若发现楼内照明灯可正常点亮，并且电梯也可以正常运行，则说明用户的供配电线路有故障。

如图 8-13 所示，首先使用钳形表检查该用户配电箱中的线路是否有电流通过。若电能表有电流通过，则说明该用户的电能表正常。接下来可使用验电器检查配电箱中的断路器是否有电流输出。当用户配电箱输出的供电电压正常时，应当继续检查用户配电盘中的总断路器、支路断路器及供电线路逐一排查。

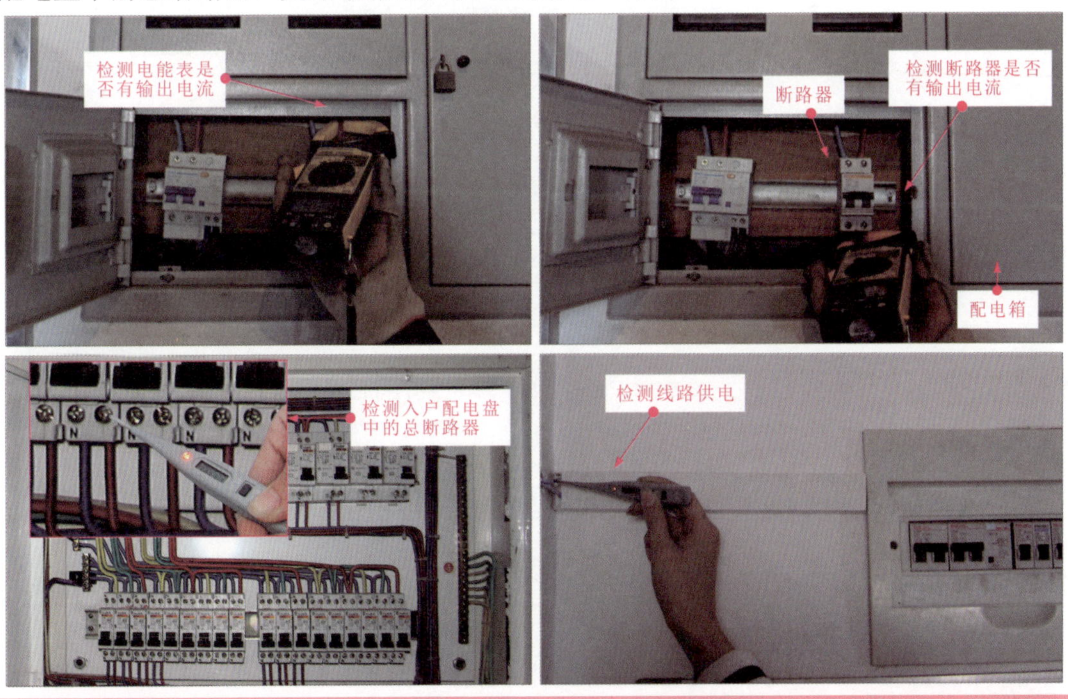

图 8-13 检查低压供配电设备和供电线路

8.2 照明控制电路的检修

8.2.1 室内照明控制电路的检修

室内照明线路是通过控制开关来控制照明用电线路的通断，从而最终实现对室内照明灯具点亮或熄灭的控制。当室内照明控制系统出现故障时，需要根据不同的线路控制方式，通过故障现象对整个室内照明控制系统的线路进行分析，从而缩小故障范围，锁定故障的器件，并对其进行检修。

1 屋内照明控制线路的检修

如图 8-14 所示，当日光灯照明线路出现故障时，应先检查同一通电线路中的其他照明灯是否正常，若其他照明灯故障应当检查照明线路的供电端，若供电端有故障，应对供电端进行检修；若当同一支路上的其他照明灯正常时，应当检查该日关灯是否故障，若照明灯有故障应进行更换，当照明灯正常时，应检查启辉器是否正常，启辉器正常，则应对镇流器进行检查，当镇流器正常时，应检查控制开关是否正常，当开关正常时，应当检查该照明支路供电线路是否发生故障，若线路有故障应进行更换。

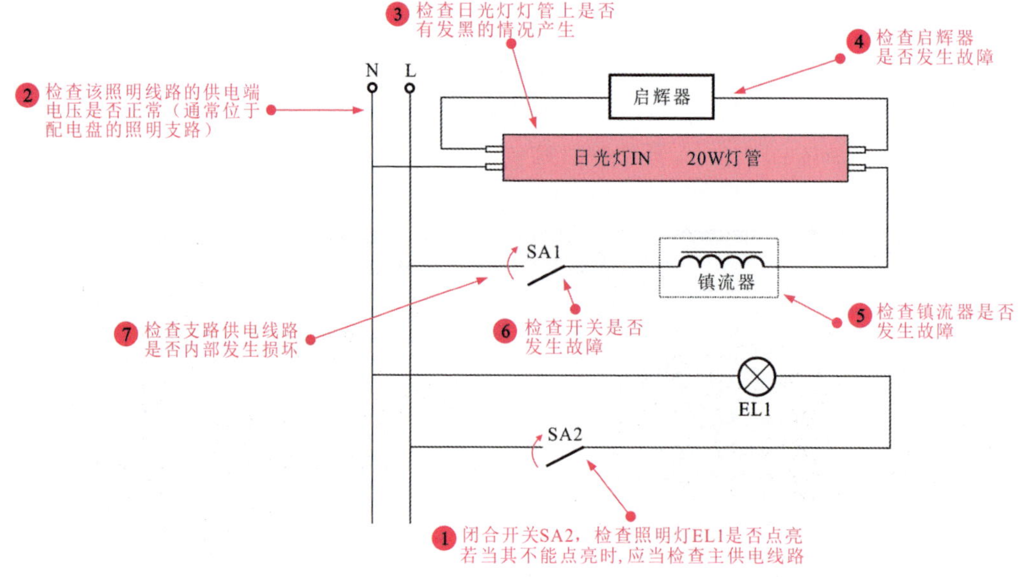

图 8-14 屋内照明控制电路的检修

2 楼道照明控制电路的检修

楼道照明控制电路通常采用并联方式连接在供电电路中。控制开关多选择声控延时开关、触摸延时开关、光控延时开关以及声光控延时开关等。

如图 8-15 所示，当楼道照明控制电路中某一楼层的照明线路出现故障时，应当检查其他楼层的节能灯是否可以正常点亮，若其他楼层都无法点亮时，应当检查主供电线路，若其他楼层的节能灯可以点亮，应当检查照明灯 HL2 是否正常，若照明灯正常，应当检查控制开关，若开关正常，则应检查支路照明线路是否有故障。

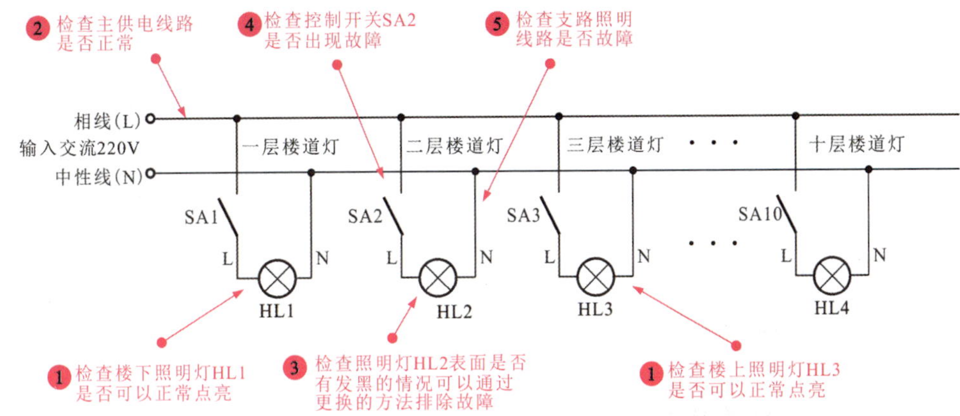

图 8-15 楼道照明控制电路的检修

8.2.2 室外照明控制电路的检修

当公共照明线路出现故障时，应先根据不同的电路控制方式，针对故障现象，对整个照明控制电路进行分析，从而缩小故障范围，锁定故障的器件，完成检修。

1 小区照明控制电路的检修

小区照明控制线路中多采用一个控制器可以控制多盏照明路灯的方式对其进行控制。电路主要由供电电路、触发及控制电路和照明路灯三个部分构成。

如图 8-16 所示，当小区照明控制电路故障，若照明路灯全部无法点亮，应当检查主供电线路是否故障。若主供电线路正常，应查看路灯控制器是否故障，若路灯控制器正常应当检查断路器是否正常，当路灯控制器合断路器都正常时，应检查供电电路是否故障；若照明支路中的一盏照明路灯无法点亮时，应当查看该照明路灯是否发生故障，若照明路灯正常，检查支路供电线路是否正常，若线路故障应对其进行更换。

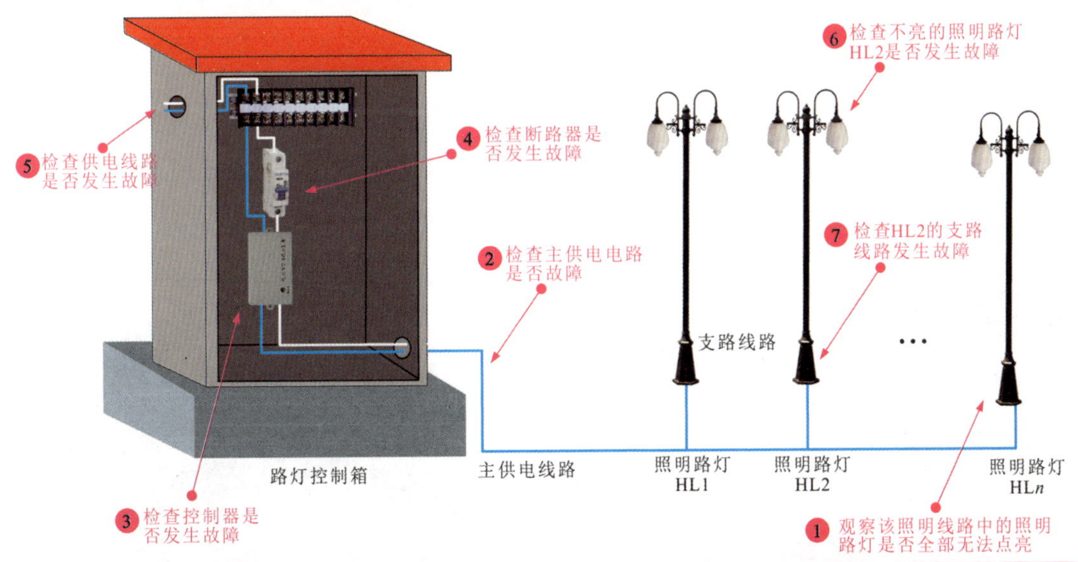

图 8-16 小区照明控制电路的检修

2 公路照明控制电路的检修

公路照明控制线路是由公路路灯控制箱控制多盏路灯的工作状态。图 8-17 所示为公路照明控制电路的检修。

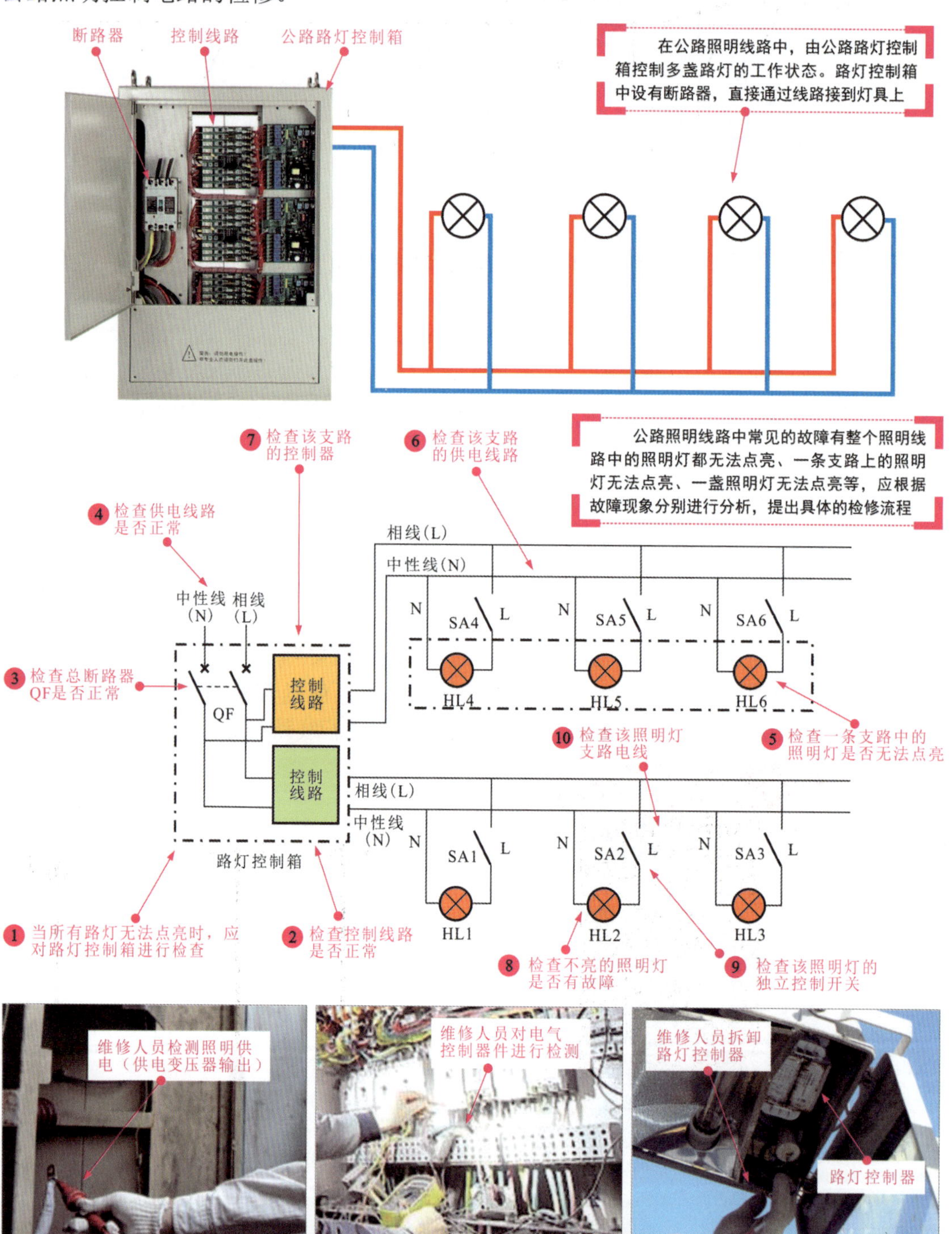

图 8-17 公路照明控制电路的检修

8.3 电动机控制电路的检修

8.3.1 交流电动机控制电路的检修

当交流电动机控制线路路出现故障时，可以通过故障现象，对整个交流电动机控制线路进行分析，从而缩小故障范围，锁定故障的器件，并对其进行检修。

如图 8-18 所示，在对交流电动机控制线路进行检修时，应遵循交流电动机控制电路的控制过程，查找故障部位，从而排除故障。

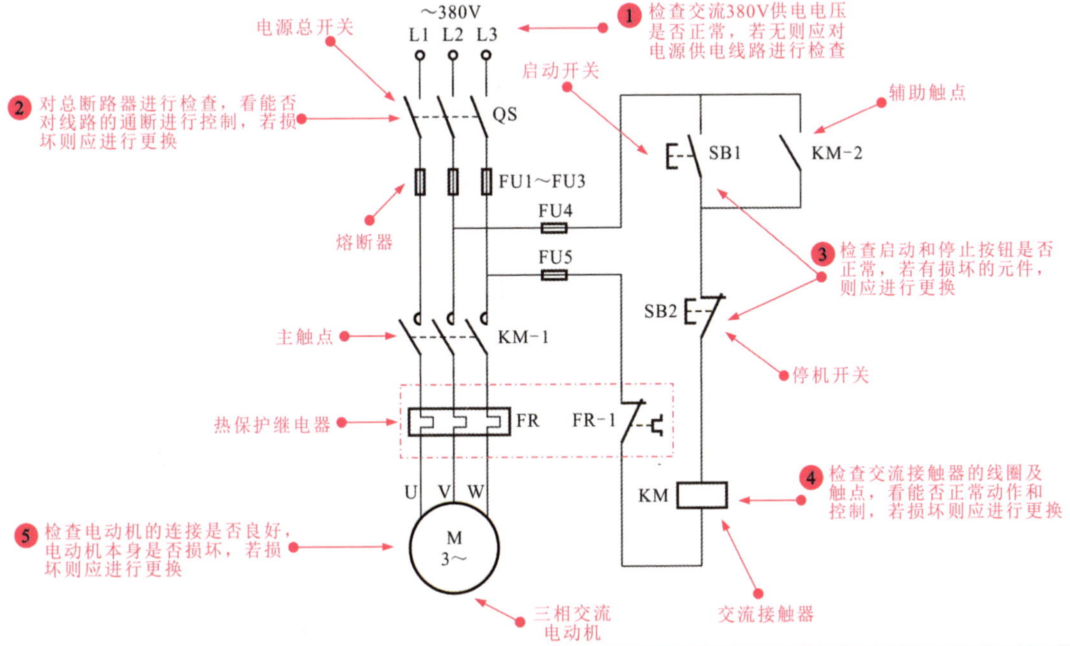

图 8-18 交流电动机控制电路的检修

提示说明

交流电动机控制线路出现故障，可先根据故障表现，对可能出现故障的部位进行检查，再通过对相关器件的检测来查找故障原因。交流电动机控制线路的常见故障原因见表 8-1。

表 8-1 交流电动机控制线路的常见故障及原因

故障类别	故障表现	故障原因
通电跳闸	闭合总断路器后跳闸	电路中存在短路性故障
	按下启动按钮后跳闸	热保护继电器或电动机短路、接线间短路
电动机不启动	按下启动按钮后电动机不启动	电源供电异常、电动机损坏、接线松脱（至少有两相）、控制器件损坏、保护器件损坏
	电动机通电不启动并伴有“嗡嗡”声	电源供电异常、电动机损坏、接线松脱（一相）、控制器件损坏、保护器件损坏
运行停机	运行过程中无故停机	熔断器烧断、控制器件损坏、保护器件损坏
	电动机运行过程中，热保护器断开	电流异常、过热保护继电器损坏、负载过大
电动机过热	电动机运行正常，但温度过高	电流异常、负载过大

8.3.2 直流电动机控制电路的检修

当直流电动机控制线路路出现故障时，可以通过故障现象，对整个直流电动机控制线路进行分析，从而缩小故障范围，锁定故障的器件，并对其进行检修。

如图 8-19 所示，检修直流电动机控制线路时，应遵循一定的检修流程，根据流程进行检修，可以快速准确地定位到故障部位，确定故障元件，从而排除故障。

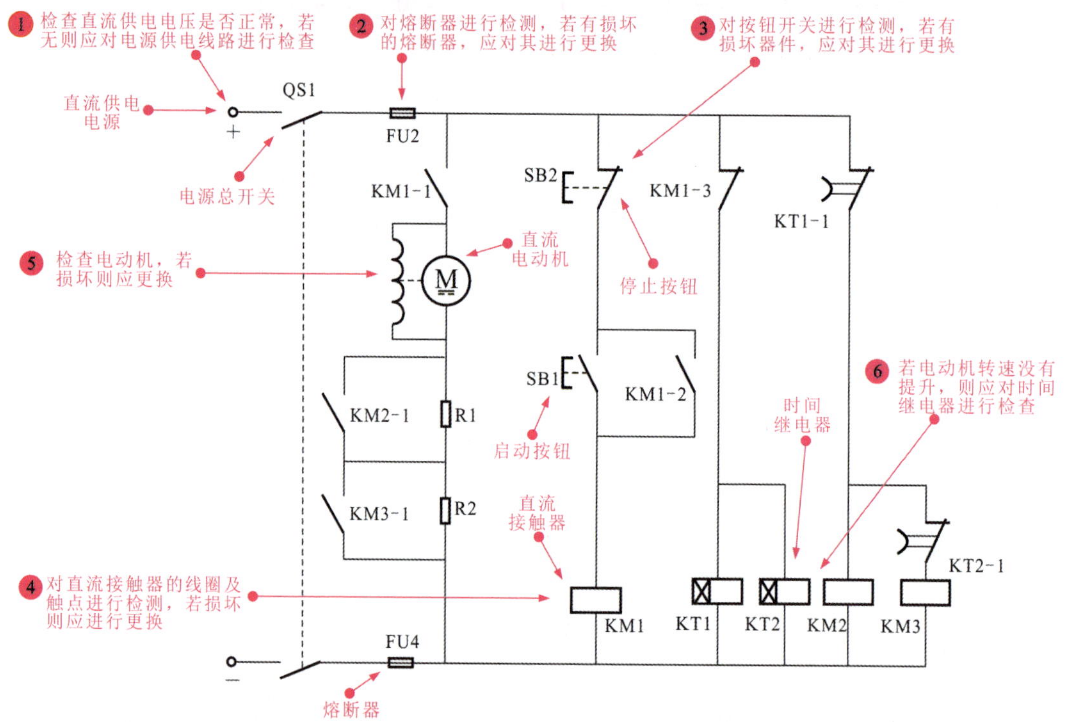

图 8-19 直流电动机控制电路的检修

提示说明

直流电动机控制线路出现故障，可先根据故障表现，对可能出现故障的部位进行分析，再通过检测来查找故障原因。直流电动机控制线路的常见故障原因见表 8-2。

表 8-2 直流电动机控制线路的常见故障及原因

故障类别	故障表现	故障原因
电动机不启动	按下启动按钮后电动机不启动	电源供电异常、电动机损坏、接线松脱、控制器件损坏、启动电流过小、线路电压过低
	电动机通电不启动并伴有“嗡嗡”声	电动机损坏、启动电流过小、线路电压过低
电动机转速异常	转速过快、过慢或不稳定	接线松脱、接线错误、电动机损坏、电源电压异常
电动机过热	电动机运行正常，但温度过高	电流异常、负载过大、电动机损坏
电动机异常振动	电动机运行时，振动频率过高	电动机损坏、安装不稳
电动机漏电	电动机停机或运行时，外壳带电	引出线碰壳、绝缘电阻下降、绝缘老化

第 9 章　PLC 与变频技术应用

9.1　PLC 的特点与应用

PLC 的英文全称为 programmable logic controller，即可编程控制器。它是一种将计算机技术与继电器控制技术结合起来的现代化自动控制装置。

9.1.1　PLC 控制特点

PLC 是一种在继电器控制基础上发展起来的以计算机技术为依托，运用先进的编辑语言来实现诸多功能的新型控制系统，采用程序控制方式是它主要的控制特点。如图 9-1 所示，PLC 可以划分成 CPU 模块、存储器、通信接口、基本 I/O 接口、电源 5 部分。

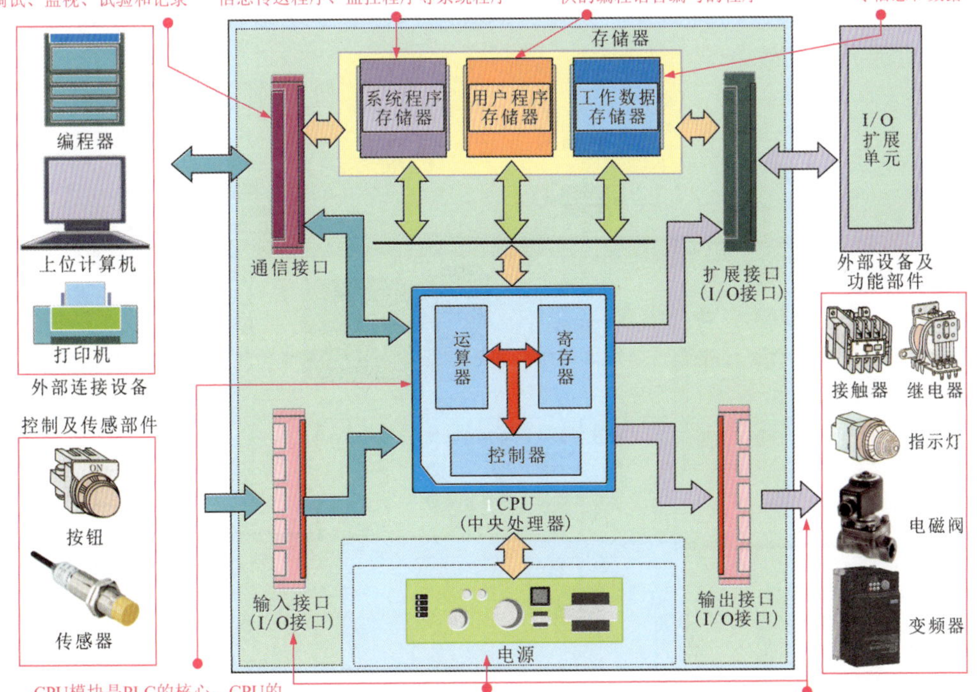

图 9-1　PLC 的整机工作原理示意图

PLC 控制系统用标准接口取代了硬件安装连接。用大规模集成电路与可靠元件的组合取代线圈和活动部件的搭配，并通过计算机进行控制。这样不仅大大简化了整个控制系统，而且也使得控制系统的性能更加稳定，功能更加强大。在拓展性和抗干扰能力方面也有了显著的提高。

PLC 控制系统的最大特色是在改变控制方式和效果时不需要改动电气部件的物理连接线路，只需要通过 PLC 程序编写软件重新编写 PLC 内部的程序即可。

9.1.2 PLC 技术应用

PLC 在近年来发展极为迅速，随着技术的不断更新，PLC 的控制功能，数据采集、存储、处理功能，可编程、调试功能，通讯联网功能，人机界面功能等也逐渐变得强大，使得 PLC 的应用领域得到进一步的扩展，广泛应用于各行各业控制系统中。

目前，PLC 已经成为生产自动化、现代化的重要标志。众多生产厂商都投入到了 PLC 产品的研发中，PLC 的品种越来越丰富，功能越来越强大，应用也越来越广泛，无论是生产、制造还是管理、检验，都可以看到 PLC 的身影。

1 PLC 在电动机控制系统中的应用

如图 9-2 所示，PLC 应用于电动机控制系统中，用于实现自动控制，并且能够在不大幅度改变外接部件的前提下，仅修改内部的程序便实现多种多样的控制功能，使电气控制更加灵活高效。

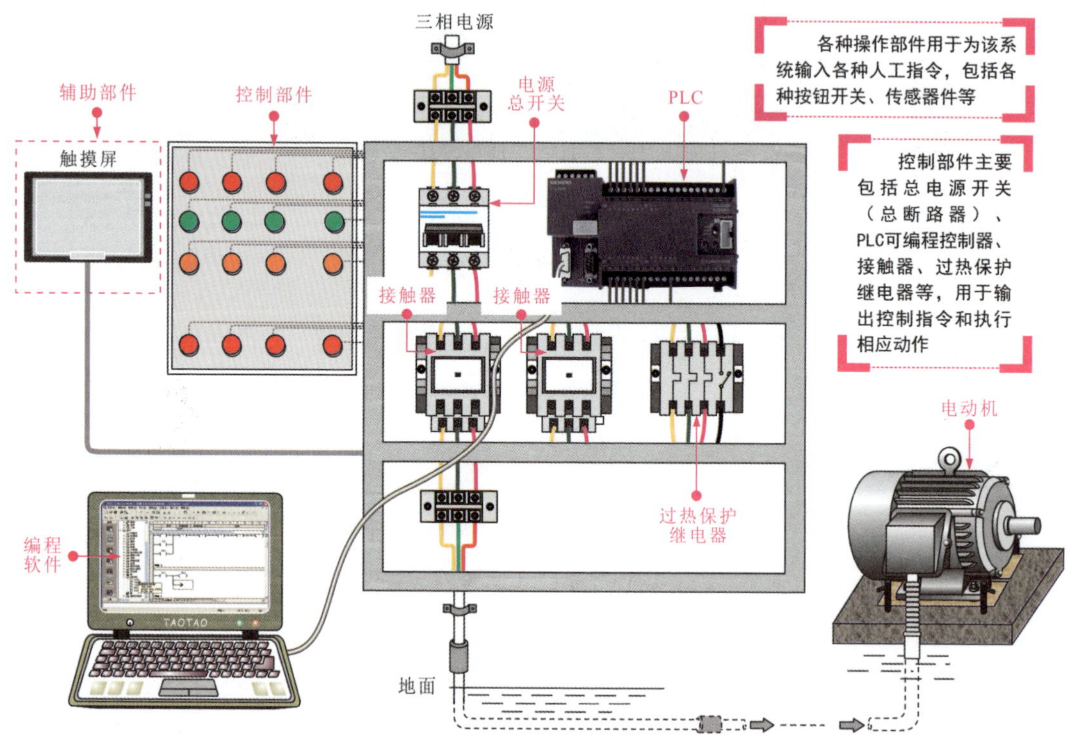

图 9-2 PLC 在电动机控制系统中的应用示意图

2 PLC 在复杂机床设备中的应用

机床设备是工业领域中的重要设备之一，也更是由于其功能的强大、精密，使得对它的控制要求更高。普通的继电器控制虽然能够实现基本的控制功能，但早已无法满足其安全可靠、高效的管理要求。

用 PLC 对机床设备进行控制，不仅提高自动化水平，在实现相应的切削、磨削、钻孔、传送等功能中更具有突出的优势。

图 9-3 所示为 PLC 在复杂机床设备中的应用示意图。可以看到，该系统主要是由操作部件、控制部件和机床设备构成的。

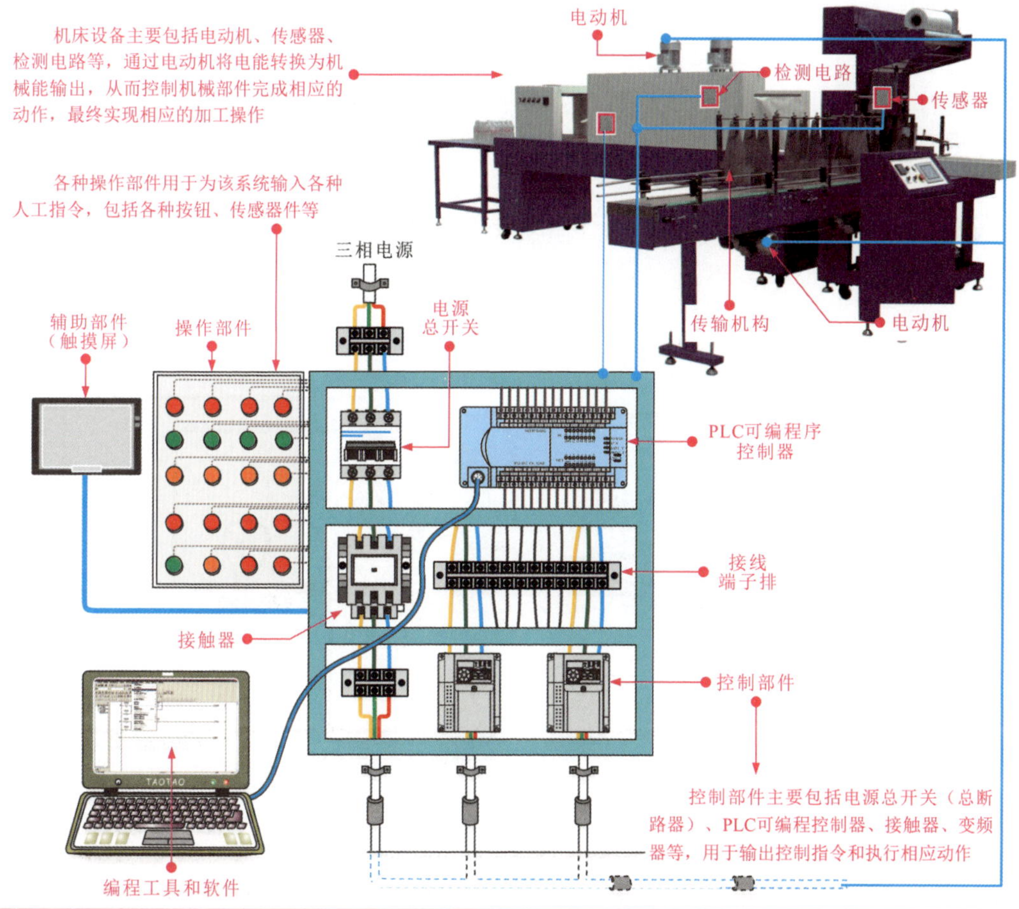

图 9-3　PLC 在复杂机床设备中的应用示意图

PLC 在自动化生产制造设备中的应用主要用来实现自动控制功能。PLC 在电子元件加工、制造设备中作为控制中心，使元件的输送定位驱动电动机、加工深度调整电动机、旋转电动机和输出电动机能够协调运转，相互配合实现自动化工作。

PLC 不仅在电子、工业生产中广泛应用，在很多民用生产生活领域中也得到的迅速发展。如常见的自动门系统、汽车自动清洗系统、水塔水位自动控制系统、声光报警系统、流水生产线、农机设备控制系统、库房大门自动控制系统、蓄水池进出水控制系统等，都可由 PLC 控制、管理实现自动化功能。

9.2 PLC 编程

9.2.1 PLC 的编程语言

PLC 作为一种可编程控制器设备，其各种控制功能的实现都是通过其内部预先编好的程序实现的，而控制程序的编写就需要使用相应的编程语言来实现。

目前，不同品牌和型号的 PLC 都有其各自的编程语言，但不管什么类型的 PLC，基本上都包含了梯形图和语句表两种基础编程语言。

1 PLC 梯形图

PLC 梯形图是 PLC 程序设计中最常用的一种编程语言。它继承了继电器控制线路的设计理念，采用图形符号的连通图形式直观形象地表达电气线路的控制过程。它与电气控制线路非常类似，十分易于理解，可以说是广大电气技术人员最容易接受和使用的编程语言。图 9-4 所示为典型电气控制线路与 PLC 梯形图的对应关系。

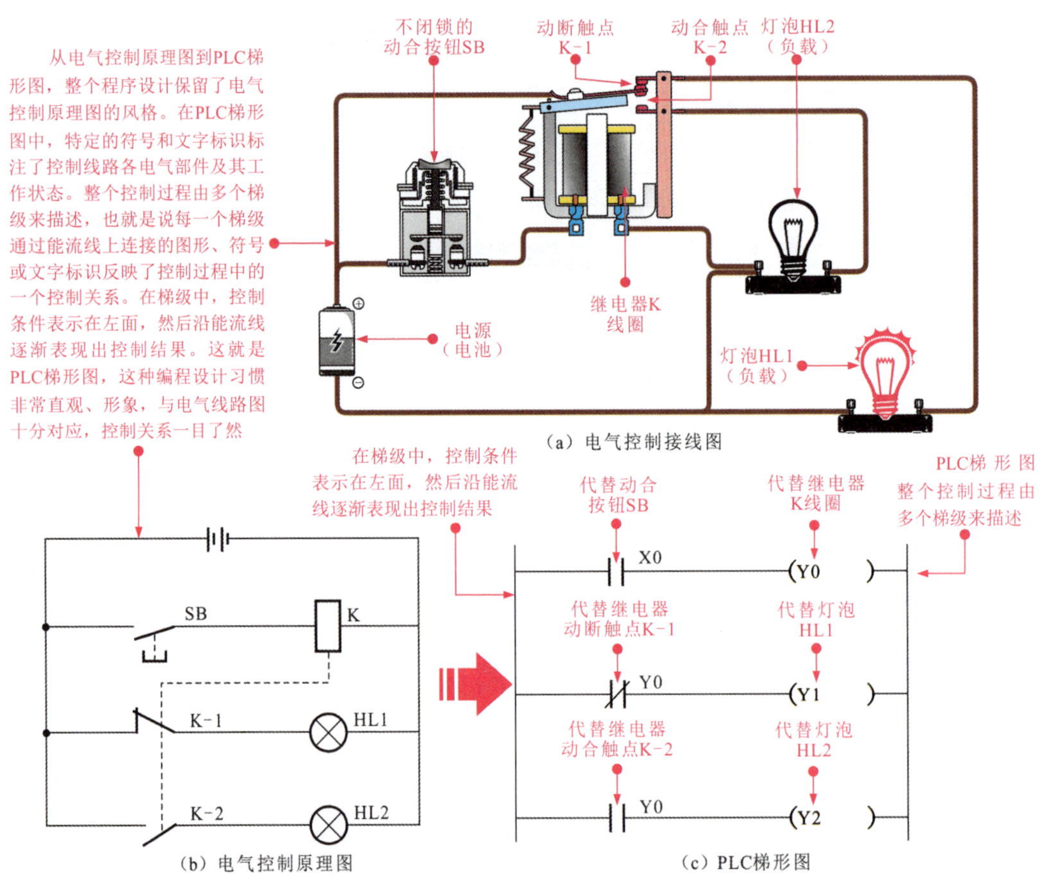

图 9-4 典型电气控制线路与 PLC 梯形图的对应关系

搞清 PLC 梯形图可以非常快速地了解整个控制系统的设计方案（编程），洞悉控制系统中各电气部件的连接和控制关系，为控制系统的调试、改造提供帮助，若控制系统出现故障，从 PLC 梯形图入手也可准确快捷地作出检测分析，有效地完成对故障的排查，可以说 PLC 梯形图在电气控制系统的设计、调试、改造以及检修中有着重要的意义。

如图 9-5 所示，梯形图主要是由母线、触点、线圈构成的。其中，梯形图中两侧的竖线称为母线；触点和线圈也是梯形图中的重要组成元素。

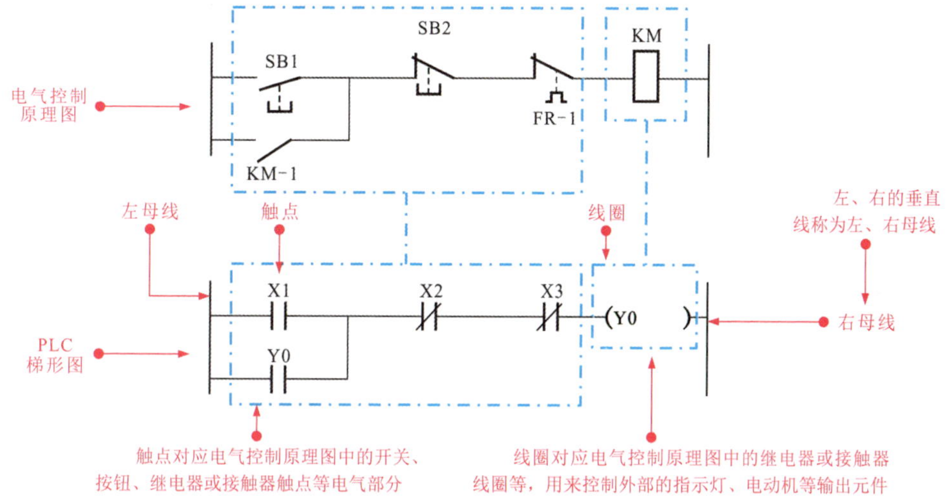

图 9-5 梯形图的结构和特点

PLC 梯形图的内部是由许多不同功能的元件构成的，它们并不是真正的硬件物理元件，而是由电子电路和存储器组成的软元件，如 X 代表输入继电器，是由输入电路和输入映像寄存器构成的，用于直接输入给 PLC 的物理信号；Y 代表输出继电器，是由输出电路和输出映像寄存器构成的，用于从 PLC 直接输出物理信号；T 代表定时器、M 代表辅助继电器、C 代表计数器、S 代表状态继电器、D 代表数据寄存器，它们都是由存储器组成的，用于 PLC 内部的运算。

由于 PLC 生产厂家的不同，PLC 梯形图中所定义的触点符号，线圈符号以及文字标识等所表示的含义都会有所不同，见表 9-1 和表 9-2。例如，三菱公司生产的 PLC 就要遵循三菱 PLC 梯形图编程标准，西门子公司生产的 PLC 就要遵循西门子 PLC 梯形图编程标准，具体要以设备生产厂商的标准为依据。

表 9-1 三菱 PLC 梯形图基本标识和符号

继电器符号	继电器标识	符号
动合触点	X0	┤├
动断触点	X1	┤/├
线圈	Y0	-(Y0)-

表 9-2 西门子 PLC 梯形图基本标识和符号

继电器符号	继电器标识	符号
动合触点	I0.0	┤├
动断触点	I0.1	┤/├
线圈	Q0.0	-( )

2 PLC 语句表

PLC 语句表是另一种重要的编程语言。这种编程语言形式灵活、简洁，易于编写和识读，深受很多电气工程技术人员的欢迎。因此无论是 PLC 的设计，还是 PLC 的系统调试、改造、维修都会用到 PLC 语句表。

PLC 语句表是指运用各种编程指令实现控制对象的控制要求的语句表程序。针对 PLC 梯形图的直观形象的图示化特色，PLC 语句表正好相反，它的编程最终以“文本”的形式体现。

图 9-6 是用 PLC 梯形图和 PLC 语句表编写的同一个控制系统的程序。

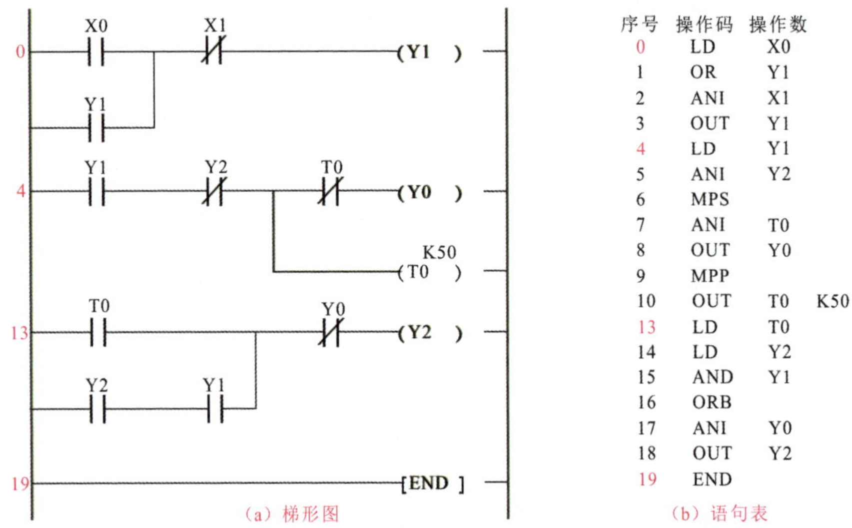

图 9-6　用 PLC 梯形图和 PLC 语句表编写的同一个控制系统的程序

可以看出，PLC 语句表没有 PLC 梯形图那样直观、形象，但 PLC 语句表的表达更加精练、简洁。如果能够了解 PLC 语句表和 PLC 梯形图的含义会发现 PLC 语句表和 PLC 梯形图是一一对应的。

如图 9-7 所示，PLC 语句表是由步序号、操作码和操作数构成的。

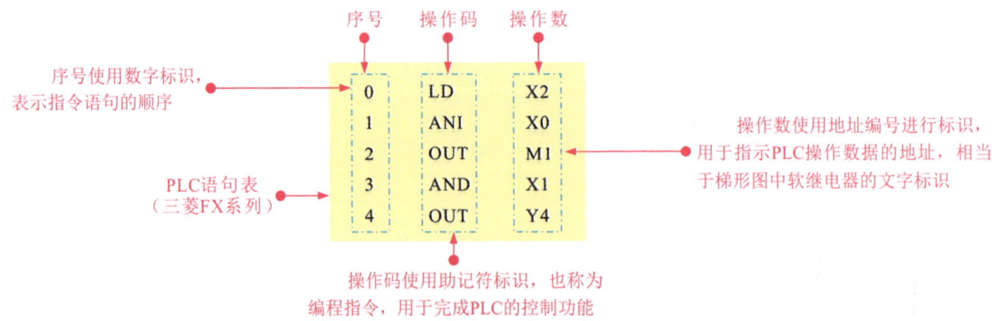

图 9-7　PLC 语句表的结构组成和特点

不同厂家生产的PLC，其语句表使用的助记符（编程指令）也不相同，对应其语句表使用的操作数(地址编号)也有差异。具体可根据PLC的编程说明进行，见表9-3～表9-6。

表9-3 三菱FX系列常用操作数（助记符）

名称	符号	名称	符号
读指令（逻辑段开始-常开触点）	LD	电路块或指令	ORB
读反指令（逻辑段开始-常闭触点）	LDI	置位指令	SET
输出指令（驱动线圈指令）	OUT	复位指令	RST
与指令	AND	进栈指令	MPS
与非指令	ANI	读栈指令	MRD
或指令	OR	出栈指令	MPP
或非指令	ORI	上升沿脉冲指令	PLS
电路块与指令	ANB	下降沿脉冲指令	PLF

表9-4 西门子S7-200系列常用操作数（助记符）

名称	符号	名称	符号
读指令（逻辑段开始-常开触点）	LD	电路块或指令	OLD
读反指令（逻辑段开始-常闭触点）	LDN	置位指令	S
输出指令（驱动线圈指令）	=	复位指令	R
与指令	A	进栈指令	LPS
与非指令	AN	读栈指令	LRD
或指令	O	出栈指令	LPP
或非指令	ON	上升沿脉冲指令	EU
电路块与指令	ALD	下降沿脉冲指令	ED

表9-5 三菱FX系列常用操作数

名称	符号	名称	符号
输入继电器	X	计数器	C
输出继电器	Y	辅助继电器	M
定时器	T	状态继电器	S

表9-6 西门子S7-200系列常用操作数

名称	符号	名称	符号
输入继电器	I	通用辅助继电器	M
输出继电器	Q	特殊标志继电器	SM
定时器	T	变量存储器	V
计数器	C	顺序控制继电器	S

9.2.2 PLC 的编程方式

PLC 所实现的各项控制功能是根据用户程序实现的，各种用户程序需要编程人员根据控制的具体要求进行编写。通常，PLC 用户程序的编程方式主要有软件编程和手持式编程器编程两种。

1 软件编程

软件编程是指借助 PLC 专用的编程软件编写程序。

采用软件编程的方式，需将编程软件安装在匹配的计算机中，在计算机上根据编程软件的使用规则编写具有相应控制功能的PLC控制程序(梯形图程序或语句表程序)，最后再借助通信电缆将编写好的程序写入 PLC 内部即可。

图 9-8 所示为软件编程方式示意图。

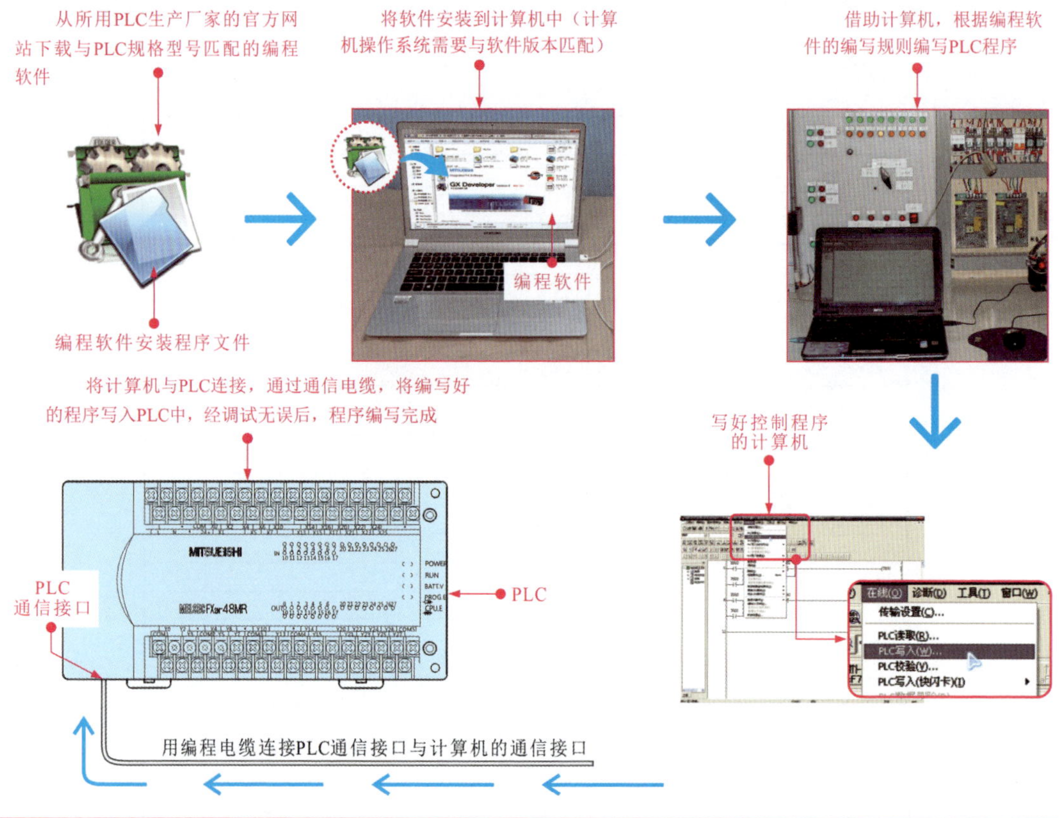

图 9-8 PLC 的软件编程方式

不同类型的 PLC 其可采用的编程软件不相同，甚至有些相同品牌不同系列的 PLC 其可用的编程软件也不相同。表 9-7 所列为几种常用 PLC 可用的编程软件汇总，但随着 PLC 的不断更新换代，其对应编程软件及版本都有不同的升级和更换，在实际选择编程软件时应首先对应其品牌和型号对应查找匹配的编程软件。

表 9-7 几种常用 PLC 可用的编程软件汇总

PLC的品牌	编辑软件	
三菱	GX-Developer	三菱通用
	FXGP-WIN-C	FX系列
	Gx Work2（PLC综合编程软件）	Q、QnU、L、FX等系列
西门子	STEP 7-Micro/WIN	S7-200
	STEP7 V系列	S7-300/400
松下	FPWIN-GR	
欧姆龙	CX-Programmer	
施耐德	unity pro XL	
台达	WPLSoft或ISPSoft	
AB	Logix5000	

2 编程器编程

编程器编程是指借助 PLC 专用的编程器设备直接在 PLC 中编写程序。在实际应用中编程器多为手持式编程器，具有体积小、质量轻、携带方便等特点，在一些小型 PLC 的用户程序编制、现场调试、监视等场合应用十分广泛。

如图 9-9 所示，编程器编程是一种基于指令语句表的编程方式。首先需要根据 PLC 的规格、型号选配匹配的编程器，然后借助通信电缆将编程器与 PLC 连接，通过操作编程器上的按键，直接向 PLC 中写入语句表指令。

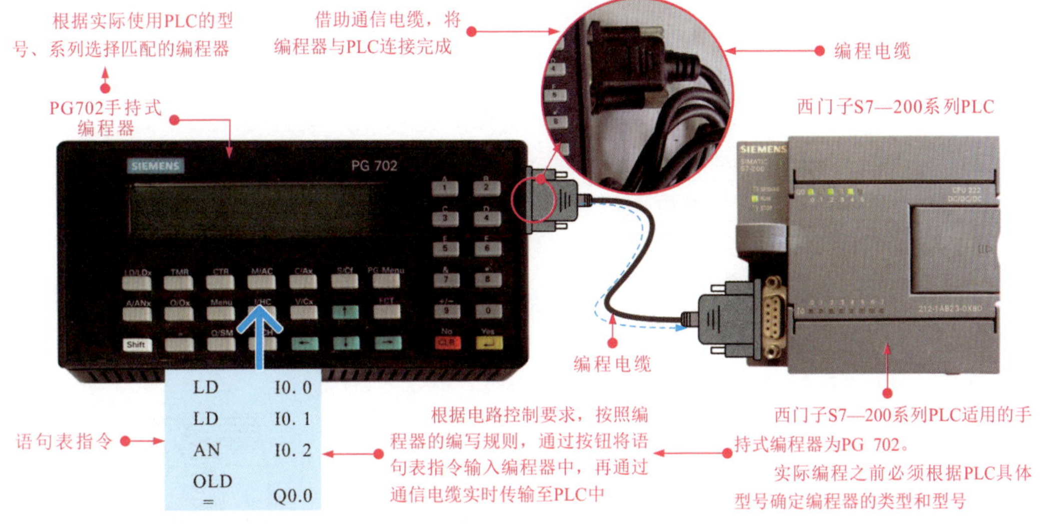

图 9-9 采用编程器编程示意图

不同品牌或不同型号的 PLC 所采用的编程器类型也不相同，在将指令语句表程序写入 PLC 时，应注意选择合适的编程器，表 9-8 为各种 PLC 对应匹配的手持式编程器型号汇总。

表 9-8 各种 PLC 对应匹配的手持式编程器型号汇总

PLC类型		手持式编程器型号
三菱（MISUBISHI）	F/F1/F2系列	F1-20P-E、GP-20F-E、GP-80F-2B-E
		F2-20P-E
	Fx系列	FX-20P-E
西门子（SIEMENS）	S7-200系列	PG702
	S7-300/400系列	一般采用编程软件进行编程
欧姆龙（OMRON）	C**P/C200H系列	C120-PR015
	C**P/C200H/C1000H/C2000H系列	C500-PR013、C500-PR023
	C**P系列	PR027
	C**H/C200H/C200HS/C200Ha/CPM1/CQM1系列	C200H-PR 027
光洋（KOYO）	KOYO SU -5/SU-6/SU-6B系列	S-01P-EX
	KOYO SR21系列	A-21P

9.3 变频器与变频控制

9.3.1 变频器的种类

变频器种类很多，其分类方式也是多种多样，可根据需求，按变换方式、按电源性质、按变频控制、按调压方式、按用途等级等多种方式进行分类。

1 按变换方式分类

变频器按照变换方式主要分为两类：交—直—交变频器和交—交变频器。

（1）交—直—交变频器。交—直—交变频器先将工频交流电通过整流单元转换成脉动的直流电，再经过中间电路中的电容平滑滤波，为逆变电路供电，在控制系统的控制下，逆变电路将直流电源转换成频率和电压可调的交流电，然后提供给负载（电动机）进行变速控制。

交—直—交变频器又称间接式变频器，目前广泛应用于通用型变频器。图 9-10 所示为交—直—交变频器结构。

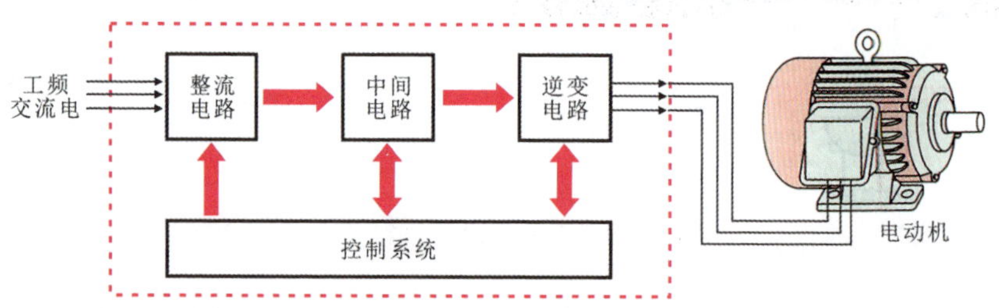

图 9-10　交—直—交变频器结构

（2）交—交变频器。交—交变频器是将工频交流电直接转换成频率和电压可调的交流电，提供给负载（电动机）进行变速控制。

交—交变频器又称直接式变频器，由于该变频器只能将输入交流电频率调低输出，而工频交流电的频率本身就很低，因此交—交变频器的调速范围很窄，其应用也不广泛。图 9-11 所示为交—交变频器结构。

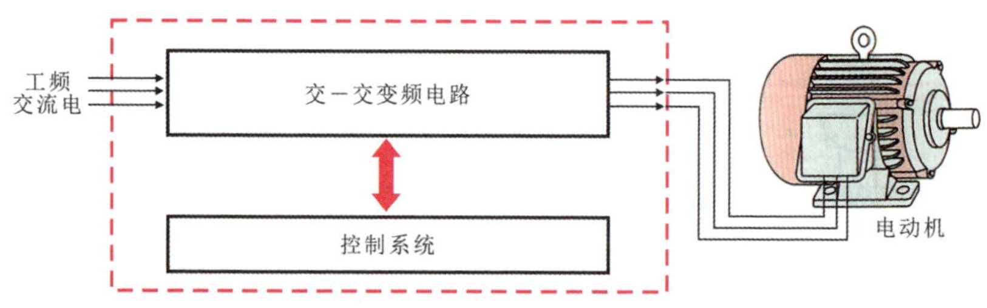

图 9-11　交—交变频器结构

2 按电源性质分类

变频器中间电路的电源性质的不同，可将变频器分为两大类：电压型变频器和电流型变频器。

（1）电压型变频器。电压型变频器的特点是中间电路采用电容器作为直流储能元件，缓冲负载的无功功率。直流电压比较平稳，直流电源内阻较小，相当于电压源，故电压型变频器常选用于负载电压变化较大的场合。图 9-12 所示为电压型变频器结构。

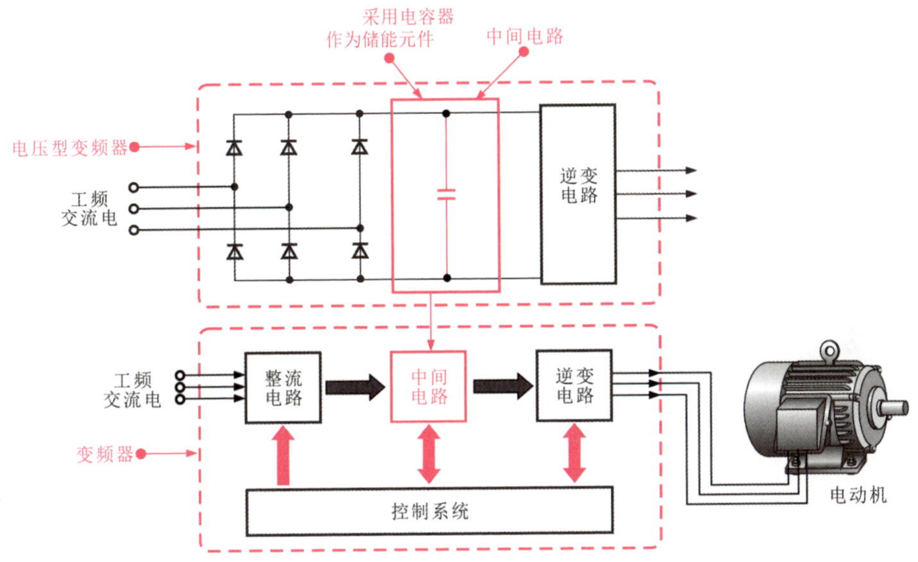

图 9-12 电压型变频器结构

（2）电流型变频器。电流型变频器的特点是中间电路采用电感器作为直流储能元件，用以缓冲负载的无功功率，即扼制电流的变化，使电压接近正弦波，由于该直流内阻较大，可扼制负载电流频繁而急剧的变化，故电流型变频器常选用于负载电流变化较大的场合。图 9-13 所示为电流型变频器结构。

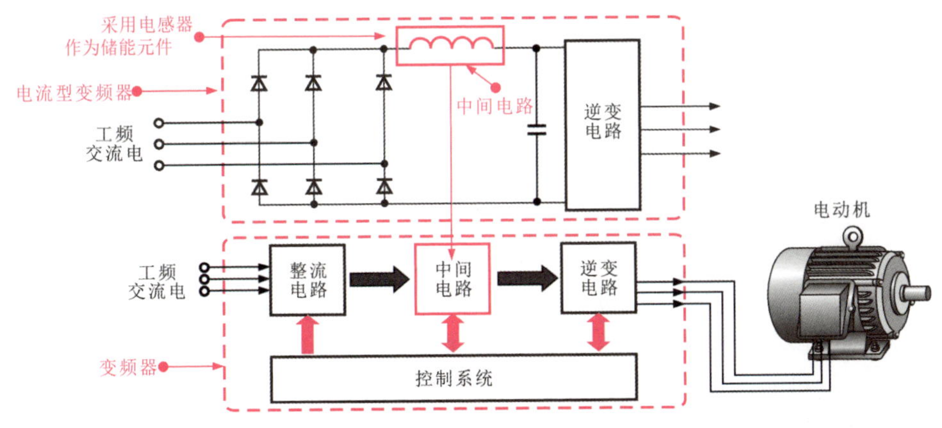

图 9-13 电流型变频器结构

电压型变频器与电流型变频器的对比，见表 9-9。

表 9-9 电压型变频器与电流型变频器的对比

特点名称	电压型变频器	电流型变频器
储能元件	电容器	电感器
波形的特点	电压波形为矩形波形 矩形波电压 电流波形近似正弦波 基波电流+高次谐波电流	电压波形为近似正弦波 单波电压+换流浪涌电压 电流波形为矩形波形 矩形波电流
回路构成上的特点	有反馈二极管 直流电源并联大容量 电容（低阻抗电压源） 电动机四象限运转需要使用变流器	无反馈二极管 直流电压串联大电感 电感(高阻抗电流源 电动机四象限运转容易
特性上的特点	负载短路时产生过电流 变频器转矩反应较慢 输入功率因数高	负载短路时能抑制过电流 变频器转矩反应快 输入功率因数低
使用场合	电压型逆变器属恒压源，电压控制响应慢，不易波动，适于做多台电动机同步运行时的供电电源，或单台电动机调速但不要求快速启/制动和快速减速度的场合	不适用于多电动机传动，但可以满足快速启/制动和可逆运行的要求

3 按变频控制分类

由于电动机的运行特性，使其对交流电源的电压和频率有一定的要求，变频器作为控制电源，需满足对电动机特性的最优控制，从应用目的不同出发，采用多种变频控制方式。

（1）压 / 频控制变频器。又称 *V/f* 控制变频器，是通过改变电压实现变频的方式。这种控制方式的变频器控制方法简单、成本较低，被通用型变频器采用，但又由于精确度较低的特性，使其应用领域有一定的局限性。

（2）转差频率控制变频器。又称 SF 控制变频器，它是采用控制电动机旋转磁场频率与转子转速率之差来控制转矩的方式，最终实现对电动机转速精度的控制。

SF 控制变频器虽然在控制精度上比 *V/f* 控制变频器高。但由于其在工作过程中需要实时检测电动机的转速，使得整个系统的结构较为复杂，导致其通用性较差。图 9-14 所示为 SF 控制变频器控制方式。

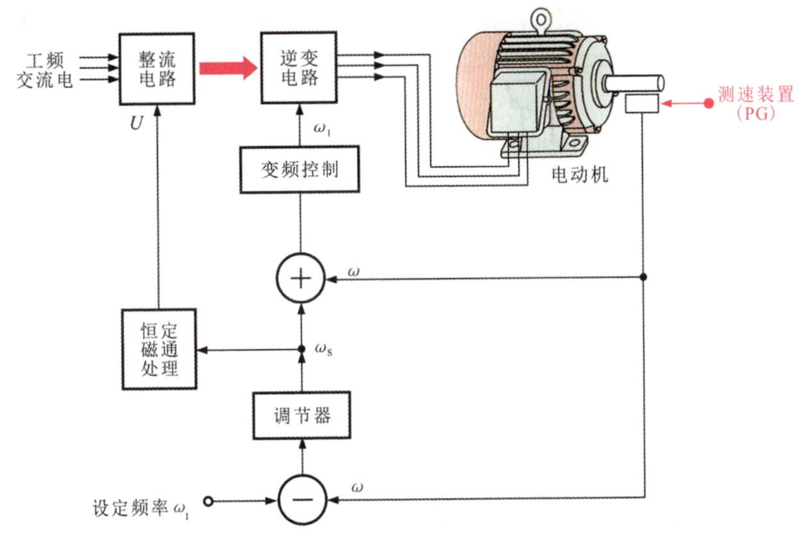

图 9-14 SF 控制变频器控制方式

（3）矢量控制变频器。又称 VC 控制变频器，是通过控制变频器输出电流的大小、频率和相位来控制电动机的转矩，从而控制电动机的转速。

（4）直接转矩控制变频器。又称 DTC 控制变频器，是目前最先进的交流异步电动机控制方式，非常适合重载、起重、电力牵引、大惯性电力拖动、电梯等设备的拖动。

4 按调压方法分类

变频器按照调压方法主要分为 PAM 变频器和 PWM 变频器两类。

（1）PAM 变频器。PAM（pulse amplitude modulation）脉冲幅度调制。PAM 变频器是按照一定规律对脉冲列的脉冲幅度进行调制，控制其输出的量值和波形。实际上就是能量的大小用脉冲的幅度来表示，整流输出电路中增加开关管（门控管 IGBT），通过对该 IGBT 管的控制改变整流电路输出的直流电压幅度（140 ～ 390V），这样变频电路输出的脉冲电压不但宽度可变，而且幅度也可变。图 9-15 所示为 PAM 变频器结构。

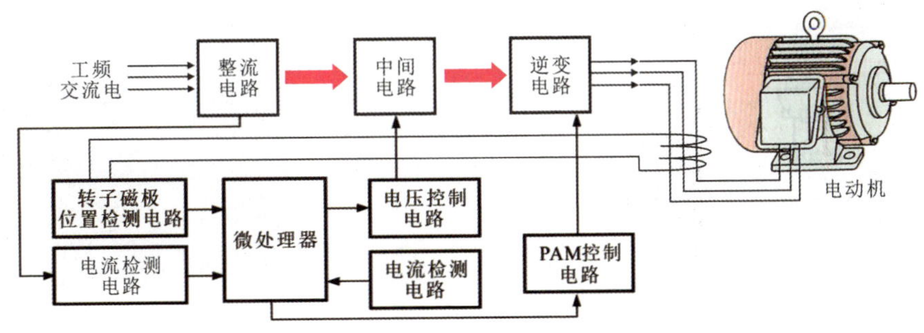

图 9-15 PAM 变频器结构

（2）PWM 变频器。PWM（pulse width modulation），即脉冲宽度调制。PWM 变频器同样是按照一定规律对脉冲列的脉冲宽度进行调制，控制其输出量和波形的。实际上就是能量的大小用脉冲的宽度来表示，此种驱动方式，整流电路输出的直流供电电压基本不变，变频器功率模块的输出电压幅度恒定，控制脉冲的宽度受微处理器控制。图 9-16 所示为 PWM 变频器结构。

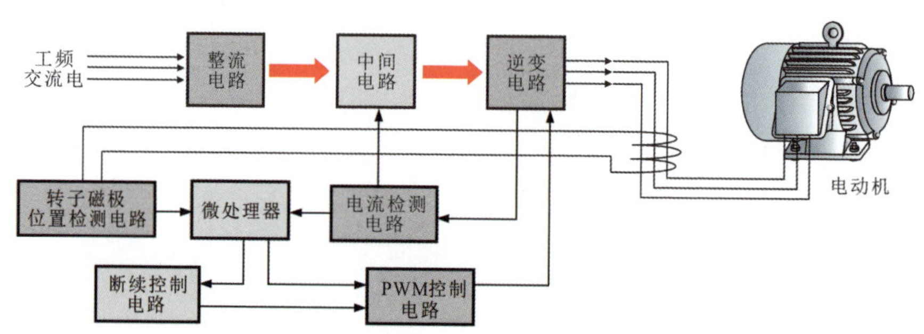

图 9-16　PWM 变频器结构

5　按用途分类

变频器按用途可分为通用变频器和专用变频器两大类。

（1）通用型变频器。通用型变频器是指通用型较强，对其使用的环境没有严格的要求，以简便的控制方式为主。这种变频器的适用范围广，多用于精确度或调速性能要求不高的通用场合，具有体积小、价格低等特点。

随着通用型变频器的发展，目前市场上还出现了许多采用转矩矢量控制方式的高性能多功能变频器，其在软件和硬件方面的改进，除具有普通通用型变频器的特点外，还具有较高的转矩控制性能，可使用于传动带、升降装置以及机床、电动车辆等对调速系统性能和功能要求较高的许多场合。

图 9-17 所示为常见通用型变频器的实物外形。

（a）三菱D700通用型变频器

（b）安川J1000通用型变频器

（c）西门子MM420通用型变频器

图 9-17　常见通用变频器的实物外形

通用型变频器是指在很多方面具有很强通性的变频器，该类变频器简化了一些系统功能，并主要以节能为主要目的，多为中小容量变频器，一般应用于水泵、风扇、鼓风机等对于系统调速性能要求不高的场合。

（2）专用型变频器。专用型变频器通常指专门针对某一方面或某一领域而设计研发的变频器。该类变频器针对性较强，具有适用于所针对领域独有的功能和优势，从而能够更好地发挥变频调速的作用。例如，高性能专用型变频器、高频变频器、单相变频器和三相变频器等都属于专用型变频器，其针对性较强，对安装环境有特殊的要求，可以实现较高的控制效果，但其价格较高。

图 9-18 所示为常见专用型变频器的实物外形。

（a）西门子MM430型水泵风机专用变频器

（b）风机专用变频器

（c）恒压供水（水泵）专用变频器

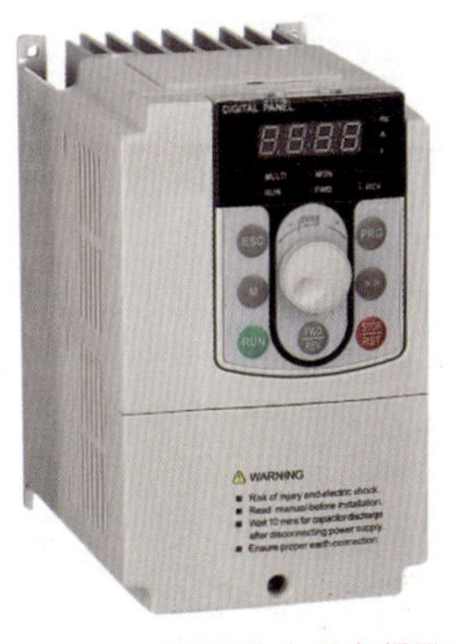

（d）NVF1G-JR系列卷绕专用变频器

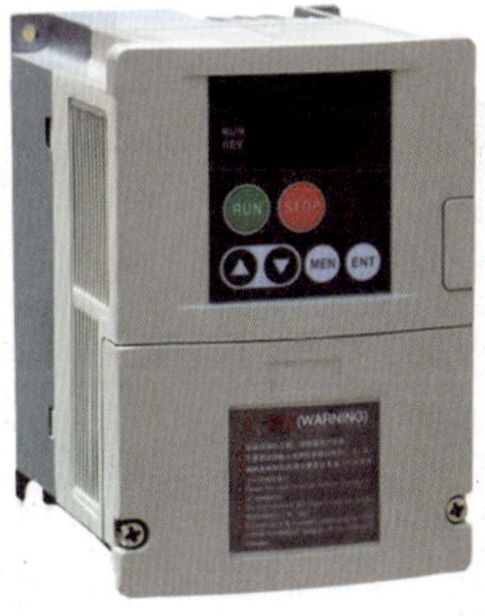

（e）LB-60GX系列线切割专用变频器

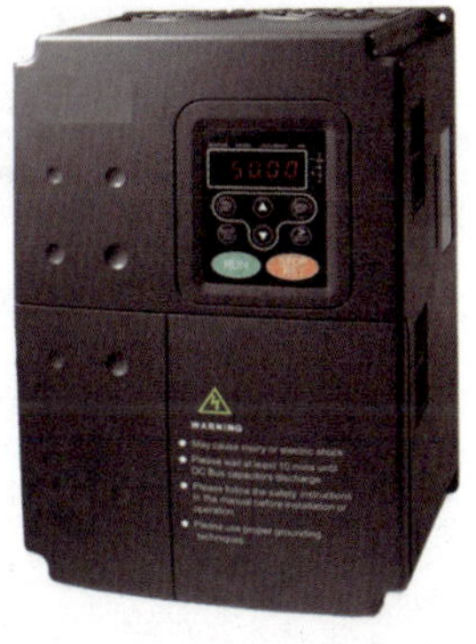

（f）电梯专用变频器

图 9-18　常见专用型变频器的实物外形

提示说明

较常见的专用型变频器主要有风型专用变频器、恒压供水（水泵）专用变频器、机床类专用变频器、重载专用变频器、注塑机专用变频器、纺织类专用变频器等。

9.3.2 变频器的结构

变频器的英文名称为 VFD 或 VVVF，它是一种利用逆变电路的方式将工频电源（恒频恒压电源）变成频率和电压可变的变频电源，进而对电动机进行调速控制的电器装置。图 9-19 所示为典型变频器的实物外形。

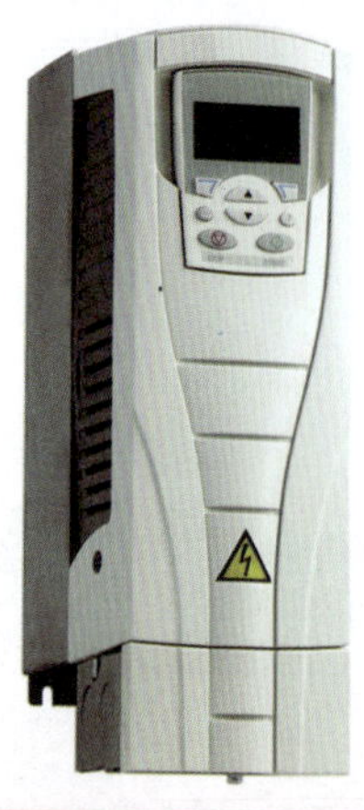

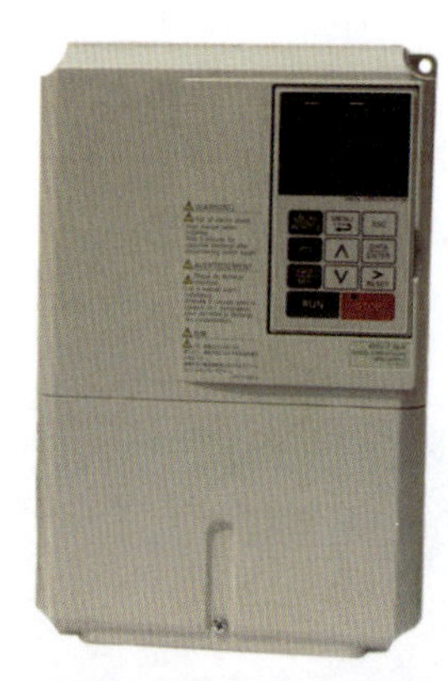

图 9-19 典型变频器的实物外形

1 变频器的外部结构

变频器控制对象是电动机，由于电动机的动率或应用场合不同，因而驱动控制用变频器的性能、尺寸、安装环境也会有很大的差别。图 9-20 所示为典型变频器的外部结构。

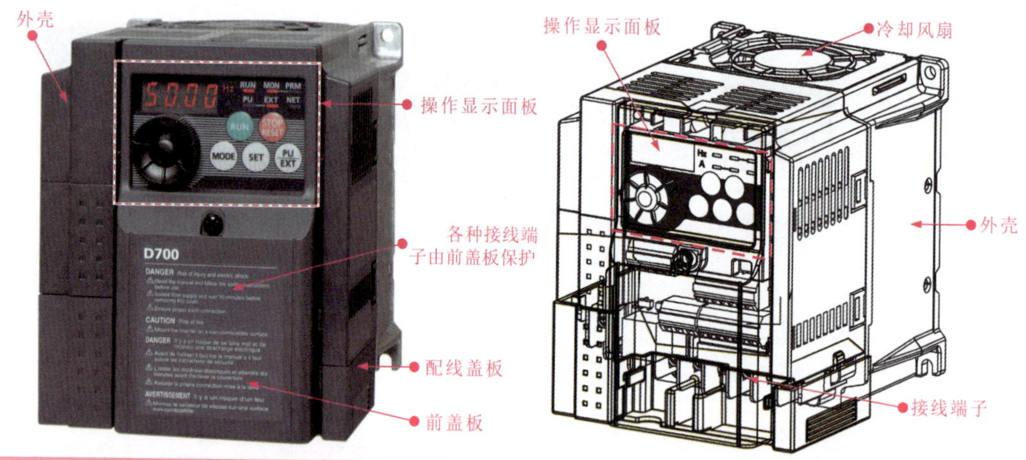

图 9-20 典型变频器的外部结构

可以看到，变频器的操作显示面板位于变频器的正面，操作显示面板的下面是开关及各种接线端子。这些接线端子外装有前盖板，起到保护的作用。

在变频器的顶部有一个散热口，冷却风扇安装在变频器内，通过散热口散热。

图 9-21 所示为典型变频器的拆解示意图。图中明确标注了各部件的位置关系以及接线端子和开关接口（主电路接线端子、控制接线端子、控制逻辑切换跨接器、PU 接口、电流 / 电压切换开关）的分布。

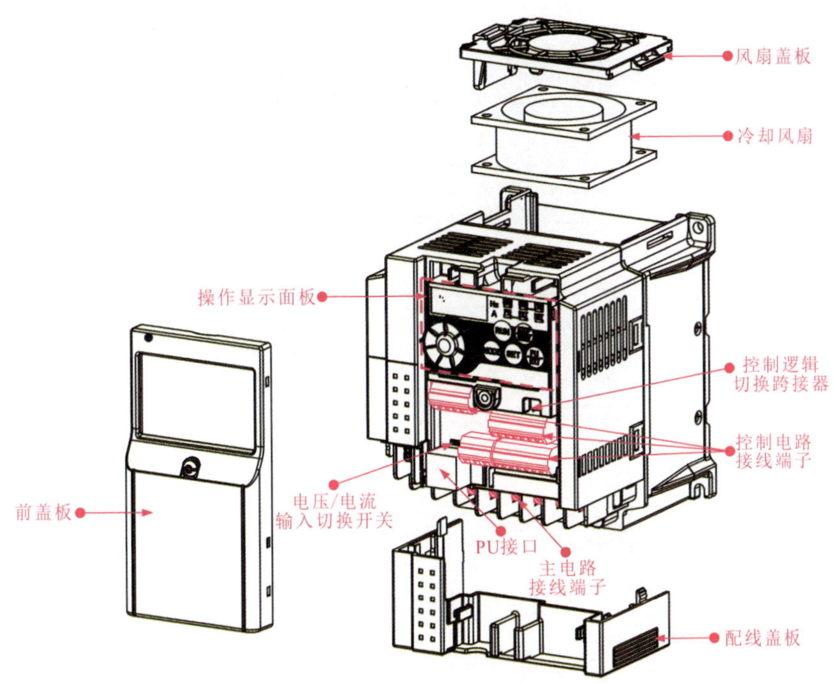

图 9-21 典型变频器的拆解示意图

（1）操作显示面板。变频器控制对象是电动机，由于电动机的动率或应用场合不同，因而驱动控制用变频器的性能、尺寸、安装环境也会有很大的差别。图 9-22 所示为典型变频器的操作面板结构图。

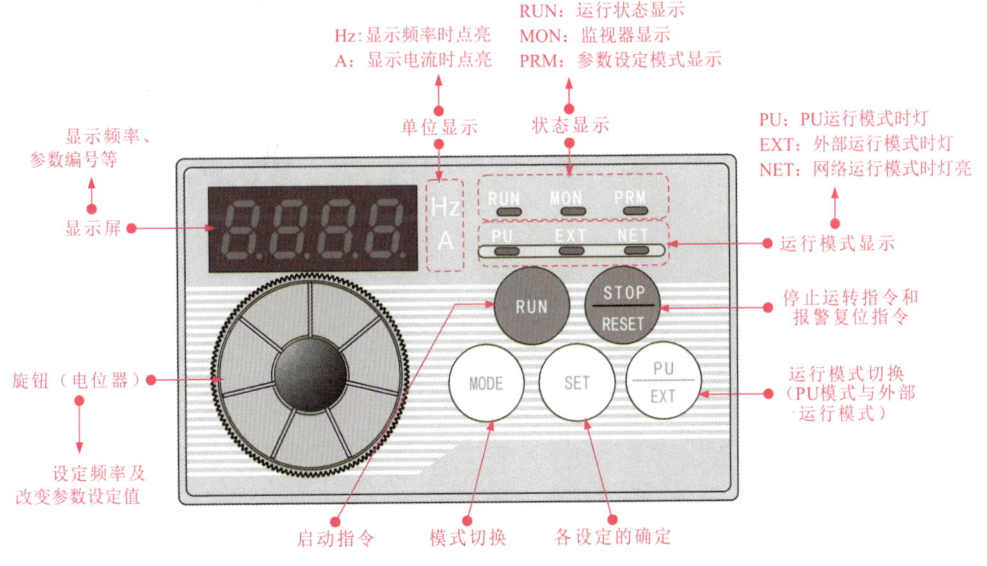

图 9-22 典型变频器操作面板结构

不同类型的变频器其操作面板的组成也有所不同，图 9-23 所示变频器操作面板的结构与图 9-22 所示变频器面板的键钮分布虽有区别，但基本的功能按键十分相似。

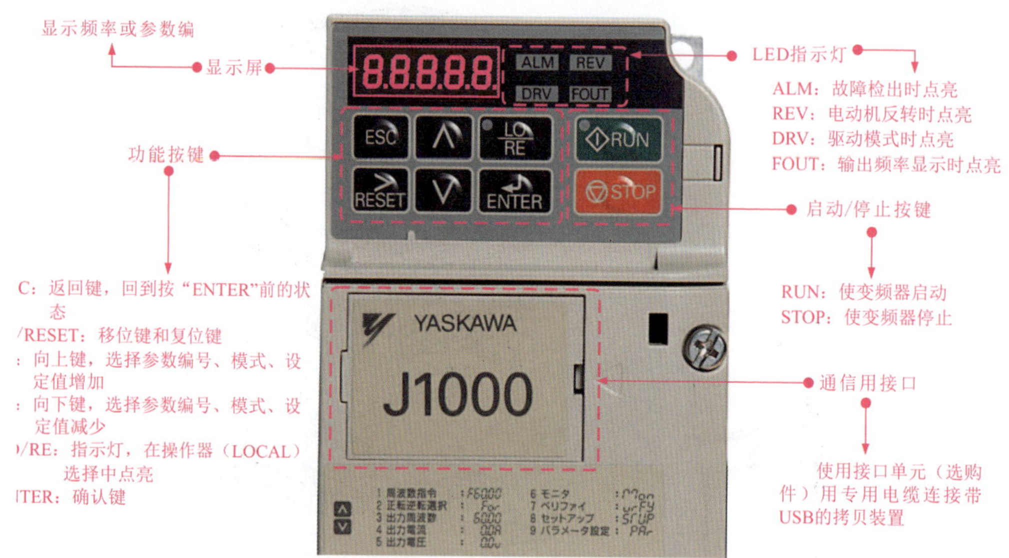

图 9-23 其他变频器操作面板的结构（安川 J1 000 型变频器）

（2）主电路接线端子。电源侧的主电路接线端子主要用于连接三相供电电源，而负载侧的主电路接线端子主要用于连接电动机，图 9-24 所示为典型变频器的主电路接线端子部分及其接线方式。

主电路接线端子
N/-　P/+　PR　P1
R/L1　S/L2　T/L3　U　V　W
L1　L2　L3
50Hz工频交流电源　接负载设备（交流电动机）

主电路接线端子

总断路器　变频器主电路部分　电动机
三相电源　L1　L2　L3
R/L1　S/L2　T/L3　U　V　W
M 3～
电源侧的主电路接线端子　负载侧的主电路接线端子

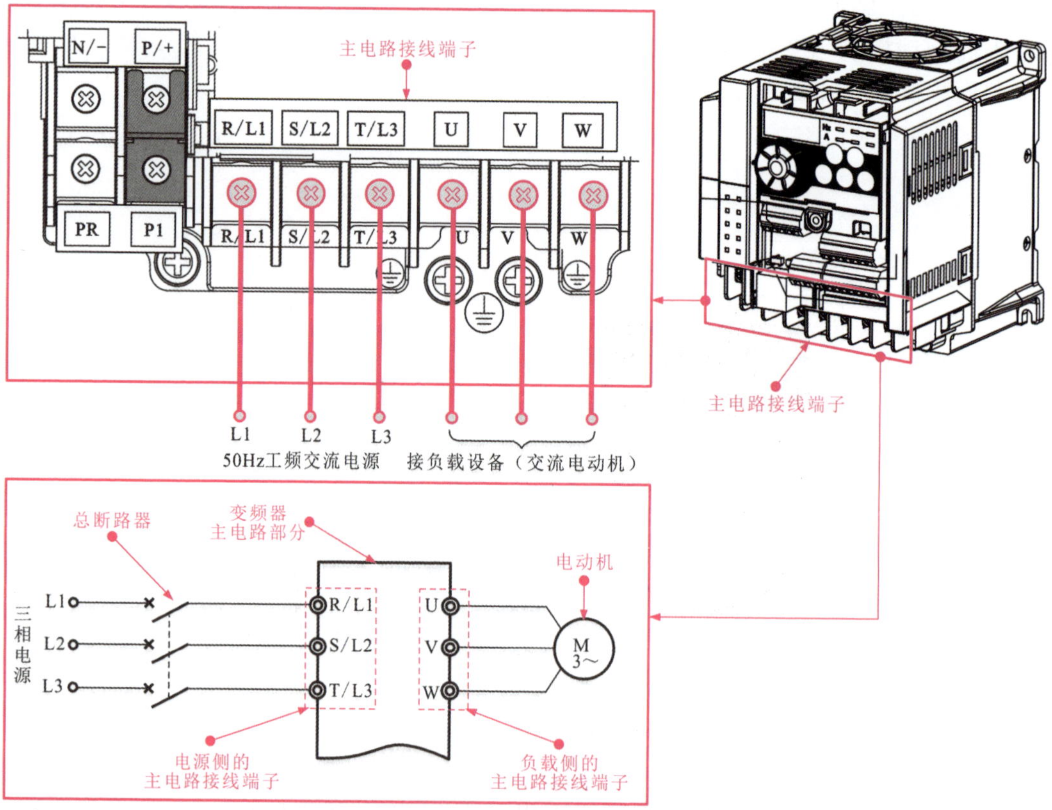

图 9-24 典型变频器的主电路接线端子部分及其接线方式

（3）控制接线端子。控制接线端子一般包括输入信号、输出信号及生产厂家设定用端子部分，用于连接变频器控制信号的输入、输出、通信等部件。其中，输入信号接线端子一般用于为变频器输入外部的控制信号，如正反转启动方式、频率设定值、PTC 热敏电阻输入等；输出信号端子则用于输出对外部装置的控制信号，如继电器控制信号等；生产厂家设定用端子一般不可连接任何设备，否则可能导致变频器故障。

图 9-25 所示为典型变频器的控制接线端子部分。

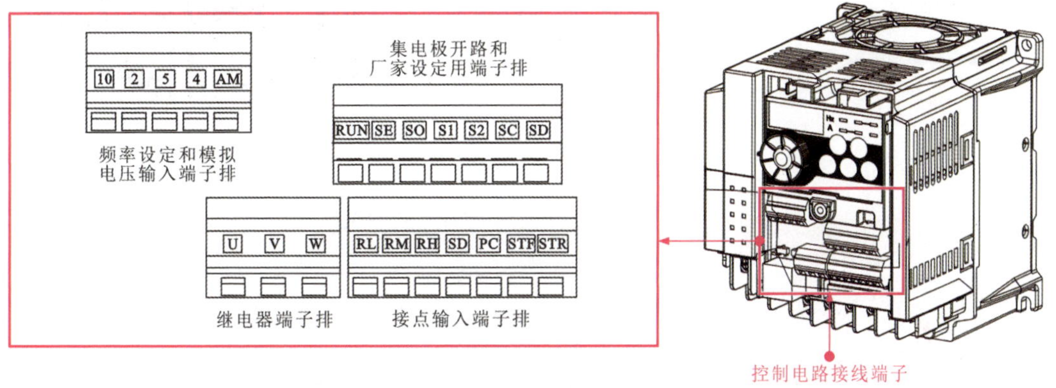

图 9-25　典型变频器的控制接线端子部分

（4）控制逻辑切换跨接器。控制逻辑切换跨接器采用跳线帽设计，用于切换变频器控制逻辑方式的器件。一般变频器的控制逻辑方式一般分为漏型逻辑和源型逻辑（指控制场效应晶体管的漏极和源极），图 9-26 所示为典型变频器的控制逻辑切换跨接器。

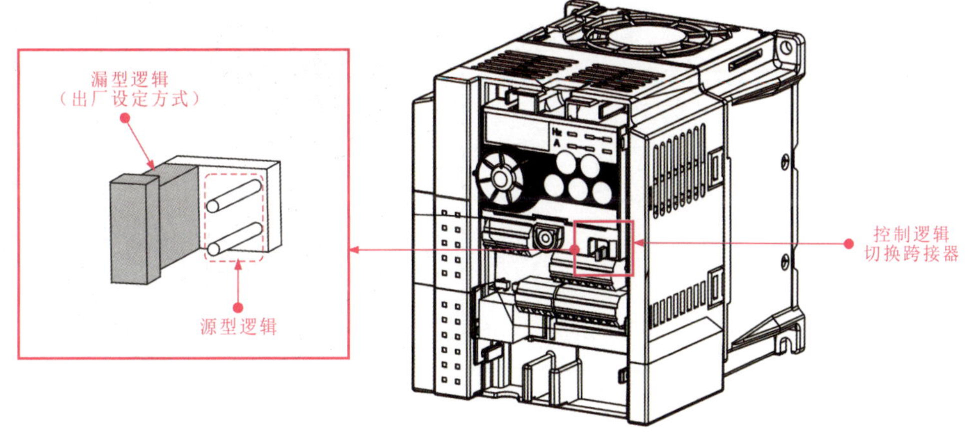

图 9-26　典型变频器的控制逻辑切换跨接器

漏型逻辑指信号输入端子有电流流出时信号为 ON 的逻辑；源型逻辑指信号输入端子中有电流流入时信号为 ON 的逻辑。

（5）PU 接口。PU 接口是指变频器的通信接口。通过该接口及相应的连接电缆可实现变频器与操作面板、计算机等进行连接，图 9-27 所示为典型变频器的 PU 接口部分。

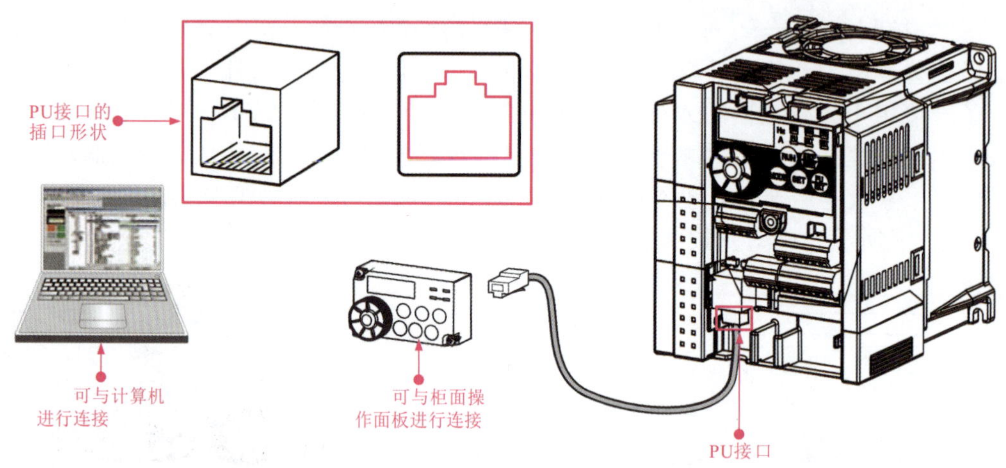

图 9-27　典型变频器的 PU 接口部分

变频器通过 PU 接口连接计算机时，用户可以通过客户端程序对变频器进行操作、监视或读写参数。

（6）电流 / 电压切换开关。电流 / 电压切换开关用于切换输入模拟信号的类型，所设定类型需要与输入模拟信号类型相符，否则可能损坏变频器。如图 9-28 所示为典型变频器的电流 / 电压切换开关部分。

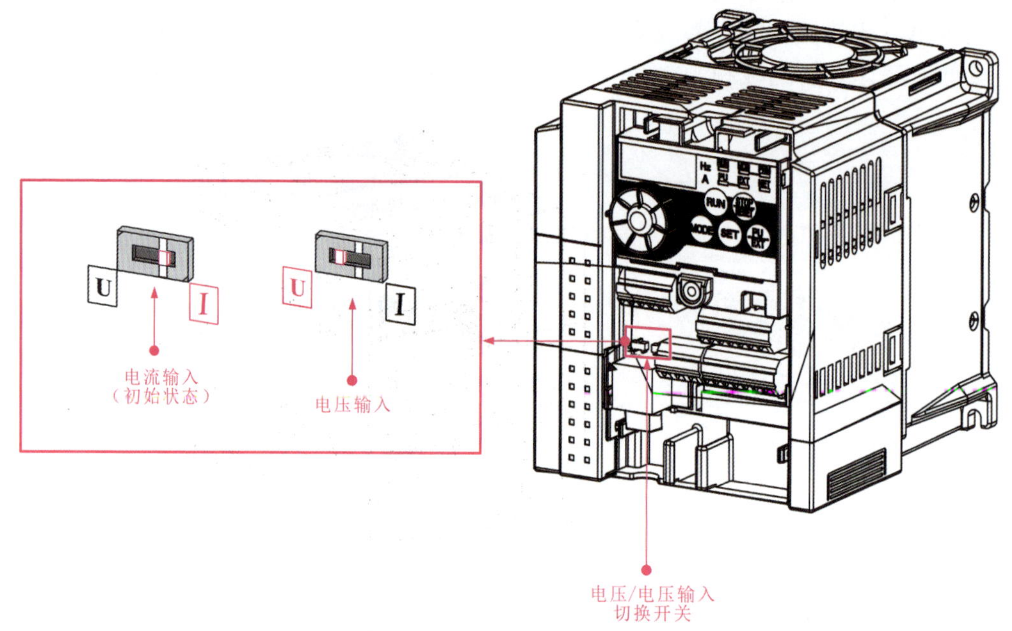

图 9-28　典型变频器的 PU 接口部分

（7）冷却风扇。大多数变频器内部都安装有冷却风扇，用于对变频器内部主电路中半导体等发热器件的冷却，不同类型变频器其冷却风扇的安装位置有所不同，图 9-29 所示为典型变频器的冷却风扇部分。

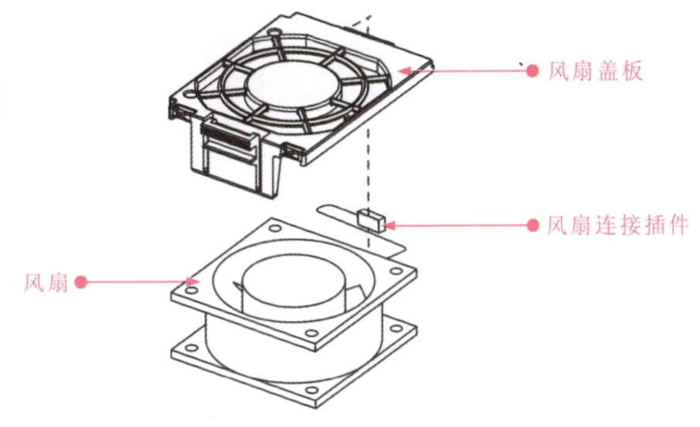

图 9-29　典型变频器的冷却风扇部分

2 变频器的内部结构

变频器的内部是由构成各种功能电路的电子、电力器件构成的。图 9-30 所示为典型变频器的内部结构。

（a）变频器的后面板视图

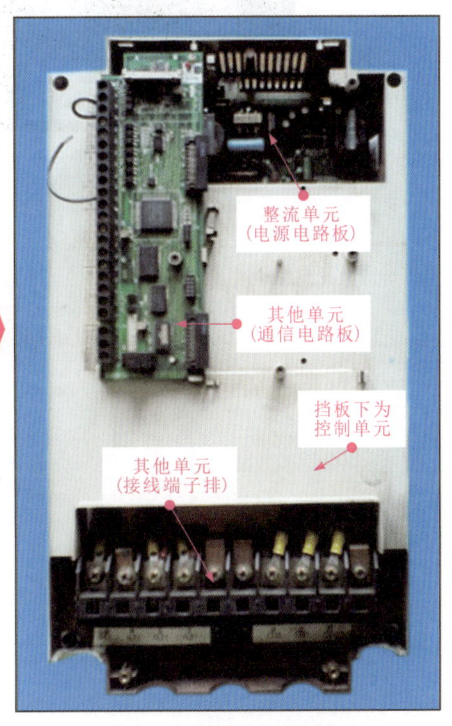

（b）变频器的前面板视图

图 9-30　典型变频器的内部结构

3 变频器的电路结构

变频器的电路大体上可以分成主电路和控制电路两大部分，如图 9-31 所示。

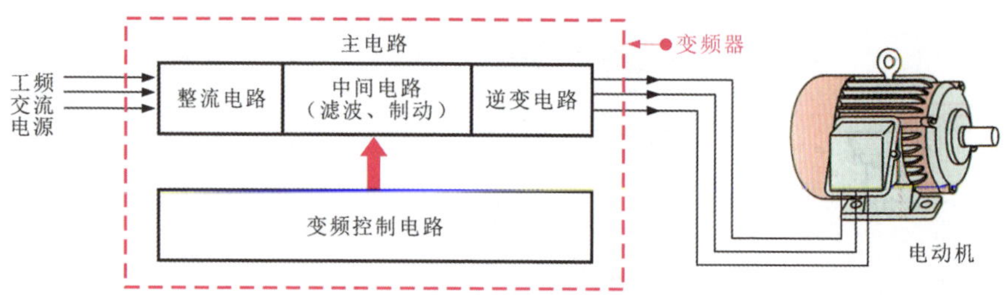

图 9-31　变频器的电路结构

（1）变频器的主电路部分。变频器的主电路是指将频率一定的工频电源转换为频率及电压可调的变频电源，再去驱动交流异步电动机的电路部分。不同结构的变频器其主电路部分的具体结构也不相同，其中，目前最常采用的为交—直—交型变频器，即先将工频交流电通过整流电源转换成脉动的直流电，再经中间电路中的电容平滑滤波后，由逆变电路再转换成频率和电压可调的交流电，图 9-32 所示为该类变频器的主电路部分。

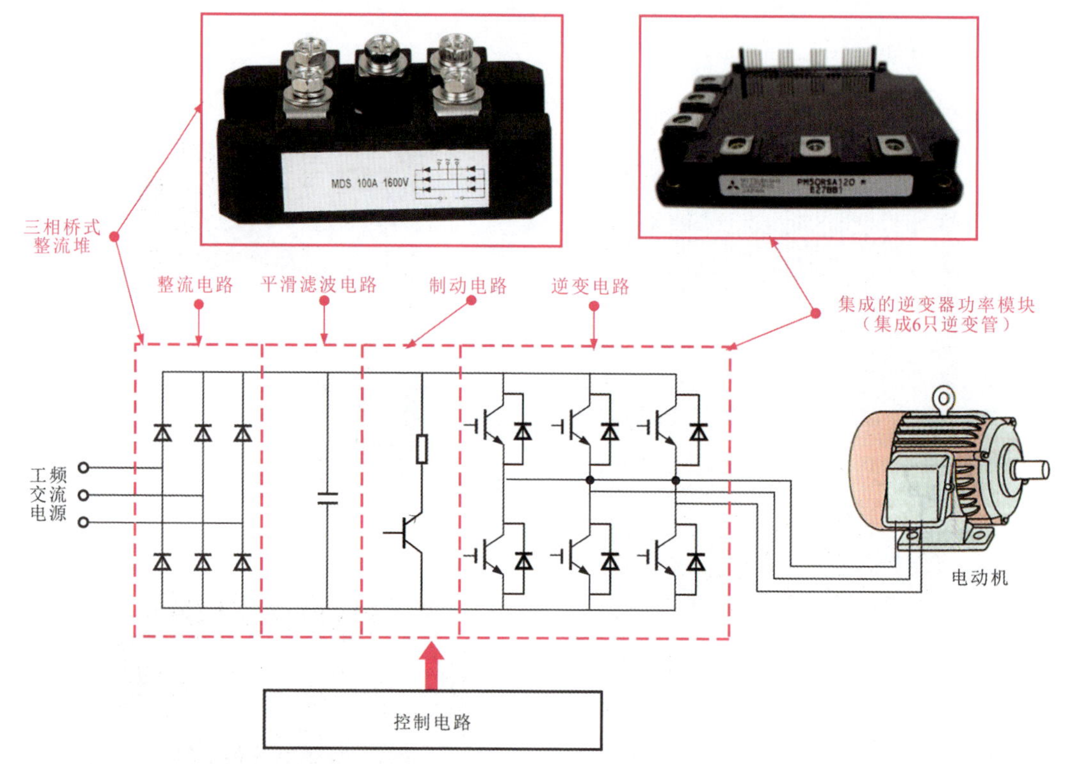

图 9-32　变频器的电路结构

从图中可以看到，其主电路部分主要是由整流电路、平滑滤波电路、逆变电路和制动电路等部分构成的。

（2）变频器的控制电路部分。变频器中的控制电路是指用于给主电路提供控制信号的电路部分，其主要是完成对逆变电路中功率晶体管的开关控制、对整流电路的电压控制以及完成各种保护功能等，图 9-33 所示为变频器控制电路部分结构框图。

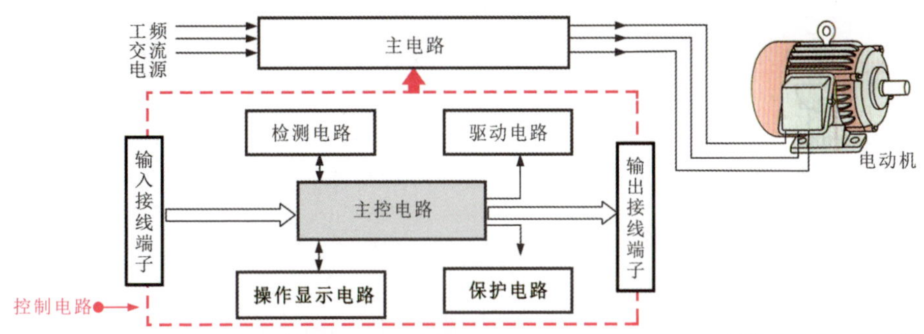

图 9-33 频器控制电路部分结构框图

图 9-34 所示为典型变频器的内部结构框图。

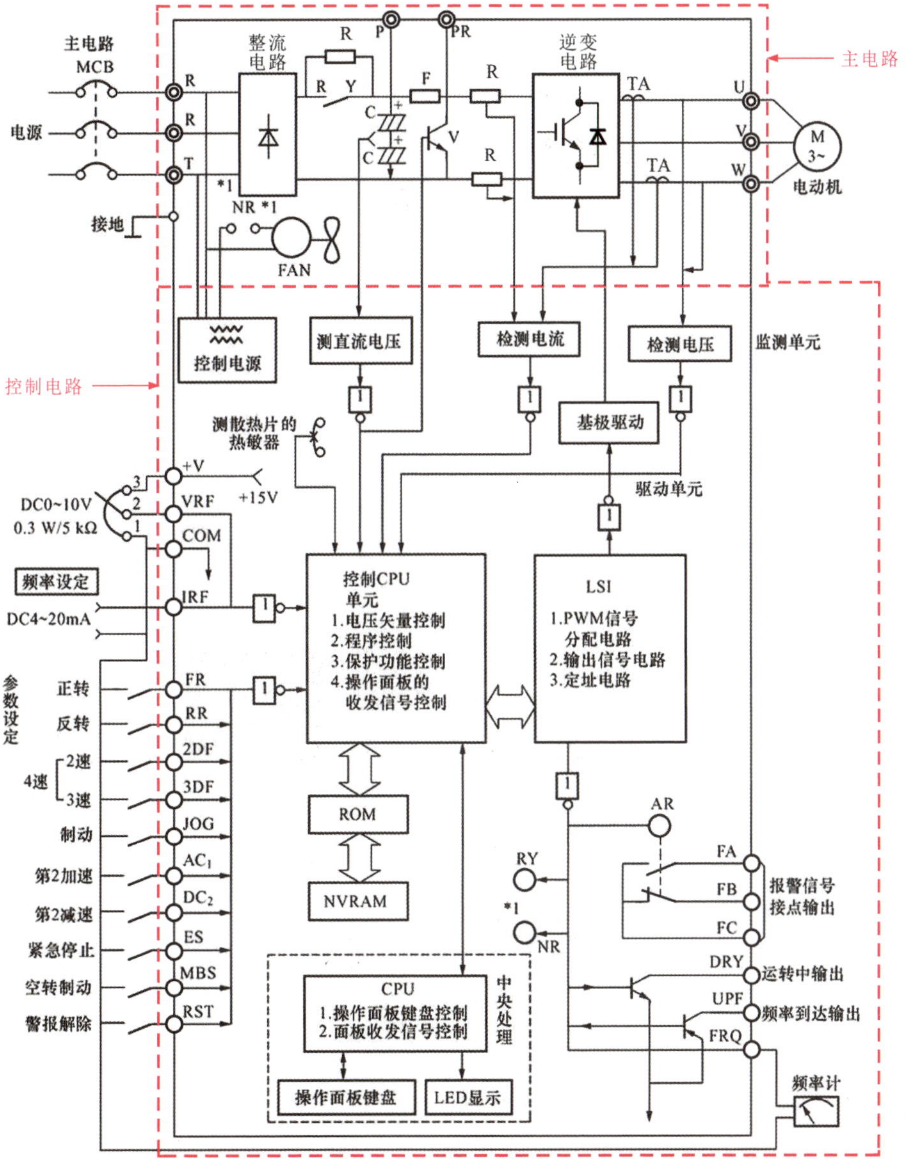

图 9-34 典型变频器的内部结构框图

9.3.3 变频器的特点

1 定频控制

“变频”是相对于“定频”而言的。众所周知，在传统的电动机控制系统中，电动机采用定频控制方式，即用频率为 50Hz 的交流 220V 或 380V 电源（工频电源）直接去驱动电动机，如图 9-35 所示。

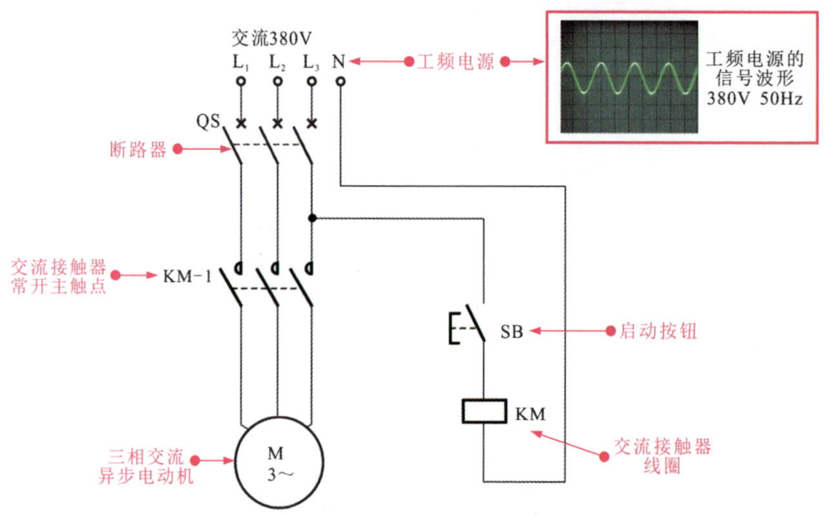

图 9-35 简单的电动机定频控制原理图

这种控制方式中，当合上断路器 QF，接通三相电源。按下启动按钮 SB，交流接触器 KM 线圈得电，常开主触点 KM-1 闭合，电动机启动并在频率 50Hz 电源下全速运转，如图 9-36 所示。

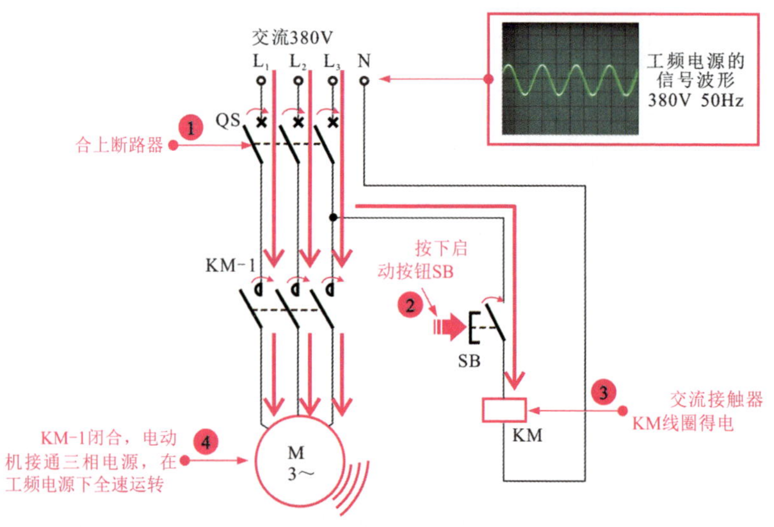

图 9-36 电动机的定频控制过程

当需要电动机停止运转时，松开按钮开关 SB，接触器线圈失电，主触点复位断开，电动机绕组失电，电动机停止运转，在这一过程中，电动机的旋转速度不变，只是在供电电路通与断两种状态下，实现启动与停止。

可以看到，电源直接为电动机供电，在启动运转开始时，电动机要克服电动机转子的惯性，从而使得电动机绕组中会产生很大的启动电流（约是运行电流的 6~7 倍），若频繁启动，势必会造成无谓的耗电，使效率降低，还会因启停时的冲击过大，对电网、电动机、负载设备以及整个拖动系统造成很大的冲击，从而增加维修成本。

另外，由于该方式中电源频率是恒定的，因此电动机的转速是不变的，如果需要满足变速的需求，就需要增加附加的减速或升速机构（变速齿轮箱等），这样不仅增加了设备成本，还增加了能源的消耗。在很多传统的设备中以及普通家用空调器、电冰箱等大都采用了定频控制方式，不利于节能环保。

2 变频控制

为了克服上述定频控制中的缺点，提高效率，电气技术人员研发出通过改变电动机供电频率的方式来达到电动机转速控制的目的，这就是变频技术的“初衷”。

图 9-37 所示为变频控制的原理示意图。变频技术逐渐发展并得到了广泛应用，即采用变频的驱动方式驱动电动机可以实现宽范围的转速控制，还可以大大提高效率，具有环保节能的特点。

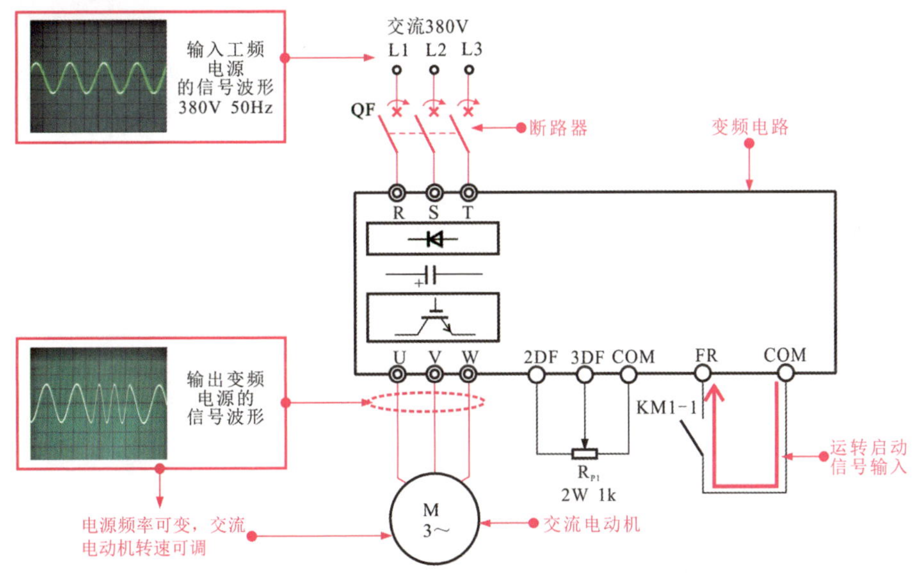

图 9-37 电动机的变频控制简单原理示意图

工频电源，是指工业上用的交流电源，单位为赫兹（Hz）。不同国家、地区的电力工业标准频率各不相同，中国电力工业的标准频率定为50Hz。有些国家或地区（如美国等）则定为 60Hz。

在上述电路中改变电源频率的电路即为变频电路。可以看到，采用变频控制的电动机驱动电路中，恒压恒频的工频电源经变频电路后变成电压、频率都可调的驱动电源，使得电动机绕组中的电流呈线性上升，启动电流小且对电气设备的冲击也降到最低。

定频与变频两种控制方式中，关键的区别在于控制电路输出交流电压的频率是否可变，图 9-38 所示为两种控制方式输出电压的波形图。

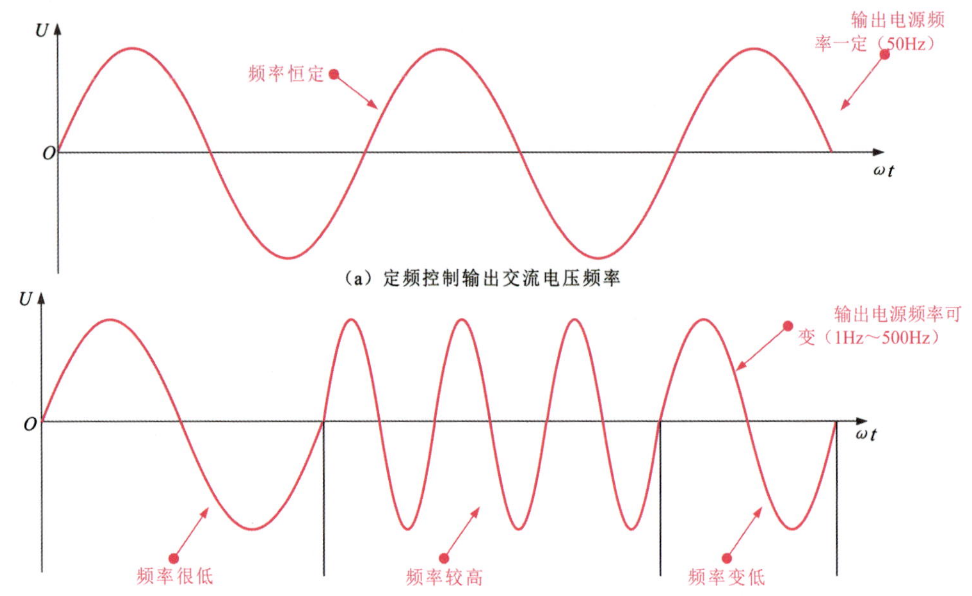

图 9-38　定频控制与变频控制中输出电压的曲线图

目前，多数变频电路在实际工作时，首先在整流电路模块将交流电压整流为直流电压，然后在中间电路模块对直流进行滤波，最后由逆变电路模块将直流电压变为频率可调的交流电压，进而对电动机实现变频控制。

由于逆变电路模块是实现变频的重点电路部分，因此我们从逆变电路的信号处理过程入手即可对变频的原理有所了解。

“变频”的控制主要是通过对逆变电路中电力半导体器件的开关控制，来实现输出电压频率发生变化，进而实现控制电动机转速的目的。

逆变电路由 6 只半导体晶体管（以 IGBT 较为常见）按一定方式连接而成，通过控制 6 只半导体晶体管的通断状体，实现逆变过程。下面具体介绍逆变电路实现“变频”的具体工作过程。

1. *U*＋和 *V*－两只 IGBT 导通

图 9-39 所示为 *U*＋和 *V*－两只 IGBT 导通周期的工作过程。

2. *V*＋和 *W*－两只 IGBT 导通

图 9-40 所示为 *V*＋和 W－两只 IGBT 导通周期的工作过程。

3. *W*＋和 *U*－两只 IGBT 导通

图 9-41 所示为 W＋和 *U*－两只 IGBT 导通周期的工作过程。

我们平时使用的交流电都来自国家电网，在我国低压电网的电压和频率统一为 380V，50Hz，这是一种规定频率的电源，不可调整，平时我们也称它为工频电源，因此，如果我们要想得到电压和频率都能调节的电源，就必须想法“变出来”，这样的电源我们才能够控制。

那么，这里我们“变出来”不可能凭空产生，只能从另一种“能源”中变过来，一般这种“能源”就是直流电源。

也就是说，我们需要将不可调、不能控制的交流电源变为直流电源，然后再从直流电源中“变出”可调、可控的变频电源。

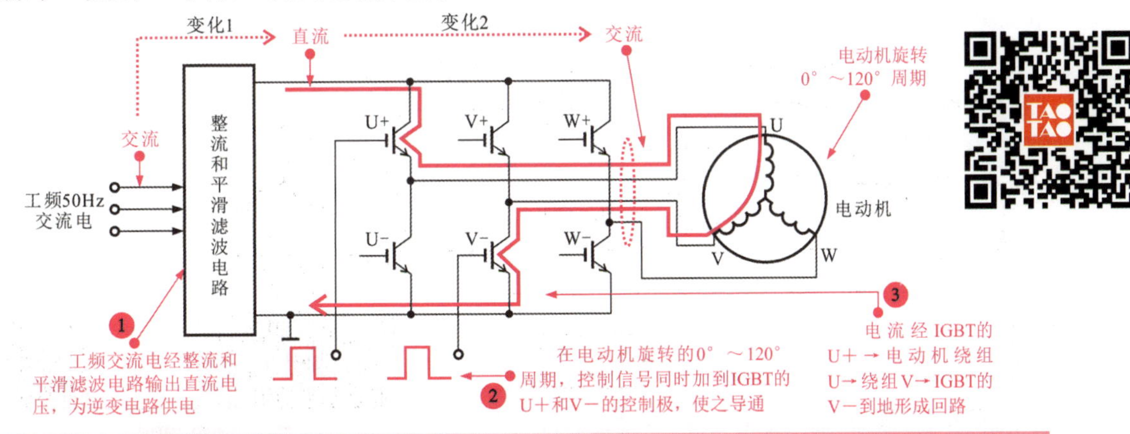

图 9-39　U+ 和 V- 两只 IGBT 导通周期的工作过程

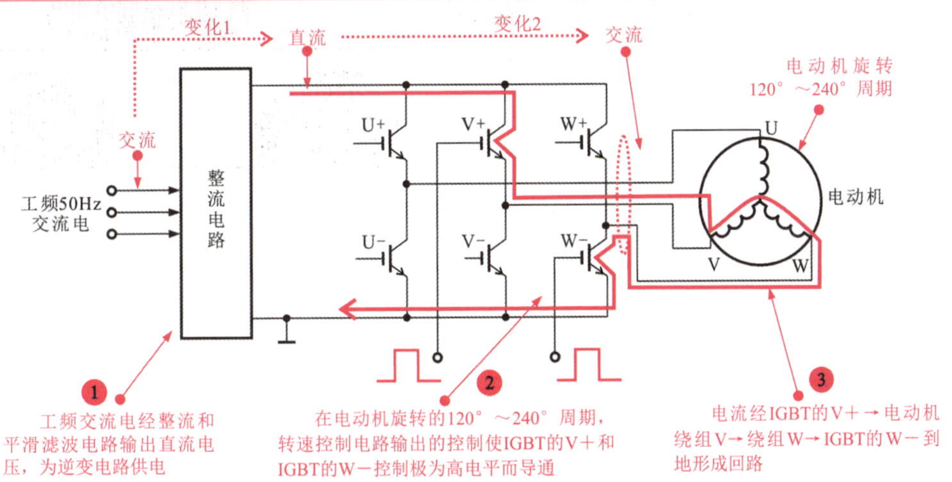

图 9-40　V+ 和 W- 两只 IGBT 导通周期的工作过程

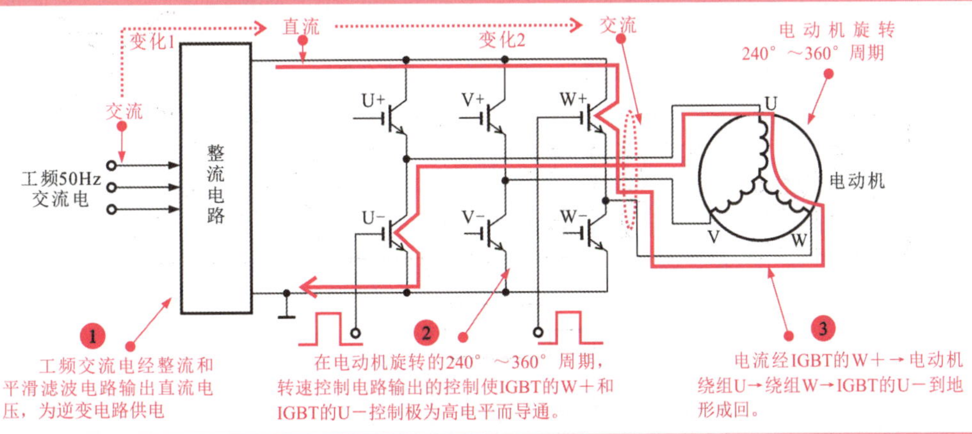

图 9-41　W+ 和 U- 两只 IGBT 导通周期的工作过程

由于变频电路所驱动控制的电动机又有直流和交流之分，因此变频电路的控制方式也可以分成直流变频方式和交流变频方式两种。

图 9-42 所示为采用 PWM 脉宽调制的直流变频控制电路原理图。直流变频是把交流市电转换为直流电，并送至逆变电路，逆变电路受微处理器指令的控制。微处理器输出转速脉冲控制信号经逆变电路变成驱动电动机的信号。

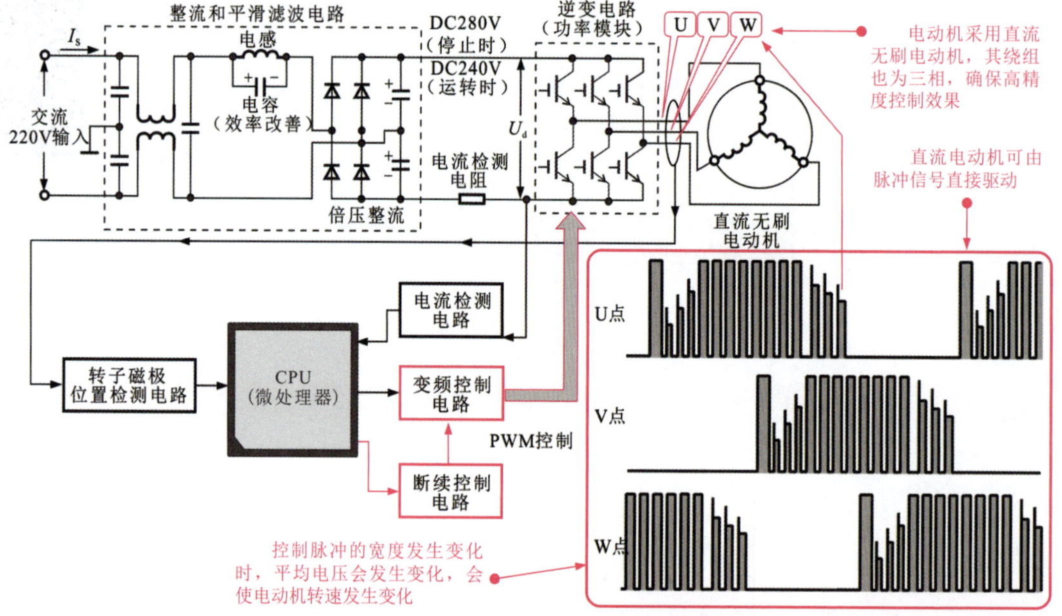

图 9-42 直流变频的控制原理示意图

图 9-43 所示为采用 PWM 脉宽调制的交流变频控制电路原理图。交流变频是把 380/220V 交流市电转换为直流电源，为逆变电路提供工作电压，逆变电路在变频控制下再将直流电“逆变”成交流电，该交流电再去驱动交流感应电动机，“逆变”的过程受转速控制电路的指令控制，输出频率可变的交流电压，使电动机的转速随电压频率的变化而相应改变，这样就实现了对电动机转速的控制和调节。

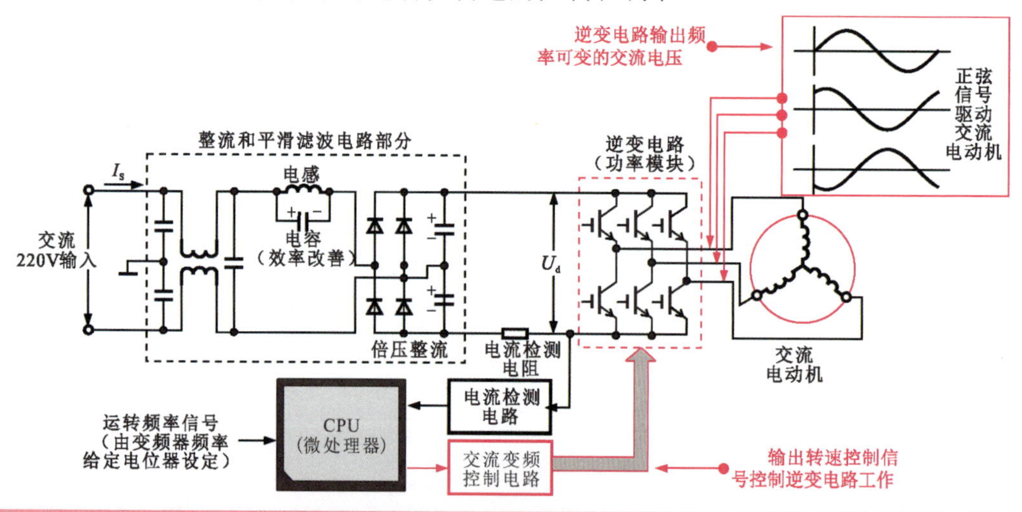

图 9-43 交流变频的控制原理示意图